GEHEIMSCHRIFTEN

Frank Fabian

GEHEIM SCHRIFTEN

Verschlüsselte Botschaften, Codes und Chiffren

Bassermann

ISBN 978-3-8094-4735-1

1. Auflage

Projektleitung dieser Ausgabe: Martha Sprenger
Umschlaggestaltung: Atelier Versen, Bad Aibling
Layout und Satz: Satzwerk Huber, Germering
Herstellung: Franziska Polenz

FSC www.fsc.org
MIX
Papier | Fördert gute Waldnutzung
FSC® C014496

Penguin Random House Verlagsgruppe FSC® N001967

Druck und Bindung: GGP Media GmbH, Pößneck
Printed in Germany

Inhalt

1. Die wahre Bedeutung von Geheimschriften

Kaum ein Thema fasziniert uns mehr als das der Geheimschriften – und das aus gutem Grund; schließlich benutzte und benutzt man sie nur dann, wenn man etwas wirklich Wichtiges zu verbergen hat. Untersuchen wir Geheimschriften, haben wir es automatisch mit einem Gegenstand zu tun, der mit Begriffen wie Macht, Einfluss, Power und Reichtum umschrieben werden könnte – den „heißesten" Themen also, die die Menschheit kennt. Nur Kenntnisse und Nachrichten, die besonders brisant sind, verdienen es, verschlüsselt zu werden. Geheimschriften schließen Uneingeweihte und das „niedere Volk" grundsätzlich aus. Man erlaubt nur Geheimnisträgern, bestimmte Buchstaben, Zahlen oder Symbole zu entziffern und zu verstehen.

Deshalb üben Geheimschriften eine so unwiderstehliche Anziehungskraft auf uns aus; denn wer möchte nicht in den Besitz von Wissen gelangen, das zum Beispiel den Sieg in einer Schlacht wahrscheinlich macht? Oder das ihn über wichtige politische Pläne aufklärt? Oder gar seinen Geldbeutel bis an den Rand füllt?

Geheimschriften waren zu allen Zeiten überall auf der Welt in Gebrauch. Es gab schätzungsweise Tausende von Geheimschriften, niemand kann die Zahl exakt beziffern. Denn es existieren auf der Welt zwischen 6 000 und 8 000 Sprachen, die größtenteils über ihre eigene Schrift verfügen. Doch erst Geheimschriften und geheime Botschaften verraten uns, was *wirklich* in den Köpfen der Entscheider vor sich ging.

Grundsätzlich begegnen wir Geheimschriften besonders häufig in vier Bereichen:

1. An erster Stelle steht das militärisch-geheimdienstliche Gebiet. Es umfasst Angriffs- und Verteidigungspläne sowie generell Informationen von Nachrichtendiensten, die als *confidential*, „vertraulich", *secret* oder *topsecret* eingestuft werden. Meist geht es darum, im Vorfeld gegnerische Aktionen in Erfahrung zu bringen: Ein Spion will wissen, was der Feind im Schilde führt, und übermittelt in der Folge seinem Vorgesetzten sein Wissen mithilfe einer Geheimschrift. Umgekehrt bemühen sich Nachrichtendienste darum, die eigenen Aktionen durch bestimmte Codes geheim zu halten.

Das Wissen um Angriff und Verteidigung, um Ressourcen und entscheidende Örtlichkeiten ist tatsächlich unglaublich wichtig und hat im Laufe der Geschichte mehr als einen Krieg entschieden, wie zum Beispiel den Zweiten Weltkrieg! Wir werden auf diese unglaublichen Umstände noch im Detail zu sprechen kommen. Fest steht jedenfalls, dass der Arbeitsaufwand und die Brillanz, die in die geheimdienstliche Kryptografie investiert wurden und werden, meist nicht einmal im Ansatz bekannt sind.

Kryptografie? Im Griechischen bedeutet *kryptos* „verborgen" oder „geheim", *graphein* „schreiben" – der Begriff Kryptografie demnach also „Geheimschrift". Durch Verschlüsselungstechniken werden Daten vor dem Zugriff Unbefugter geschützt oder umkehrt durch Kryptologie, der Lehre von den Geheimschriften, feindliche Informationen entschlüsselt.

Bis heute versuchen immense geheimdienstliche, kryptografische Abteilungen mit den verschiedensten Experten eigene Geheimnisse zu verbergen und gegnerischen Geheimnissen auf die Spur zu kommen. Mathematiker, Computerexperten, Geheimdienstler, Militärs und Sprachgenies bemühen sich in diesem Rahmen allein darum, bestimmte Schriften und Botschaften zu ver- und zu entschlüsseln, zu chiffrieren und zu dechiffrieren. Oft handelt es sich dabei um die Crème de la Crème der Intelligenz, ja manchmal um regelrechte Genies. Denn einige Botschaften lassen sich nur sehr schwer entziffern. Im Wettkampf der Nationen treten die brillantesten Köpfe gegeneinander an.

2. An zweiter Stelle sind die Religion und das spirituelle Geheimwissen zu nennen, das sich zum Beispiel rund um die Frage des Lebens nach dem Tod rankt. Was passiert, wenn wir sterben? Was geschieht mit unserer Seele? In vielen Glaubensrichtungen gibt es Geheimlehren und Geheimschriften, in denen häufig mit unverständlichen Symbolen oder Wörtern operiert wird. Dieses Geheimwissen war in der Regel einer besonderen Klasse vorbehalten, wie etwa Schriftkundigen, Königen, Hohepriestern oder „Eingeweihten".

Im alten Ägypten beispielsweise verfügten – von den Priestern einmal abgesehen – lediglich der Pharao und die Hocharistokratie über dieses „höhere" religiöse Geheimwissen. Die entsprechenden Geheimschriften waren nur den Mächtigen zugänglich, dem Volk wurden sie vorenthalten.

Auch hierauf werden wir noch genauer zu sprechen kommen.

Wenn man sich um die Decodierung religiöser Geheimtexte bemüht, besteht ein schöner Nebeneffekt darin, geradezu nebenbei in einige der geheimsten spirituellen Lehren weltweit eingeweiht zu werden.

Auch im Christentum gab es geheime Schriften, Zeichen und Symbole, in die manchmal ganze Botschaften hineingeschmuggelt wurden. Anfänglich, im 1., 2. und 3. Jahrhundert nach Christus, war die Christenheit quasi ein großer Geheimzirkel. Christen wurden nicht selten verfolgt, in der Arena Löwen zum Fraß vorgeworfen oder gekreuzigt. Die Römer versuchten immer wieder, diese neue Religion auszuradieren. Die Christen mussten deshalb *alles* dafür tun, dass bestimmte Mitglieder nicht offiziell als Christen enttarnt wurden. Die Methode, die sie dafür nutzten: ein Operieren und Kommunizieren mittels Geheimschriften und geheimer Symbole.

Bis heute ist zudem wenig bekannt, dass es neben der offiziellen christlichen Lehre eine regelrechte Geheimlehre innerhalb des Christentums gab. Auch darüber werden wir aufklären.

Geheime (halb-)religiöse Bruderschaften, wie einige Zweige der Freimaurerei, die sich einer geheimen Sprache und geheimer Symbole bedienten (und bedienen), mögen ebenfalls unter der Kategorie Religion rubriziert werden, obwohl die Freimaurer gleichzeitig vielfach politische Absichten verfolgten.

3. Um einen Überblick über das Thema Geheimschriften zu erhalten, folgt an dritter Stelle das Verschlüsseln und Entschlüsseln von Texten mit Informationen, die in wirtschaftlicher und pekuniärer Hinsicht von Bedeutung sind. Mayer Amschel Rothschild (1744–1812), der berühmte Bankier und Gründer einer der einflussreichsten Familien der Welt, ist ein hervorragendes Beispiel dafür, wie der Gebrauch einer Geheimschrift jemanden (also ihn) davor bewahrte, ins Gefängnis zu kommen und dort zu verschimmeln; stattdessen baute er ein Finanz-Imperium auf.

Sowohl seine Biografie als auch seine Geheimschrift werden wir uns im Laufe dieses Buches zu Gemüte führen.

Bestimmte Informationen rund ums liebe Geld unterliegen übrigens bis heute der Geheimhaltung. Können auf einen Schlag Unsummen gewonnen oder verloren werden, wie etwa bei Aktien, so posaunt man die entsprechenden Informationen nie in alle Welt hinaus.

Schon früh wurden finanzielle Transaktionen und Informationen gern mit den verschiedensten Geheimnissen umwoben. Geheimschriften gab es schon immer zuhauf. Und wenn wir daran denken, dass inzwischen Banken Milliardensummen investieren, um Konten „sicher" zu machen, oder dass sich längst bankeigene Sicherheitsfirmen mit nichts anderem beschäftigen, als den Zugang zu Geldern durch Verschlüsselungen zu verunmöglichen, erahnen wir den wahren Umfang der Geheimcodes auf diesem Gebiet. Auch das sind Geheimschriften in einem umfänglicheren Sinne des Wortes.

4. Schließlich betreten wir mit dem Thema Geheimschrift auch den Boden der Kriminalität. Praktisch alle Gangster, Gauner und Ganoven haben etwas zu verbergen. Und so bedienen sie sich gern

verschlüsselter Nachrichten, um untereinander und miteinander zu kommunizieren. In Gefängnissen sind Geheimschriften und geheime Botschaften an der Tagesordnung. Man spricht dann gewöhnlich von *Kassibern* – ein aus dem Hebräischen entlehnter Begriff, der auf eine geheim gehaltene, schriftliche Nachricht eines Gefangenen an einen anderen Gefangenen verweist oder eine Nachricht aus dem Gefängnis an die Außenwelt beschreibt. Manchmal ist ein Kassiber in alphabetischer Form abgefasst, manchmal werden Symbole oder andere Zeichen benutzt.

Auch außerhalb von Gefängnissen nutzen dubiose Gestalten oft eine Geheimsprache oder einen Code, der bis zu Tätowiersprachen reicht. Eine eintätowierte Träne unter einem Auge bedeutet bei mexikanischen Drogenkartellen zum Beispiel, dass ein Verbrecher einen Mord ausgeführt hat, zwei Tränen zwei Morde, drei Tränen drei Morde und so fort. An der Spitze der Hierarchie steht der Kriminelle mit den meisten Morden.

Hieran erkennen wir schon, dass eine Geheimschrift nicht unbedingt in alphabetischer Form oder mit Zahlen und Buchstaben ausgeführt sein muss. Auch Bilder und Symbole dienen der Verständigung und fallen unter den Begriff Geheimschrift.

Grundsätzlich liegt es Gesetzesbrechern daran, dass weder ihre (vergangenen) Taten noch ihre (künftigen) Pläne bekannt werden. Manchmal agieren sie von verborgenen Orten aus, die sie mit Tarnnamen versehen. Und immer tun sie alles, um beispielsweise gestohlene Güter nicht zurückgeben zu müssen oder um die Beschlagnahmung unerlaubter Substanzen oder Waren zu verhindern. Dafür braucht es Geheimschriften und verschlüsselte Nachrichten.

Im Übrigen gibt es hier auch Überschneidungen: wie im Falle Lenins, der sowohl ein notorischer Gesetzesbrecher als auch eine politische Figur war. Auch Lenin bediente sich einer Geheimschrift. Wir werden sie später vorstellen.

Auf den folgenden Seiten betrachten wir diese vier Bereiche jedoch nicht getrennt voneinander, sondern stellen sie chronologisch dar. Wir tasten uns also vom alten Ägypten über die Antike, das Mittelalter und die Neuzeit bis zur Gegenwart voran. Damit gelingt es uns, die Entwicklung von einfachen bis hochkomplizierten Geheimschriften nachzuvollziehen. Selbst heute noch sind einfache, primitive Geheimschriften in Gebrauch.

Dabei nähern wir uns einem der brisantesten Fachgebiete auf eine neue Art und Weise an: Wir leuchten die konkreten geschichtlichen Umstände, Verschwörungen und Ereignisse aus, die den Einsatz von Geheimschriften überhaupt erst notwendig machten. Historischen Tatsachen räumen wir mindestens so viel Platz ein wie den Geheimschriften selbst, sprich den Entzifferungstechniken und den Verschlüsselungen. Das Thema Geheimschriften muss in konkrete geschichtliche Ereignisse eingebettet werden, sonst bekommt man von ihnen eine falsche oder unzureichende Vorstellung.

Soweit eine kleine Vorschau, was dieses Buch Ihnen bietet.

Ziehen wir den Vorhang beiseite.

Betrachten wir als Erstes eine der spektakulärsten Geheimschriften, die es je gab. Sie wurde im alten Ägypten eingesetzt und buchstäblich jahrtausendelang vor dem Volk versteckt.

Erst in dem berühmt-berüchtigten *Ägyptischen Totenbuch* klärte man schließlich auch das gewöhnliche Volk über die letzten spirituellen Geheimnisse auf.

Worum handelt es sich hier?

2. Hieroglyphen oder die heiligen Gottesworte und das ägyptische Totenbuch

Viele Jahrhunderte lang glaubte man in Europa, die ägyptischen Hieroglyphen stellten eine lupenreine Geheimschrift dar.

Erinnern wir uns: Bis zum 18./19. Jahrhundert konnte man die Hieroglyphen in unseren Breiten nicht entziffern. Nur der altgriechischen Sprache kundige Gelehrte wussten überhaupt, dass der Begriff Hieroglyphen „Heilige Gottesworte" bedeutete (griech. *hieros* = heilig, *glyphe* = Eingeritztes).

Hieroglyphen wurden auf Säulen, an Tempelwänden, an den Wänden von Grabkammern und auf Sarkophage eingeritzt, doch niemand verstand ihre Bedeutung. Ganz Ägypten war ein Buch mit sieben Siegeln. Da es sich bei den Hieroglyphen insgesamt um mehr als 7 000 Zeichen handelte, konnten sich selbst Sprachgenies zunächst keinen Reim auf ihren Inhalt machen. Man roch in den Grabkammern den Moder, entdeckte alte, halbverweste Leichen, ein paar zerbrochene Töpfe und mumifizierte Skelette, die offenbar in irgendeinem Zusammenhang mit diesen geheimnisvollen Hieroglyphen standen, doch man tat sie schließlich als unentzifferbare „Geheimschrift" ab.

Nun, es gab durchaus einige Geheimnisse im Zusammenhang mit den Heiligen Gottesworten, selbst wenn sie keine Geheimschrift waren. Doch die Vorstellung von einer Geheimschrift änderte sich erst, als der Stein von Rosetta gefunden wurde – eine nach ihrem Fundort am Mittelmeer benannte, steinerne Tafel, auf der ein Text in drei Sprachen eingeritzt war. Alle drei Texte hatten denselben Inhalt. Jetzt konnte man bestens vergleichen und zur Bedeutung einiger Hieroglyphen erste Schlüsse ziehen. Und so gelang es einem Genie, Jean-François Champollion (1790–1832), die Hieroglyphen nach vielen Jahren mühseliger Arbeit zu entziffern.

Champollion war eine Koryphäe auf dem Gebiet der Sprachen. Bereits als 13-Jähriger beherrschte er mehrere orientalische Sprachen, mit 17 Jahren sprach er acht Sprachen fließend. Später erlernte er zusätzlich noch viele weitere Sprachen, zumindest in ihren Grundzügen. Von Kindesbeinen an war er besessen von der Idee, die Hieroglyphen zu entziffern. Und dann bot sich endlich die Gelegenheit. Er erkannte, dass eine einzelne Hieroglyphe nicht nur ein Wort, sondern auch nur einen einzigen Buchstaben darstellen konnte; dass bestimmte Bilder oder Zeichnungen einen Sachverhalt grafisch ausdrückten und es überdies grammatische und erklärende Zeichen gab, die einen Text genauer erläuterten. Bestimmte Hieroglyphen waren menschlichen Lauten nachgebildet, andere nutzten nur das optische Verständnis. Für diese Schrift waren also Auge, Ohr und Abstraktion eingesetzt worden. Von vielen Gelehrten wurde sie als die früheste Schriftsprache der Welt bezeichnet.

Mit Feuereifer stürzten sich viele weitere Gelehrte auf das vollständige Enträtseln der Hieroglyphen. Mit einem Mal eröffnete sich eine ganz neue Welt. Das alte Ägypten erstand vor den Augen wieder auf, mit all den erstaunlichen Erfindungen, Neuerungen und Quantensprüngen des Wissens vor Tausenden von Jahren. Verblüfft betrachtete man die architektonischen Meisterleistungen mit neuen Augen – vor allem die Pyramiden und die zahlreichen Tempel aus weißem Marmor, Granit, Diorit oder Alabaster, die himmelsstürzenden Säulen und Flachreliefs, die Kanäle und Bewässerungsanlagen – und studierte die Hieroglyphentexte hierzu. Überall entdeckte man Hieroglyphen, die sich nun endlich entziffern ließen. Rätsel über Rätsel wurde gelöst. Man erfuhr, dass die alten Ägypter bereits Kupfer und Zinn schmelzen konnten und mit Rädern, Walzen, Hebeln, Flaschenzügen, Keilen, Drehbänken, Schrauben,

Bohrern und Sägen gearbeitet hatten. Im alten Ägypten gab es bereits Glasbläser, Holzschnitzer, Lackierer, Emaillierer, Weber und Goldschmiede, desgleichen Schreiber, Ingenieure, Architekten, Maler und Bildhauer.

Die alten Ägypter besaßen regelrechte Kunstakademien, Musikhochschulen und Technische Hochschulen, ja sogar eine umfangreiche Literatur mit Reisebeschreibungen, Romanen, Liebesdichtungen und religiösen Hymnen, die man endlich lesen konnte. Sie hatten die Schrift und die Mathematik erfunden. Ihre astronomischen Beobachtungen führten sogar zu einem Kalender und der Erfindung der Uhr.

In der Anatomie und der Physiologie, in der Chirurgie und der Pflanzenheilkunde waren sie ebenfalls bewandert. Es gab bereits Gynäkologen, Augenärzte, Ärzte, die nur auf Darmleiden spezialisiert waren, Schädelbruch-Chirurgen und andere Experten mehr. Allein siebenhundert Heilmittel zählt ein einziger Papyrus auf. Bis heute stiehlt oder lernt man demütig von den alten Ägyptern in puncto Heilkunst. Die Bedeutung der Hygiene wurde entdeckt, es gab Abführmittel, Magenspülungen und vieles mehr.[1]

Den Überlieferungen der Priester zufolge waren diese Wissenschaften von Thot erfunden worden, dem ägyptischen Gott der Schreiber und der Weisheit, der angeblich dreitausend Jahre auf Erden herrschte. Ihm schrieb man 20 000 bis 36 000 Bücher zu.

Doch was sollte man mit solchen Behauptungen anfangen, wie hatte man sie einzuordnen?

Zwar gab es eine bemerkenswert strukturierte Regierung, ja, alles wurde von einer auffällig geordneten Regierung bewacht und gab Anlass zum Staunen. Doch vor allem gewahrte man, dass die alten Ägypter geradezu besessen waren von ihren Göttern und vom Leben nach dem Tod. Den Nilbewohnern bedeutete Religion alles. Und man entdeckte, dass es in dieser Hochkultur durchaus echte Geheimnisse gab, ja sogar Geheimschriften, die dem einfachen Volk lange vorenthalten wurden.

Mit anderen Worten: Das Märchen, der Aberglaube, das „Geheimnis“, Hieroglyphen seien Geheimschriften, war aus der Welt geschafft worden – jedoch nur um einem neuen Geheimnis Platz zu machen: Was, beim Sonnengott Re, geschah nach dem Tod?

Der Jenseitsglaube

Der Jenseitsglaube der alten Ägypter steckte voller Unwägbarkeiten. Man nahm an, dass der Tod ein Ereignis sei, bei dem sich die Seele (Ba) vom Körper löse. Das heißt, der Mensch bestand nicht nur aus einem Leib, sondern besaß darüber hinaus ein unsterbliches Etwas. Und es gab auch kompliziertere Vorstellungen von der Seele sowie andere Bezeichnungen.

Die Seele befand sich nach dem Tod in einer unangenehmen Situation: Sie musste sich neu orientieren; zudem gab es im Jenseits alle möglichen Seelenfallen, Gefahren und Hindernisse. Es herrschten Dämonen, böse Geister, von denen einige besonders widerlich waren und vor denen man sich hüten musste. Weiter fanden sich im Jenseits furchtbare Örtlichkeiten mit Feuerseen oder Sümpfen.

Glücklicherweise gab es auch eine lichte Seite: Grundsätzlich war der Tod keine endgültige Angelegenheit, kein ewiges, furchtbares Nichts. Man musste nur gescheit, pfiffig und klug genug sein, auch nach dem Tod wieder aufs Pferd zu kommen, salopp gesagt. Die Frage aller Fragen lautete: Wie ließ sich sicherstellen, dass man es im Jenseits gut antraf und man weiterhin ein prächtiges, angenehmes, mit Reichtümern gesegnetes Leben führen konnte?

Die Seele, jetzt körperlos, fand sich nach einiger Zeit vor einem Richter wieder, einem Totenrichter, namens Osiris. Osiris war zweifellos der wichtigste Gott im alten Ägypten, wenn man vom Sonnengott Re oder Ra absieht. Jedenfalls musste man sich vor diesem Osiris verantworten. Die Seele, Ba, sah sich also vor ein Gericht gestellt mit einem Gerichtsschreiber (dem Gott Thot) sowie zweiundvierzig Richtern, die darüber befanden, ob man ein gutes, sündenfreies Leben geführt hatte oder nicht. Um den Totengott Osiris und die Richter wohlwollend zu stimmen, gab es ein probates

Mittel: Man rezitierte ein „negatives Glaubensbekenntnis", das sich folgendermaßen anhörte:

„Heil dir, Gott, du großer, der Wahrheit-Gerechtigkeit Meister,
du mächtiger Herrscher! Nun trete ich vor dich!
Lasse deine strahlende Schönheit mich schauen!
Denn ich kenne deinen magischen Namen, wie auch die Namen der zweiundvierzig.
[...]
Ausgerissen habe ich das Böse.
Nicht hab ich bewirkt das Leiden der Menschen,
noch meinen Verwandten Zwang und Gewalt angetan.
Nicht habe ich das Unrecht an die Stelle des Rechtes gesetzt,
noch Verkehr gepflegt mit dem Bösen.
Ich habe keine Verbrechen begangen,
ließ nicht die anderen sich abmühen über Gebühr.
Nicht habe ich Ränke aus Ehrgeiz geschmiedet.
Meine Diener habe ich nicht misshandelt.
Die Götter habe ich nicht gelästert.
Den Bedürftigen habe ich nicht die Nahrung entzogen.
Die von den Göttern verabscheuten Handlungen sind mir fremd.
[...]
Meine Mitmenschen ließ ich nicht Tränen vergießen.
Ich habe nicht getötet, noch einen Mord angestiftet.
Ich habe keine Krankheit unter den Menschen verbreitet.
Die Opfergaben in den Tempeln habe ich nicht gestohlen.
Das heilige Brot, den Göttern bestimmt, habe ich nicht geraubt.
[...]
Durch den Gebrauch verwerflicher Mittel
habe ich nicht versucht, mein Eigentum zu vergrößern,
noch fremde Felder mir anzueignen.
Weder habe ich die Gewichte der Waage gefälscht,
noch den Waagebalken verschoben.
Die Milch habe ich nicht dem Kindermunde entzogen,
mir nicht angeeignet das fremde Vieh auf den Wiesen ..."[2]

Abb. 1: Auf und Geheimtext verraten: Was passiert nach dem Tod? Wie sieht das künftige Schicksal der Seele aus? Wie muss man sich Osiris gegenüber verantworten?
Osiris, der Totengott, befindet sich oben auf der rechten Seite, erkennbar auch an seinem gekrümmten Hirtenstab, der eine Art Herrschaftssymbol ist. Die guten Taten werden durch die Waage oben in der Mitte/links gegen die schlechten Taten abgewogen. Die Waage kann sich zur rechten oder zur linken Seite neigen und darüber entscheiden, ob es sich um einen guten oder einen schlechten Menschen gehandelt hat. Das »negative Glaubensbekenntnis« hilft, das künftige Schicksal der Seele positiv zu beeinflussen.

Die körperlose Seele musste also eine ganze Sündenlitanei herunterbeten und damit bekunden, welche Untaten sie *nicht* begangen hatte. Diese Sünden erinnern zum Teil in erstaunlicher Weise an die Zehn Gebote und andere Sündenkataloge, die später im Judentum und im Christentum Eingang fanden (du sollst nicht töten, du sollst nicht stehlen, du sollst nicht ehebrechen und so weiter).

Natürlich war der Sündenkatalog auch zugeschnitten auf Kemet (»Schwarzes Land«), wie die Ägypter ihr eigenes Land nannten. Denn die fruchtbare, schwarze, dunkle Erde in der Nähe des Nils unterschied sich von der gelben Farbe der Wüste. Besonders heilig, weil überlebenswichtig, war das Wasser. Deshalb war es eine Todsünde, wie wir heute sagen würden, wenn man Wasserlöcher zuschüttete oder Dämme beschädigte.

Unter anderem machte dieses Glaubensbekenntnis mobil gegen Betrug, Raub, Verleumdung, Lügen, falsche Vorspiegelungen, Gotteslästerung und fehlende Ehrfurcht gegenüber den Göttern, weiter gegen Unehrlichkeit, böse Absichten, das Fluchen, hochmütige Reden und anmaßendes Verhalten. All das wies die körperlose Seele, Ba, weit von sich.

„Ich bin rein. Ich bin rein!“, rief die Seele am Schluss, nachdem sie dieses Gebet, diese Beschwörung oder dieses „negative Glaubensbekenntnis“ gesprochen hatte.

Natürlich flunkerte praktisch jeder Verstorbene ein bisschen vor dem jenseitigen Gerichtshof. Zu sündigen gehört nun einmal zum Menschengeschlecht. Und es kam auch gar nicht so sehr auf die Wahrheit an, sondern vielmehr darauf, den (Geheim-)Text zu *kennen*, Osiris und den zweiundvierzig Richtern zu versichern, ein gottgefälliges, anständiges Leben gelebt zu haben.

Wofür Geheimschriften doch gut sein können!

Selbstverständlich wurde dieser Geheimtext im Laufe vieler Jahrhunderte abgeändert. Es entstanden zahlreiche Varianten. Es wurde ergänzt, gestrichen und verbessert, genau wie bei unseren heiligen Schriften, wie der Bibel etwa, dem Alten und dem Neuen Testament, die beide in zahlreichen Interpretationen existieren.

Diese Geheimschrift oder dieses „negative Glaubensbekenntnis" erlaubte es der Seele, sich reinzuwaschen. Sie musste nur den genauen Text und zwar zur Gänze kennen. Es war eine Art Zauberspruch, die Anrufung eines Gottes. Der Totengott und die Richter mussten beeindruckt werden.

Und wer setzte den Dahingeschiedenen von diesem Geheimtext in Kenntnis? Natürlich die Priester! Nur die weißgewandeten, kahlgeschorenen Priester kannten die letzten und höchsten Geheimnisse. Und sie verkauften den Lebenden ihr Wissen für Gold und Silber oder im Austausch gegen üppige Opfergaben. Die Priester verdienten prächtig daran, über die Mysterien des Jenseits aufzuklären.

Am Ende wurden also die guten und bösen Taten gegeneinander abgewogen, im wortwörtlichen Sinn. Auf zahlreichen Zeichnungen und Bildern ist diese Situation, oft zusammen mit dem entsprechenden Hieroglyphentext dargestellt – nachdem es sich um keinen Geheimtext mehr handelte. Anbei ein Beispiel einer entsprechenden Illustration, die den Totenrichter Osiris mit einer riesigen Waage zeigt: Stand eine gute Seele vor Gericht, konnte sie – mithilfe weiterer Geheimtexte – zu höchsten Höhen aufsteigen. Andernfalls war sie zum Aufenthalt in einer Art Hölle verdammt, genannt *Duat*, einem Ort mit Feuerseen und widerlichen Dämonen.

Natürlich waren bei diesem Schauspiel noch ein paar andere Götter mit von der Partie. Für die dahingegangene Seele stand ja alles auf dem Spiel. Sofern sie während ihres Erdendaseins klug genug gewesen war, sich der Hilfe der Priester zu versichern, winkte ein wunderschönes künftiges Seelenleben. Die Seele konnte als Vogel wiedergeboren werden oder als Stern und an der Seite der mächtigsten Götter des Universums ein freudvolles Dasein führen. Oder sie musste sich durch die Dämonenwelt quälen und im Duat, der Hölle, braten – überzogen vereinfacht gesagt. Nebenbei erwähnt: Nicht alle Geheimtexte wiesen darauf hin, dass man stracks in das Duat fuhr oder der ewigen Glückseligkeit entgegensah.

In jedem Fall war es von höchster Bedeutung, dass der körperlose Verstorbene alle Seelenfallen und Gefahren kannte, die im Jenseits lauerten. Dazu galt es, bestimmte Fähigkeiten zu entwickeln oder wiederzugewinnen. Selbst nach dem Urteilspruch konnten alle möglichen Anrufungen, Gebete und Zaubersprüche dazu befähigen, im Jenseits besser zu überleben. Fast immer handelte es sich auch hierbei um Geheimschriften, die nur die Eingeweihten, die mächtigen Priester, kannten.

Gefahren und Glückseligkeiten des Jenseits

Es existierten zahlreiche Sprüche, Gebete und Zauberformeln, die später im *Ägyptischen Totenbuch* mitsamt dem „negativen Glaubensbekenntnis“ zusammengefasst wurden. Ursprünglich galten auch sie als Geheimtexte. Einige magische Anrufungen sollten beispielsweise lediglich dabei helfen, die Luft im Jenseits besser atmen zu können, oder verraten, wie man als Geist reichlich Opfergaben also Getreide, Brot und Bier erhielt. So ganz konnten sich die alten Ägypter von der leiblichen, physikalischen Vorstellung der Welt, wie sie sie in ihrem Erdenleben kannten, nicht lösen.

Andere Anrufungen oder Gebete sorgten dafür, dass man als Geist oder Seele problemlos zu seinem Grab oder seiner Mumie zurückkehren konnte, ohne auf Widerstand zu stoßen. Ein Zauberspruch stellte gar sicher, wie man im Jenseits vom Arbeitszwang befreit wurde. Der Müßiggang ist offenbar ein die Zeiten überdauernder Glückszustand.

Mit wieder anderen Anrufungen konnte die Seele Feinde und Dämonen beschwören oder besiegen. Es gab sogar Beschwörungen gegen den Kot.

Das zutreffende Gebet garantierte, nach Belieben wieder aus dem Jenseits herauszukommen, ja an jedem x-beliebigen Wunschort zu verweilen. In ihrem Idealzustand konnte die Seele lange Reisen unternehmen oder sogar zu den Sternen aufsteigen …, immer vorausgesetzt, sie besaß das Geheimwissen der Priester. Die Seele vermochte es, zu ihrem alten Haus zurückzufliegen und beliebig zwischen der Erde und dem Himmel hin- und herzupendeln – mit dem richtigen Gebet im Gedächtnis.

Im Idealfall hatte die Seele schon während ihres Erdenlebens die wichtigsten Zaubersprüche auswendig gelernt, sodass sie sie jederzeit auf Abruf parat hatte. Mitunter half es, die Sprüche in die Sargwände oder die Wände einer Grabkammer einritzen oder aufpinseln zu lassen. Mitunter mochte ein Priester, der neben der mumifizierten Leiche saß, alle Dienste übernehmen und den passenden Spruch aufsagen. Den Geheimtexten zufolge mussten bisweilen der Priester und der Verstorbene in einer Wechselrede eine Zauberformel zitieren – ein Kunststück, über das man nur staunen kann und das kaum nachvollziehbar ist.

Bestimmte geheime Zaubersprüche versprachen, Mysterien zu durchschauen, die der Seele während ihres Erdenwandels verborgen geblieben waren. Dadurch konnte man der höchsten Einweihungen teilhaftig werden.

Bestenfalls konnte die Seele die Formen aller Wesen annehmen, aller Tier- und Pflanzenwesen, ja sogar eines Sternenwesens. Ferner war es ihr möglich, eine Feuerzone gefahrlos zu durchqueren, die Fähigkeit zu sprechen wiederzugewinnen und ihr Gedächtnis zur Gänze wiederzuerlangen. Alles hing vom richtigen Geheimtext ab.

Eine im Priesterwissen ausgebildete Seele lernte, die krokodilköpfigen Dämonen sowie die Schlangengeister zurückzudrängen. Von besonderer Bedeutung war, die genauen Namen der Dämonen zu kennen. Die Kenntnis des Namens verlieh Macht über eine Person – ein Glaube, der noch heute in vielen Kulturen und esoterischen Zirkeln anzutreffen ist. Im besten Fall verhinderte die körperlose Seele, zum zweiten Mal zu sterben; sie konnte also ewig leben, wenn sie es nur richtig anstellte und richtig rezitierte.

Selbst über ein Gewässer konnte sie Macht erlangen, was in einem Wüstengebiet von besonderem Vorteil ist. Die Seele war fähig, sich mit nur einer Anrufung in einen goldenen Falken zu verwandeln – offenbar eine besonders beliebte Reinkarnation, weil der Falke selbst als Gott angesehen wurde, als Horus. Die Seele lernte, ihre Gestalt willentlich und willkürlich zu verändern. Wenn es den Verstorbenen danach gelüstete, konnte er überdies bewirken, sich an der Seite des höchsten Gottes Ra wiederzufinden oder an der Seite Thots, dem Gott des Wissens und der Schreiber. Ja, er vermochte gar ein Tintenfass zu besitzen, wenn das für ihn von Bedeutung war. Selbst hierfür gab es einen eigenen Text. Und am wichtigsten: Die Seele selbst konnte ein Gott werden und zu einem Gott aufsteigen.

Nichts war wesentlicher als das Wissen um die richtigen Geheimtexte.

Der Verrat

Man darf es sich nicht so vorstellen, dass dieses Geheimwissen dem Volk von einem Tag auf den anderen preisgegeben worden wäre. Zunächst blieb es ausschließlich dem Pharao und seinem Anhang vorbehalten, mitunter inklusive seiner höchsten Würdenträger und seiner Familie. Nur wer reich und mächtig genug war, war privilegiert, sich ein prächtiges Leben nach dem Tod zu sichern. Man musste nur die gefräßigen Priester entsprechend füttern, und schon konnte man selbst den Tod überleben.

Aber mit der Zeit drang dieses Geheimwissen auch ins Bewusstsein des Volkes. Vielleicht plauderte ein geschwätziger Priester, der der Königsfamilie den Umstand neidete, mit Gold alles erkaufen zu können, sogar vom ewigen Leben. Vielleicht wünschte er selbst, im Jenseits eine machtvolle Inkarnation/Identität zu besitzen. Wir wissen es nicht. Es gibt nichts Anziehenderes und Verführerisches als ein Geheimnis.

Jedenfalls sickerte das Geheimwissen, einschließlich der entsprechenden Texte, allmählich in andere Kanäle; auch das gemeine Volk lauschte interessiert. Natürlich war jeder, der davon erfuhr, wie elektrisiert. Er war fasziniert von den Möglichkeiten, die sich hier boten. Wie angenehm ist doch die Vorstellung, ewig zu leben, sich an jedem beliebigen Ort aufhalten und nach Belieben jede Gestalt annehmen zu können. Oder man stelle sich ein Leben vor ohne Krankheit und Tod! Man konnte sich ausmalen, mit den Göttern selbst auf Augenhöhe zu verkehren, mit ihnen an einer Tafel zu sitzen, fürstlich zu speisen und geistreich zu plaudern, sogar mit dem mächtigen Ra oder dem weisen Thot! Dazu kam die Vorstellung, sich in einen Gott verwandeln zu können, mit hundertundeins Fähigkeiten, die jedes menschliche Maß übersteigen.

Ohne viel Fantasie kann man leicht erahnen, dass all diese geheimen Formeln den Priestern geradezu aus den Händen gerissen wurden. Ängstliche Zeitgenossen sprachen besonders auf die Vorstellung der Hölle an, des Duat, sowie auf die Vorstellung von bösen Geistern und Feuerseen. Auch ihnen konnten die Priester etwas bieten, um diese Ängste zu besiegen.

Alle geheimen Wünsche, alle Sehnsüchte, alle Ängste und Träume des Menschengeschlechts wurden bedient. Wer sich schwerer Sünden schuldig gemacht hatte und unter ihnen litt, zeigte ebenfalls Interesse. Er erhielt ja einen Freibrief, eine Formel, eine Ausrede, wie er selbst die Götter und zweiundvierzig Richter betrügen könnte. Und so sehen wir vor unserem geistigen Auge, wie schließlich alle, die es sich halbwegs leisten konnten, die Priester mit Gold überschütteten, um in den Besitz der Geheimtexte und des Geheimwissens zu gelangen.

Unversehens verstehen wir auch, warum ab einem bestimmten Zeitpunkt das ganze ägyptische Volk förmlich besessen von der Jenseits-Vorstellung war.

Da jeder Mensch weiß, dass er eines Tages das Zeitliche segnet, klammert er sich natürlich an das Leben. Und wenn er erfährt, dass er allen Mühen und Qualen eines Erdenlebens und dem Tod selbst entgehen kann, dann füttert er gerne die Priester.

Und so geriet das Geheimwissen schließlich mehr und mehr zu einer Religion, um die jeder wusste, die mysteriösen Offenbarungen mutierten zu einer Volksreligion. Wahrscheinlich erdichteten Priester flugs ein paar weitere Geheimtexte, sobald sie ein lukratives neues Themenfeld ausmachten. All das half, Gold oder Silber aus den Taschen der Gläubigen zu ziehen.

Und so war nach ein paar Jahrhunderten jeder Ägypter förmlich davon besessen, dem Geheimkult rund um Osiris zu dienen. Osiris wurde immer populärer, in einigen Städten lief er selbst Re den Rang ab. Man musste ihn nur gekonnt um den Finger wickeln, ihn tapfer belügen. Für ein paar läppische Goldstücke konnte man selbst einen mächtigen Gott kaufen – mittels seiner Priester.

Die Priester rieben sich die Hände. Sie wurden immer reicher, ja unvorstellbar reich. Sie begriffen nach und nach, wie lukrativ es war, dem Volk alle möglichen Geheimtexte oder Anrufungen zu verkaufen – natürlich mit ein wenig Brimborium: Sie verwiesen beispielsweise darauf, dass ein Gebet oder eine heilige Formel durch ein teures Amulett besonders wirksam war. Oder forderten bestimmte (anfänglich wahrscheinlich ebenfalls geheime, jedenfalls das Gemüt berührende Zeremonien) ein, bei denen die Texte hergesagt wurden. Mit ernstester Miene, mit bestimmten beeindruckenden, hoheitsvollen Bewegungen riefen sie mit volltönender, dunkler Stimme die Götter und Geister. Sie beschworen sie und ließen den zahlungskräftigen Kunden dafür löhnen.

Die Namen der Götter zu kennen war wie gesagt von besonderer Bedeutung. Der zahlende Gläubige musste sich diese gut einprägen, dann besaß er Macht über sie – zumindest gemäß einer Fassung des *Totenbuchs*.

Und so sehen wir uns dem ältesten Priestertrick der Welt gegenüber, mit den Ängsten, Sorgen und Träumen, mit der Macht- und Besitzgier sowie dem ewigen Leben prächtige Geschäfte zu machen.

Rätselhafte Pyramiden oder die Sicherung der Geheimtexte

Ursprünglich existierte das *Ägyptische Totenbuch* nicht in der heutigen Fassung. Anfangs gab es sicherlich mehr als einen Priester, der die Texte mehr schlecht als recht zusammenfasste, genau wie es später mehr als einen Gelehrten gab, der sie übersetzte und der Öffentlichkeit zugänglich machte. Ursprünglich fanden sich hie und da, in diesem oder jenem Grab ein Papyrusfetzen oder ein Gebet, eine Anrufung oder ein Zauberspruch und auch Hieroglyphentexte, die an die Wände gepinselt worden waren. Gern wurden sie auf einer der vielen Binden vermerkt oder auf Papyri zwischen die Tücher geschoben, mit denen die Mumie umwickelt war.

Doch gehen wir einen Schritt zurück und fragen uns: Wie wurden die Texte in der Frühzeit geheim gehalten?

Königsgräber geben uns heute darüber Auskunft.

Gestatten wir uns eine Wiederholung: Ursprünglich war es nur Herrschern vergönnt, mit den religiösen Texten ihre Grabwände zu schmücken, gewöhnlich reich illustriert. Auf diese Weise fanden sie sich sofort im Jenseits zurecht. Und nur Pharaonen besaßen genügend Gold, Sklaven und Macht, um zum Beispiel ihre mit kostbaren Grabbeigaben versehenen Gräber tief unter der Erde anzulegen, wo sie – so hofften sie zumindest – nicht entdeckt werden konnten. Die Gräber wurden zugeschüttet, die Eingänge geschickt verbarrikadiert und unkenntlich gemacht. Nicht selten gab es Fallen und Irrwege innerhalb der Gräber, um Diebstahl zu verhindern und um Grabräuber (zweitältester Beruf der Welt) abzuschrecken. Ein Pharao konnte sogar darauf bestehen, dass die Arbeiter, die seine Grabanlage ausgehoben hatten, zum Schluss getötet wurden, damit sie nicht verraten konnten, wo sich seine Begräbnisstätte befand.

Geheimhaltung wohin das Auge blickt.

Alternativ lag ein Pharaonengrab innerhalb einer riesigen, ehrfurchtgebietenden Pyramide, in der es viele Geheimgänge, falsche Tunnel und zahlreiche Fallen gab. Einige abschreckende Zeichnungen an den Wänden mit Darstellungen furchterregender Götter sollten verhindern, dass jemand auch nur versuchte, sich einer Grabkammer zu nähern und sie zu entheiligen.

Selbst die berühmte Große Sphinx von Gizeh mit einer Länge von 73 Metern – die Stadt Gizeh liegt in der Nähe von Kairo und ist die drittgrößte Stadt Ägyptens – war nur ein Wächter, der abschrecken sollte. Feinde sollten ihren Löwenleib und ihre Löwentatzen fürchten. Erst bei den Griechen wurde die Sphinx zu einem Monster, das schier unlösbare Rätsel aufgibt, ja zu einem Symbol des Rätsels selbst. Bei den alten Ägyptern diente sie zunächst nur der Abschreckung.

Die Pharaonen und die Priester unterschätzten jedoch die Gier und die Raffinesse der Grabräuber. Und so wurde später ein geplündertes Pharaonengrab nach dem anderen entdeckt. Gold lockt und verführt. Auch damit gelangte das Geheimwissen an die Öffentlichkeit.

Schon zu Zeiten der mächtigsten Pharaonen, die sich anfangs allein im Besitz dieses Geheimwissens wähnten (belegt ca. 2500 v. Chr.), sprach man von „einem Buch von dem, was in der Unterwelt ist“ oder von „einem Buch vom Herausgehen am Tage“ – eine Umschreibung für das Sterben. Teilinformationen sickerten durch. Sie übten eine solche Anziehungskraft auf die Menschen aus, dass das Geheimwissen Stück für Stück in unbefugte Hände geriet. Nach einiger Zeit waren viele Papyri im Umlauf. Eine aufgefundene Papyrusrolle beispielsweise war fünf Meter lang.

Populär wurde die Vorstellung, mit einer Barke des Sonnengottes Re durch die Unterwelt zu reisen. Doch zu verschiedenen Zeiten gab es unterschiedliche Interpretationen des Jenseits. Wir schätzen, dass es ein- bis zwei Jahrtausende dauerte, bevor so etwas wie ein *Ägyptisches Totenbuch* in der heutigen Form entstand. Rechnet man die mündliche Tradition mit ein, reichen die wahren Ursprünge vielleicht auf 3500 bis 4500 vor Christus zurück.

Als das Geheimwissen endgültig verraten und/oder gestohlen worden war, als die Informationen in die Hände des einfachen Volkes gelangt waren, folgte auch die Begräbniszeremonie mehr und mehr einem bestimmten Ritual, das von Stadt zu Stadt verschieden gewesen sein dürfte. Gern schrieben die Priester das gesamte Totenbuch auf einen langen Papyrus und legten es zu dem Toten in den Sarkophag. Alternativ wurden bestimmte Anrufungen zwischen die Mumienbinden gelegt oder auf Leichentücher geschrieben. Auch die Methode, einige Geheimtexte auf Wände zu malen, blieb erhalten.

Damit wurde die Vorstellung eines Letzten Gerichts, in dem die guten Taten gegen die schlechten abgewogen werden, immer populärer.

Es entstanden Nachfolger und verschiedene Variationen der ursprünglichen Pyramidentexte, die man später Sargtexte nannte. Etwa seit der 18. Dynastie – der Beginn ist ca. 1500 vor Christus anzusetzen – gab es bereits zweihundert Sprüche, Kapitel oder magische Anrufungen, die mehr oder minder allgemein bekannt waren oder von denen man gehört hatte. Die ersten, anfänglich noch losen und ungeordneten Sammlungen von magischen Texten, Hymnen und Beschwörungsformeln kamen auf.

1842 lieferte der deutsche Ägyptologe Karl Richard Lepsius (1810–1884) erstmalig eine vernünftige Übersetzung dessen, was schließlich als das *Ägyptische Totenbuch* Allgemeingut wurde. Er unterteilte die Sprüche in Kapitel und schuf eine leidliche, wenn auch anfechtbare Ordnung.

Schon vorher waren Variationen zuhauf entstanden. Es hieß, alle möglichen Götter hätten beim Letzten Gericht ihre Finger im Spiel, wohl auch abhängig von den Göttern, die in einer bestimmten Region besonders verehrt wurden. So gab es beispielsweise die Große Fresserin (Ammit mit Namen), die das Herz des Verstorbenen fraß, falls er zu viele Sünden auf sich geladen hatte. Zahlreich sind die Darstellungen, da eine Feder gegen ein Herz aufgewogen wurde.

Mit anderen Worten: Hatte das Herz nicht das richtige Gewicht, war es also zu schwer, winkte die Hölle, das Duat. Anubis, ebenfalls ein Totengott, und Horus, der Waagemeister und einer der höchsten Götter, sind auf vielen Abbildungen zu sehen.[3]

Mehr und mehr stellte man sich den Vorgang so vor, dass jeder Tote zunächst gefährliche Gefilde durchwandern musste, egal ob er ein gutes, verantwortungsvolles Leben geführt hatte oder nicht. Es wurden zahlreiche Gefahren beschrieben, die er bestehen musste, bevor er den Gerichtssaal betreten konnte.

Der Umfang der frühen Totenbücher war abhängig von der Zahlungsfähigkeit des Kunden. Je reicher er war, je großzügiger er den Priestern mit Gold überhäufte, umso mehr Sprüche und Beschwörungen wurden in das Buch mit aufgenommen. Und so finden wir heute in den Gräbern unterschiedlich viele Zaubersprüche und Anrufungen auf Mumienbinden, Leichentüchern, Särgen aus Holz oder Stein und auf Papyrusrollen.

Das eigentliche (spätere) *Ägyptische Totenbuch*, wie wir es heute kennen, wurde jedenfalls über rund 1500 Jahre hinweg zusammengestellt – man muss sich eine so lange Zeitspanne vor Augen halten. Abänderungen waren an der Tagesordnung.

Im 19. Jahrhundert nach Christus, als man endlich gelernt hatte, die Hieroglyphen zu entziffern, nahm das Interesse rund um das Totenbuch, um die „Bibel des alten Ägyptens", schlagartig zu.

Vier Übersetzungen ins Englische erschienen; die Autoren Birch (1867) und Budge (1898) sind besonders erwähnenswert. Darauf folgte die Übersetzung ins Französische. Auch Richard Lepsius muss noch einmal erwähnt werden, der erste deutsche Professor für Ägyptologie, der versuchte, die Franzosen und die Engländer zu übertrumpfen, bei denen die Begeisterung für Ägyptologie besonders hohe Wellen schlug. Aber auch der Schweizer Ägyptologe Édouard Naville (1844–1926) machte sich einen Namen, da er erstmalig die verschiedenen Unterschiede in der Texttradition aufzeigte. Eine regelrechte Totenbuch-Forschung entstand.

Die entdeckten Varianten waren kaum auf einen gemeinsamen Nenner zu bringen: In einer der Varianten erwarteten den Verstorbenenen noch vor dem eigentlichen Totengericht viele spezielle Prüfungen, gleichgültig ob er sich gut oder weniger gut verhalten hatte.

Die zweiundvierzig (oder manchmal dreiundvierzig) Richter des Totengerichts wurden mit bestimmten Göttern gleichgesetzt. Alle besaßen einen Namen, die der Verstorbene besser kannte. Jeder verantwortete eine bestimmte Art Verbrechen wie etwa Mord, Habgier oder Gotteslästerung. Ein Tribunal sprach das Urteil aus.

Populär wurde auch die Variante, in der der Gott Anubis, eine Art untergeordneter Totengott, den Verstorbenen in die Halle der Wahrheit führte, in der das Totengericht stattfand. Hatte eine körperlose Seele zu viel Schuld auf sich geladen, wurde sie zum „zweiten Tod" verurteilt, wie das genannt wurde, zum endgültigen Tod. Nur die Guten kamen in einen sonnigen Garten oder hinauf ins Weltall und hatten ein glückliches Leben vor sich.

Eine andere Variante spricht davon, dass die anfängliche gefährliche Reise, die in den Gerichtssaal führte, das eigentliche Hindernis war.

Während sich die Seele also im Jenseits zu orientieren suchte, kümmerten sich Totenpriester und Einbalsamierer um den Körper. Die Leiche wurde mumifiziert. Dazu wurden dem Körper zuerst bestimmte Organe und das Gehirn entnommen, die man dann sorgfältig in Tonkrügen aufbewahrte. Dann wurde dem Körper mit Natronsalz und einem Mineraliengemisch alle Feuchtigkeit entzogen. Da die Haut und das Gewebe dadurch spröde geworden waren, legte man den Leichnam in ein Balsambad. Danach füllte man die Leibeshöhle mit Leinen oder Sägespänen, um dem Körper nach der Austrocknung wieder ein natürliches Aussehen zu geben. Zuletzt umwickelte man jedes einzelne Glied und schließlich den Rest des Körpers mit Leinenbandagen. Auf diese Weise wurden sowohl der Körper als auch die Seele gerettet, denn vielleicht wollte Ba, die Seele, ja gelegentlich zu ihrem alten Körper zurückkehren.

Immer wichtiger wurde in späteren Schriften die genaue Landkarte des Jenseits. Nicht nur ein tadelloser Lebenswandel oder die Namen der Götter und Dämonen waren von Bedeutung. Die exakte geografische Lage bestimmter Berge, Ströme, Sümpfe und

Inseln im Jenseits musste man ebenfalls kennen, um den Tod zu überleben. Das Jenseits wurde kartografiert.

Schließlich übertraf im alten Ägypten die Leidenschaft für das Todesgeheimnis alles, was man sich vorstellen kann. Das Endgericht, das Letzte Gericht, bestimmte das gesamte Leben. Wohlweislich wurde verschwiegen, dass die Idee eines Letzten Gerichtes so originell nicht war.

Damit sind wir einem dritten Geheimnis auf der Spur, das die ersten beiden Geheimnisse noch toppt. Bei Licht betrachtet handelt es sich um die größte Ungeheuerlichkeit, die man sich vorstellen kann.

Geheimnis enthüllt: Das Letzte Gericht in der Religionsgeschichte

Um die Katze gleich aus dem Sack zu lassen: Das Letzte Gericht oder das Totengericht findet sich auch in anderen Kulturen. Die verschiedenen religiösen Lehren auf der Welt sind unauflöslich miteinander verwoben, obwohl allenthalben so getan wird, als ob jedes Land seine eigene originäre, einzigartige Religion besäße.

Keine Lüge ist größer, keine gewaltiger!

In Europa gab in den letzten zweitausend Jahren vor allem das Christentum vor, das unverfälschte, originäre Wort Gottes zu verkünden – und mit ihm die Lehre des Letzten Gerichtes. Alternativvokabeln sind „Gottesgericht", „Jüngster Tag", „Jüngstes Gericht", „Weltgericht" oder „Harmagedon". *Harmagedon* bedeutet im Hebräischen so viel wie „Berg"; Megiddo war der Name eines Berges im alten Israel. Man glaubte, dort werde der letzte Kampf zwischen Gut und Böse ausgetragen. Harmagedon mag aber auch aus dem lateinischen Wort *arma* (= Waffen) und dem hebräischen Begriff *gehenna* (= Hölle) zusammengesetzt sein und „Kampf gegen die Waffen der Hölle“ bedeuten. Wie auch immer, am populärsten wurde jedenfalls der Ausdruck „Letztes Gericht“.

Das Letzte Gericht, so glaubte man jedenfalls im europäischen Mittelalter und auch noch eine gute Zeit danach, war die „wirkliche Wirklichkeit“, eine höhere Wirklichkeit als die eigentliche Realität.

Doch was ist die Wahrheit über eben dieses Letzte Gericht? Wir erahnen sie inzwischen. Die Christen übernahmen die Vorstellung eines Letzten Gerichts aller Wahrscheinlichkeit nach von den alten Ägyptern. Das ist der eigentliche Skandal, das ist das eigentliche Geheimnis, das bis heute nie aufgedeckt wurde.

Verfolgen wir die hochinteressante, brisante Religionsgeschichte noch genauer; betrachten wir sie unter dem Vergrößerungsglas, und spielen wir Sherlock Holmes.

Schon vorher gab es in Indien, Persien und Griechenland entsprechende Vorstellungen, in Griechenland besonders in Geheimkulten. Aber die ägyptischen Vorstellungen waren von besonderer Bedeutung, nahm die ägyptische Religion doch einen enormen Einfluss auf die religiösen Vorstellungen des Judentums. Juden hatten in Ägypten als Sklaven gedient und zahlreiche Ideen der überlegenen Ägypter einfach übernommen. Sie hatten Sünden wie Mord und Totschlag, Ehebruch oder Diebstahl problemlos in ihre Zehn Gebote integriert und sie als eigene Erfindung proklamiert. Von den Juden her floss die Vorstellung eines Letzten Gerichts wiederum ins Christentum ein. Es entspricht also einfach nicht der historischen Wahrheit, dass die Vorstellung vom Letzten Gericht eine originäre Idee des Christentums ist.

Das Christentum wurde weit mehr von der ägyptischen Religion geprägt, als heute allgemein angenommen (oder zugegeben) wird. Wir schätzen, dass rund ein Viertel der christlichen Lehre direkt oder indirekt auf die ägyptische Religion zurückzuführen ist – wenn man nur die Augen aufmacht.

Unumstößlich fest steht inzwischen, dass das Letzte Gericht nicht christlichen Ursprungs ist. Gewisse Indizien sprechen dafür, dass diese Vorstellung zuerst im alten Indien ersonnen wurde, wo es einen Gott namens Mitra gab, einen Hüter der Ethik und des Rechts. Mitra sprach Recht. Später wanderte Mitra aus und mutierte zu Mithra, jetzt mit h geschrieben. *Mithra* im Persischen bedeutet „Vertrag". Er war unter anderem für die Ordnung zuständig und nach wie vor für Tugend und Gerechtigkeit. Wir wissen, dass er die Ungläubigen bestrafte und die Gläubigen belohnte. Gegen die Bösen ging er mit einer Keule vor, war aber auch mit einem Speer, mit Pfeilen, Äxten und scharf geschliffenen Dolchen bewaffnet. Noch einmal: Auch in Persien sprach Mithra Recht, die Guten wurden von den Bösen getrennt. Schließlich wanderte der Mithraskult in andere Länder und Religionen ein und befruchtete auch die persischen Zarathustra-Vorstellungen.

Möglicherweise sprang der Glaube an ein Letztes Gericht von Indien/Persien nach Ägypten über. Diese Annahme taugt unserer Meinung nach zumindest als Hypothese, beweisen können wir sie allerdings nicht.

Fest steht nur, dass die Juden die Vorstellung eines Letzten Gerichtes von den Ägyptern übernahmen.

Speziell die Pharisäer glaubten, es gebe ein Weltgericht, ein Jüngstes Gericht, ein Letztes Gericht. Möglicherweise über den Umweg griechischer Geheimkulte, die ebenfalls ein Letztes Gericht kannten, auf jeden Fall jedoch über den jüdischen Umweg gelangte das Letzte Gericht ins Christentum.

Noch ein paar Takte zu den Griechen.

Im 4. Jahrhundert vor Christus begegnen wir auch in Griechenland vielerorts dem Glauben, man müsse sich nach dem Leben vor einem Totengericht verantworten. Auch die Griechen hatten von den Ägyptern gelernt; sie liebten und verehrten die Ägypter. Griechenland war förmlich von zwei Seiten umschlossen: Auf der einen Seite, im Osten, „verriet" ihnen die persische Religion das Geheimnis eines Letzten Gerichts, auf der anderen Seite, im Norden, waren es die alten Ägypter.

Wie auch immer die verschlungenen Wege der Religion aussahen, die ägyptische Religion hinterließ in einem beträchtlichen Ausmaß ihre Spuren im Christentum.[4]

Auch das Christentum war von allen Seiten von der Idee eines Letzten Gerichtes umgeben. Die Juden – jedenfalls ihre mächtigen religiösen Rechtslehrer, die Pharisäer, – glaubten daran, ferner die Perser, die Inder, die Griechen und sogar die Etrusker, die auf italienischem Boden lebten. Und infolgedessen übernahm das Christentum diese Idee.

Christliche Priester entdeckten früh, dass das Letzte Gericht eine fabelhafte Kontrollmethode ist, um Gläubige bei der Stange zu halten und zu melken. Priester aller Religionen nutzten die Macht dieses religiösen Märchens. Da es zudem als hochgeheim eingestuft wurde, da nur „Eingeweihte" davon wissen durften, übte die Idee eine schier unwiderstehliche Anziehungskraft aus.

Und so haben wir, quasi nebenbei, einen Großteil der kompletten Religionsgeschichte verstanden, die spannender, aufregender und enthüllender nicht sein könnte.

Die Parallelen zwischen der altägyptischen Religion und dem Christentum

Natürlich zeigt das Letzte Gericht nur exemplarisch, wie eng der altägyptische Glaube und das Christentum miteinander verwandt sind.

Die Besessenheit, Sünden zu vermeiden, ist beiden Religionen gleich, weiter der Glaube an ein jenseitiges Leben nach dem Tod. Ja, sogar der Glaube, dass sowohl die Seele ewig lebt als auch der Körper „wiederauferstehen" wird, ist beiden Religionen gemein. In Ägypten ist dieser Körperkult durch die zahlreichen Mumifizierungen bestens belegt.

Ferner gab es hier wie da genaue Gebote und einen übermächtigen Gott, in Ägypten Ra oder Re, Gottvater im Christentum genannt.

Die ägyptische Gottesmutter Isis verwandelte sich in die „heilige Maria voll der Gnaden" – ebenfalls eine Gottesmutter. Sogar die Gebete und Anrufungen ähneln sich bisweilen erstaunlich.

Aber halt! Besteht nicht auch ein bedeutender Unterschied darin, dass die Ägypter zahlreiche Götter kannten, während das Christentum (mit dem Judentum) nur einen einzigen, gewaltigen, allwissenden Gott im Himmel akzeptierten?

Die ägyptischen Götter

Zugegeben: Das Leben der alten Ägypter wurde ganz und gar von ihren Göttern beherrscht. Auch in den Geheimschriften wimmelt es von Göttern. Selbst der Pharao wurde als Gott betrachtet, selbst wenn das inzwischen einige Ägyptologen infrage stellen.

Als höchster Gott galt Amun-Re oder Amun oder einfach Re, der „König der Götter". Er war ein Sonnen- und Fruchtbarkeitsgott, dessen Macht lange Zeit von keinem anderen Gott übertroffen wurde. Synonyme für ihn waren „Hauch des Lebens für alle Dinge" oder „Herr der Throne beider Länder", womit man auf Ober- und Unterägypten deutete. Amun-Re war der Haupt- und Schöpfergott Ägyptens, er war eine Art Gottvater – und deshalb, wie schon angedeutet, durchaus vergleichbar mit dem Gottvater des Christentums. Tempel des Amun-Re gab es etliche.

Erst mit der Zerstörung der ägyptischen Stadt Theben (663 v. Chr.) – nicht zu verwechseln mit der griechischen Stadt Theben – stieg Osiris zum wichtigsten Gott in Ägypten auf und verdrängte Amun-Re vom ersten Platz. Osiris war der Gott der Wiederauferstehung, er wurde Hauptgott.

Generell bevölkerten bei den alten Ägyptern viele Götter den Himmel. Einige wurden ohne viel Federlesen von anderen Völkerschaften übernommen oder wanderten aus anderen Ländern ein, etwa aus Syrien, Libyen oder Nubien. Anat, die Göttin des Krieges und Schutzgöttin gegen wilde Tiere, beispielsweise stammt ursprünglich aus Libyen.

Viele Götter befassten sich auch immer mit dem Leben nach dem Tod und dem Totenkult – das verrät uns das *Ägyptische Totenbuch*. Und manche Götter wurden nur in bestimmten Ortschaften verehrt.

Die meisten Götter oder Göttinnen allerdings hatten ganz spezielle Funktionen. So gab es einen eigenen Gott, der nur in den Eingeweiden eines Menschenkörpers lebte (Babi), einen Heilgott für Blinde und Augenkranke (Chenti-irti) oder einen Gott, der fürs Korn zuständig war. Es existierten Beschützergottheiten für Kinder und Frauen, für Jäger und Soldaten und sogar einen eigenen Gott für Weber. Es gab Baumgottheiten, einen Beschützer des Magens, einen Gott für die Lunge und sogar eine Göttin des Bieres (Tjenenet), was besonders die passionierten deutschen Biertrinker freuen dürfte.

Für alle möglichen Körperteile und Krankheiten, die geheilt werden sollten, gab es Götter.

Die Heiligen im Christentum

Da im Christentum nur die „Heilige Dreifaltigkeit" göttlich war – jeder andere Glaube war Ketzerei –, durfte es keine anderen Götter neben dem Heiligen Geist, Gottvater und Jesus geben. Trotzdem existierte das Bedürfnis, ein höheres Wesen anzurufen, wenn eine Krankheit zuschlug. Deshalb mutierten die ägyptischen Götter im Christentum zu Heiligen – im Grunde ein uralter Götterglauben. Genau wie ehemals bestimmte ägyptische Götter bevorzugt wurden, wenn man einer Krankheit zu Leibe rücken wollte, wurden im Christentum später genau definierte Heilige oder Märtyrer angerufen.

Teilweise gab es klar ausdifferenzierte Empfehlungen, die uns noch heute schmunzeln lassen: Für Trunksucht etwa war Johannes der Täufer zuständig. Bei Augenkrankheiten sollte unter anderem Joseph von Nazareth oder der hl. Hieronymus helfen können. Bei Bauchschmerzen rief man Wolfgang von Regensburg an, bei Beinleiden Fridolin von Säckingen. Und so weiter und so fort. – So belehrt uns jedenfalls Reinhard Rinnerthaler in seinem Verzeichnis der Krankheits-Patronate, das einem Who's who der christlichen Heiligenschar gleicht.[5]

In unseren Breiten übernahmen später also christliche Heilige die Aufgaben der ägyptischen Götter. Sprich, im Christentum besaß Amun-Re gewisse Ähnlichkeiten mit dem christlichen Gottvater, und der wiederauferstandene Osiris erinnert zumindest in einigen Zügen entfernt an Jesus Christus.

Die Liebe zu den Tieren dichtete man dagegen im Christentum Franziskus von Assisi an, während die Ägypter hier weitaus differenzierter urteilten und vielen Göttern die Verantwortung für bestimmte Tierarten übertrugen. Die Natur stellte man sich im alten Ägypten von zahlreichen Dämonen bevölkert vor, die im Christentum zu Teufeln wurden.

Bis heute wurde es versäumt, die christliche Öffentlichkeit über ihre ägyptischen Wurzeln aufzuklären.

Das Pharaonentum und die Priesterschaft

Tatsache ist, am Ende der ägyptischen Hochzivilisation spielten Priester eine immer herausragendere Rolle. Spätestens seit Pharao Ramses I. (Regierungszeit 1291–1290) ging der größte Teil jedes Beutezuges an die Tempel. Die Geheimtexte halfen. Im Laufe der Jahrtausende wurden die ägyptischen Götter also immer gefräßiger – oder genauer gesagt deren Priester.

Unter Ramses III. (ca. 1221–1156 v. Chr.) besaßen die Priester schließlich 107 000 Sklaven (ein Dreißigstel der ägyptischen Bevölkerung!), sie verfügten über 750 000 Morgen Land (ein Siebtel der fruchtbaren Fläche), hielten 500 000 Stück Vieh und hatten Einkünfte aus 169 Städten.[6] Hinzu kamen großzügige Geschenke des Pharaos, der sich der Gunst der (mächtigen) Priester ständig rückversichern musste, denn sie beherrschten letztlich das Alltagsleben in Ägypten. Hunderttausend Säcke von Korn und Zehntausende

Kilogramm Gold gingen allein unter einem Pharao an die Priesterclique.

Religion in der Niedergangsphase

Wie in allen niedergehenden Religionen wurde zum Schluss mehr Wert auf den Kult, die Zeremonie und die beeindruckende Äußerlichkeit gelegt, wie uns unsere Geheimtexte verraten. Auch Religionen durchlaufen einen Zyklus von drei Phasen: Aufstieg, Höhepunkt und Verfall.

Zu Beginn sind Religionen mit tiefen Weisheiten durchtränkt und stehen für Integrität und Ethik, am Ende herrschen der Aberglaube und die Gier der Priester.

Das ägyptische Volk wurde zuletzt von Heerscharen von Priestern ausgenommen, nach allen Regeln der Kunst. Die Priester machten sich außerdem den Staat zur Beute. Und dabei war all der Priesterbesitz auch noch steuerfrei, genau wie der Besitz christlicher Priester bei uns im Mittelalter.

Deshalb wundert es nicht, dass das Leben in Ägypten schließlich gewissermaßen erstarrte und nur noch Wert auf die Vergangenheit gelegt wurde. Die überwältigenden Tempelbauten und die Bauten der Pharaonen, die Pyramiden, die die Ewigkeit zu verkörpern schienen, trugen natürlich auch dazu bei, aber hinter allem standen immer die Priester. Ägypten versteinerte förmlich, wie das der Historiker Arnold J. Toynbee ausdrückte. Einfach alles war am Ende auf die Bewahrung der Tradition ausgerichtet, neue Ideen und Entwicklungen wurden ausgebremst. Und hinter alldem standen Priester.

Die Ägypter bewegten sich langsamer und langsamer, bildlich und in der Sprache des Films ausgedrückt, bis sie mitten in ihren Bewegungen förmlich erstarrten. Lange bevor die Perser, die Griechen oder die Römer das ehemals allmächtige Weltreich unterjochten, hatte Ägypten sich bereits selbst vernichtet.

Jedes Reich zerstört sich im Grunde selbst.

Endgültiges Ergebnis

Und so kommen wir zu unserem endgültigen Ergebnis. Fassen wir noch einmal unsere vier Schlüsselerkenntnisse zusammen:

1. Das erste angebliche „Geheimnis“ bestand darin, alle Hieroglyphen für eine Geheimschrift zu halten. Spätestens im 19. Jahrhundert stellte sich das als Fehleinschätzung heraus.
2. Bei den Geheimschriften rund um das Letzte Gericht und das Jenseits handelte es sich ursprünglich sogar tatsächlich um geheimes Wissen. Es berichtete von der Unsterblichkeit der Seele, dem Totengericht und allen möglichen Fallen, Dämonen und Göttern. Ferner stellte es hilfreiche Texte zur Verfügung, um es im Jenseits gut anzutreffen. Die Geheimtexte waren anfänglich ausschließlich der obersten Kaste vorbehalten.
3. Dieses Wissen wurde jedoch verraten, es landete in den Händen des einfachen Volkes. Priester bedienten sich der ehemaligen Geheimtexte und begannen, Kontrolle über die Bevölkerung auszuüben, wobei sie unvorstellbare Reichtümer aufhäuften. Über Griechenland, Israel und vor allem Ägypten gelangte die Vorstellung eines Letzten Gerichtes auch in das Christentum, das sie als eigene Erfindung proklamierte.
4. Grundsätzlich beeinflusste die ägyptische Religion das Christentum gewaltig. Das wird bis heute völlig unterschätzt. Der Grund ist leicht zu verstehen: Jede Glaubensgemeinschaft will ihre Schafe auf der „richtigen“ Weide halten. Deshalb ließ man im Christentum zwar die jüdische Tradition gelten mit dem *Alten Testament*, nicht jedoch die ägyptische Religion mit dem Ägyptischen *Totenbuch*. Ägypten wurde ignoriert, beiseitegewischt und vielfach sogar geschmäht. Und da Ägypten bis zum 19. Jahrhundert intellektuell und wissenschaftlich nicht erschlossen war – man konnte die Hieroglyphen nicht entziffern –, gelang es den christlichen Priestern,

rund 1 900 Jahre lang eine der wahren Quellen des Christentums zu verbergen.

All das kann man aus einer einzigen Geheimschrift lernen, wenn man sie immer und immer wieder umwendet, ein wenig tiefer bohrt und die übergeordneten historischen Zusammenhänge in Rechnung stellt.

3. Vertrauliche militärische Botschaften im alten Griechenland oder die Geburtsstunde der Kryptologie

Schlagen wir uns weiter durch das Dickicht der Geschichte und werfen einen Blick auf das faszinierende Griechenland, das uns noch heute begeistert.

In Griechenland wurde die Demokratie erfunden und das wertvollste politische Gut, die Freiheit, auf ein Podest gestellt – ein Erbe, von dem wir noch heute zehren. Verschiedene Wissenschaften dachte man hier das erste Mal in der Geschichte; ohne sie wäre unsere heutige Welt nicht denkbar. Die Malerei und die Bildhauerei blühten und erreichten ein Niveau wie nie zuvor. Die Philosophie schwang sich in höchste Höhen, und man verehrte Literaten und Musiker. Auf dem Gebiet des Sports verneigte man sich vor den Athleten mit den Olympischen Spielen, die inzwischen zum Erbe der Menschheit gehören.

Wie also könnte man Griechenland nicht lieben? Jeder Mann im alten Griechenland war stark, und jede Frau war schön, urteilte einst ein Historiker enthusiastisch.[7]

Aber Griechenland kannte natürlich auch Kriege. Die Zeiten waren bewegt und wild, und immer galt es, eifersüchtig die eigene Unabhängigkeit zu verteidigen. Das Ideal der Griechen war der freie

Mann, der jederzeit bereit war, für seine Vaterstadt mit Schwert, Schild und Lanze einzustehen und sie ehrenvoll zu verteidigen. Man kannte bereits alle Kriegslisten, wusste um Spione und die Macht der geordneten Schlachtenreihe, selbst gut ausgerüstete Kriegsschiffe existierten. Die eigenen Strategen – ein Wort, das die Griechen erfunden hatten – hob man auf den Schild und ließ sie hochleben. Im Griechischen bezeichnet man mit dem Wort *strategos* einen Mann, der ein hohes militärisches Amt innehat. Heute würde man von einem Heerführer oder General sprechen.

Vor einer Schlacht tauschte man Geheimbotschaften mit befreundeten Stämmen oder Städten aus, die dem Feind keinesfalls in die Hände fallen durften. Man benötigte hierfür eine Geheimschrift, die selbst dann dem Gegner unverständlich bleiben musste, sollte ihr Übermittler – gewöhnlich ein ausdauernder Läufer – in die Fänge des Feindes geraten.

Die Griechen hatten bereits das Alphabet entwickelt, sodass eine präzise Botschaft leicht übermittelt werden konnte. Das Problem der (manchmal weniger präzisen, vieldeutigen) Hieroglyphenschrift, in der Bilder, Grammatikzeichen und Lautsymbole bunt durcheinandergemischt waren, war inzwischen gelöst. Die Griechen hatten die Schrift weiterentwickelt; eine kulturelle Großtat, für die mittelasiatische wie auch vorderasiatische Völker mitverantwortlich waren. Vor den Griechen kannte man keine Zeichen für Vokale, sondern nur für Konsonanten. Das Wort Geheimschrift hatte man vor den kulturellen Errungenschaften der Griechen so geschrieben: Ghmschrft. Erstmalig konnte man jetzt Wörter vollständig mit allen Vokalen ausschreiben, um Verwechslungen mit anderen Begriffen und Vieldeutigkeiten zu vermeiden. Und so war es auch möglich, geheime Botschaften und Nachrichten schriftlich auszutauschen. Das war vor allem vor einer Schlacht von besonderer Bedeutung, ja mochte gar kriegsentscheidend sein.

Während zuvor das Bestreben darin bestanden hatte, mit einer Schrift möglichst klar und verständlich zu kommunizieren, drehte sich im Angesicht der Notwendigkeit von Geheimschriften der Spieß um. Die Frage lautete jetzt: Wie ließ sich eine Schrift so verschlüsseln, dass der Feind eben *nicht* hinter den Sinn der Worte kam?

Das entbehrt nicht einer gewissen Komik: Die zugrundeliegende ursprüngliche Intention einer Schrift (Verständlichkeit, Klarheit) drehte sich um 180 Grad und wich der Absicht, möglichst unverständlich zu erscheinen.

Wie also verschlüsselten die alten Griechen ihre Botschaften?

Der Peloponnesische Krieg

Betrachten wir ein konkretes Beispiel, und zwar einen der prominentesten Kriege im alten Griechenland, der später „Peloponnesischer Krieg" genannt wurde. Er tobte zwischen 431 bis 404 vor Christus auf der Peloponnes, einer Halbinsel im Süden des griechischen Festlandes. Damals standen sich prinzipiell zwei Parteien gegenüber: Reichlich verkürzt gesprochen befand sich auf der einen Seite Athen (im Norden) und auf der anderen Seite Sparta (im Süden), das eben auf der Peloponnes lag. Aber auch viele andere Städte wurden in diesen Krieg hineingezogen.

Der erbitterte Krieg tobte 27 Jahre lang, es gab zahlreiche Schlachten. Man darf also annehmen, dass ständig Geheimschriften hin- und hergingen. Denn sowohl Athen als auch Sparta verfügten über etliche Bundesgenossen. Angriff und Verteidigung mussten koordiniert werden. Wann griff man am besten gemeinsam an? An welchem Ort genau, der einen Vorteil für das eigene Heer bot? Wie und wo konnte man den Feind in eine Falle locken und einen Hinterhalt legen? All diese Fragen mussten zwischen den Bundesgenossen geklärt werden.

Weshalb aber droschen die beiden erstaunlichsten Städte im alten Griechenland – Athen und Sparta – überhaupt so wütend aufeinander ein?

Nun, Athen war inzwischen mehr als eine bloße Stadt, sondern vielmehr ein regelrechter Staat, der viele Städte umschloss.

Athen hatte im Laufe der Zeit einen ganzen Seebund zusammengeschweißt. Andererseits war auch Sparta mit zahlreichen Städten ein Bündnis eingegangen. Es ging um die Vorherrschaft an diesem Zipfel der Welt. Das war der wahre Kriegsgrund.

Fast alle griechischen Städte schlugen sich auf die eine oder die andere Seite.

Der Wahrheit halber muss man hinzufügen, dass der Seebund – mit Athen an der Spitze –, der zunächst aus einem freiwilligen Verteidigungsbündnis bestanden hatte, inzwischen zu einem Kontroll- und Machtinstrument verkommen war. Athen, wiewohl dem Namen nach eine Demokratie, beanspruchte quasi diktatorisch in einem immer größeren Radius die Vorherrschaft. Und das wollte der alte Erb- und Erzfeind, die Spartaner, nicht dulden.

Die Athener und ihre Bundesgenossen besaßen zwar eine Seemacht, ein echter Vorteil, aber die Kampfkraft der Spartaner zu Lande war legendär. Sparta wollte die Ausweitung des athenischen Herrschaftsbereiches unter allen Umständen verhindern. Und so schlitterten die beiden griechischen Stadtstaaten mitsamt ihren Bundesgenossen in diesen Krieg.

Dabei gab es mehr als einen Streitpunkt zwischen den beiden Mächten: Ein Zankapfel beispielsweise war der Übertritt der Stadt Megara zu Sparta. Megara? Die Stadt liegt rund dreißig Kilometer westlich von Athen; sie war eine einflussreiche Hafenstadt, die sich zunächst einer geschickten Schaukelpolitik befleißigt hatte. Mal neigte man sich Sparta zu, mal Athen. Megara gründete bedeutende griechische Kolonien und hatte sich in der Vergangenheit gleichermaßen an Athen und Sparta gerieben. Ständig taumelte die Stadt zwischen den beiden Machtblöcken hin und her. Schlussendlich entschied sich Megara für Sparta, was Athen natürlich nicht dulden wollte oder konnte. Als Athen im Jahr 432 vor Christus eine Handelssperre gegen Megara verhängte, löste das den Krieg aus.

Ein anderer Streitpunkt war, dass das griechische (nicht das ägyptische) Theben, ein athenischer Nachbar im Norden, ein Bündnis mit Sparta schloss. Athen sah seine Position gefährdet. Es standen

Einflusssphäre und damit konkrete Macht auf dem Spiel, die gewöhnlich mit wirtschaftlichen Vorteilen einhergeht.

Jedenfalls wogte der Kampf hin- und her. Mal gewannen die Spartaner eine Schlacht, mal die Athener.

Zunächst favorisierten die Schicksalsgöttinnen Athen. Athen hatte die Vorherrschaft über zahlreiche Hafenstädte und Inseln inne. Das war von entscheidender Bedeutung. Denn dadurch blieb es beweglich, ganz abgesehen davon, dass Hafenstädte den Handel belebten und reiche Einnahmen garantierten. Das Geld war in Athen zu Hause.

Außerdem besaßen die Athener in der Seekriegsführung einen uneinholbaren Vorsprung. Athen verfügte über rund 13 000 Hopliten, also Schwerbewaffnete – einer von ihnen war, nebenbei bemerkt, der berühmte Philosoph Sokrates.

Die Spartaner hingegen hatten mehr Bundesgenossen – sowohl in vielen mittelgriechischen Städten als auch auf der Peloponnes. Eigentümlicherweise wurden die Spartaner sogar zum Symbol von Freiheit, obwohl eine Oligarchie, sprich eine kleine privilegierte Clique (Militärs im Grunde genommen) in Sparta herrschte und die Stadt neunzig Prozent seiner Einwohner versklavt hielt. Dennoch versuchten viele Städte, sich dem überwältigenden Einfluss Athens durch die Annäherung an Sparta zu entziehen.

In Athen herrschte zwar eine Demokratie, doch es unterdrückte trotzdem viele Städte, die nach Unabhängigkeit strebten. Sparta geriet jedenfalls mehr und mehr in die Rolle des Beschützers und Verteidigers der Freiheit. Athen hatte sich vieler politischer Fehler schuldig gemacht und die Freiheit oft mit Füßen getreten, die eigentlich eine Demokratie auszeichnen sollte.

Der Kampf wogte hin und her. Geheimbotschaften wurden an Verbündete geschickt, wahrscheinlich auf beiden Seiten; historisch hieb- und stichfest überliefert ist jedoch nur, dass sich die Spartaner derer bedienten.

Und wie verschlüsselten die Spartaner ihre Geheimbotschaften?

Die Erfinder der Kryptografie

Wie wir bereits wissen, ist das Wort Kryptografie griechischen Ursprungs. Es bedeutet „geheim schreiben“ oder „Geheimschrift“. Mit Kryptologie bezeichnet man heute die gesamte Lehre, die Kunst und Wissenschaft der Geheimschriften, mit allen Ver- und Entschlüsselungstechniken. Der historische Hintergrund für diese neue Disziplin: Unter allen Umständen musste vermieden werden, dass eine militärisch wichtige Nachricht in die Hände der Feinde fiel.

Den Griechen darf man die Siegespalme dafür zusprechen, dass sie das älteste bekannte Verschlüsselungssystem der Welt erfanden, die sogenannte Skytale. Im Deutschen bedeutet *skytale* „Stock“ oder „Stab“. Die ambitionierten Spartaner nutzten demnach bestimmte Stäbe oder Stöcke, um Geheimnachrichten zu verschlüsseln und zu entschlüsseln.

Und wie funktionierte das System? Zur Verschlüsselung diente ein einfacher Holzstab mit einem genauen, vorher festgelegten Durchmesser. Und dieser Durchmesser war von höchster Bedeutung.

Erinnern wir uns in diesem Zusammenhang, dass es in dieser Zeit üblich war, eine Schriftrolle oder eine Buchrolle zu gebrauchen, um etwas schriftlich festzuhalten – und kein Buch mit an einem Ende geleimten Blättern.

Im Falle der Skytale-Geheimnachricht wickelte man um einen Stock oder Stab etwas Pergament oder Papyrus oder sagen wir der Einfachheit halber einen Lederstreifen, auf den Buchstaben eingeritzt oder aufgetragen werden konnten. Der Absender wickelte den Lederstreifen in einer Art Wendeltreppe um den Stab und trug die Botschaft längsseits des Stabes auf. Anbei eine kleine Illustration, die als Beispiel dienen mag.

Danach wurde das Lederband wieder abgewickelt. Übrig blieb ein regelrechter Buchstabensalat: ein mit allen möglichen Buchstaben beschriebenes Lederstück, die kreuz und quer über das Leder verteilt waren. Niemand konnte etwas entziffern. Die Botschaft war

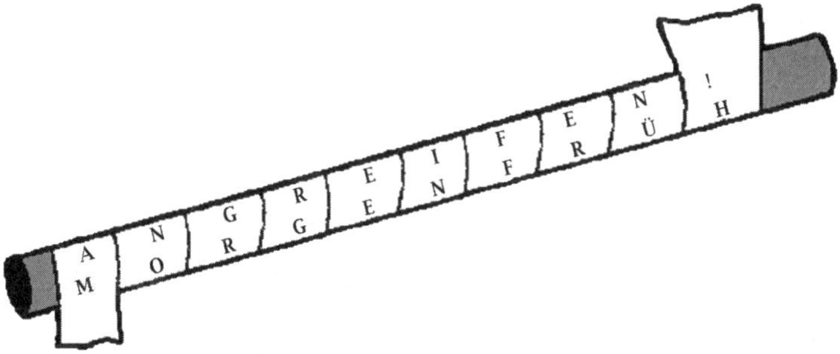

Abb. 2: Auf einen Stab oder Stock (griech. = skytale) mit einem bestimmten Durchmesser wird ein Lederband spiralförmig aufgewickelt. Danach schreibt man die (Geheim-)Nachricht, die Buchstaben, längsseits auf das Lederband. Die Geheimbotschaft in diesem Beispiel lautet:

ANGREIFEN!
MORGENFRÜH

chiffriert worden. Man verfügte über einen Text, der keinerlei Sinn ergab – für den Uneingeweihten.

Anschließend übergab man dieses Lederstück mit dem Buchstabensalat einem Boten, einem Läufer. Seine Aufgabe bestand darin, das Lederstück beispielsweise einem mit Sparta befreundeten Heerführer oder Strategen zu überbringen. Vielleicht musste sich der Bote dazu durch die Reihen der Feinde schlagen. Möglicherweise riskierte er es, geschnappt, ja vielleicht gar gefoltert und umgebracht zu werden. Doch dieser Läufer wusste selbst nicht, worin die Botschaft bestand. So war man selbst mit der ausgesuchtesten Foltermethode nicht in der Lage, ihm die Geheimnachricht zu entlocken. Gelang es ihm jedoch, durch die Reihen der Feinde zu schlüpfen, konnte er dem befreundeten Heeresführer den Buchstabensalat überreichen, sprich das Lederstück, nicht den Stock.

Der Empfänger besaß ebenfalls einen Stock mit dem gleichen Durchmesser wie der, der zum Verfassen der Botschaft verwendet worden war. Er musste das Lederstück nur wieder wendeltreppenförmig um diesen Stock wickeln und konnte dann die Geheimbotschaft lesen. Ein Stock oder Stab ohne den identischen Durchmesser hätte keinen Nutzen gebracht, und verblieben wäre nur ein Wirrwarr von Buchstaben, das selbst der listige Odysseus nicht hätte entziffern können; und es gab Hunderte unterschiedliche Stäbe mit unterschiedlichen Durchmessern.

Dies war also der „Schlüssel", wie man später im Chiffrierjargon sagen würde: Der Durchmesser des Stabes war verantwortlich dafür, dass die Buchstaben an den richtigen Stellen zu sehen waren. Der befreundete Stratege konnte den Text lesen.

Die Strategie bestand möglicherweise darin, eine athenfreundliche Stadt zeitgleich von zwei Seiten anzugreifen. Dabei war der exakte Zeitpunkt wichtig. Gern wurde im Morgengrauen angegriffen. Denn zu dieser Zeit schlief der Feind gewöhnlich und konnte überrascht werden. Wenn die Spartaner und ein Verbündeter eine feindliche, athenfreundliche Stadt zum gleichen Zeitpunkt von zwei Seiten überfielen, hatten sie sogar den doppelten Überraschungseffekt auf ihrer Seite. Dann wusste der Feind nicht, wohin er seine Mannen zuerst schicken sollte. Mit einem Angriff von zwei Seiten konnte man ihn in Konfusion stürzen.

Der befreundete Stratege las die Botschaft, lobte den Boten und schickte ihn vielleicht zum Armeekoch, damit er nach seinen Anstrengungen wieder etwas zwischen die Rippen kriegte.

Kurz: Der Sender und der Empfänger verfügten über den gleichen „Schlüssel", mit dem die Botschaft entziffert werden konnte, einen Stock mit dem richtigen Durchmesser.

Auch später bei allen hochkomplizierten Chiffrier- und Dechiffriermethoden blieben diese Bestandteile stets erhalten: Es gab immer

1. einen Sender, der die Botschaft verschlüsselte,
2. einen Schlüssel, über den Sender und Empfänger gleichzeitig verfügten und
3. einen Empfänger, der die Botschaft entschlüsselte.

Diese drei Bestandteile sollten die Welt der Geheimnachrichten, Geheimbotschaften und Geheimschriften bestimmen, bis zur Neuzeit, bis zum heutigen Tag. Nur wer den richtigen Schlüssel besaß, war imstande, eine Botschaft zu lesen.

Die Kunst der Kryptologie, die Lehre von den Geheimschriften, war geboren.

Skytales in Geschichte und Gegenwart

Nicht nur im alten Griechenland benutzte man eifrig Skytales, sondern auch zum Beispiel in Persien. Mittels Skytales wurde vor Umsturzversuchen gewarnt, wurden Angriffe vereitelt und intelligente Verteidigungsmaßnahmen ergriffen.

Skytales boten in der Antike ein hohes Maß an Sicherheit – man muss ja immer die Zeit in Rechnung stellen, wenn man eine Methode beurteilt. Es handelte sich um eine kluge Technik, Geheimbotschaften zu chiffrieren und zu dechiffrieren. Und sie wurde noch im Mittelalter benutzt, wie Autor Friedrich Bauer in seinem Buch *Entzifferte Geheimnisse*[8] verrät. Schon nur um Millimeter kleinere oder größere Rollen oder Stäbe sorgten zu allen Zeiten dafür, dass eine Botschaft nicht mehr entziffert werden konnte. Immer bot der Durchmesser des Stabes den Schlüssel. Nur mit ihm konnte man eine verschlüsselte Botschaft in einen sogenannten Klartext umwandeln, wie der Fachausdruck lautet. Stets ging es darum, den Gegner im Dunkeln zu lassen. Fiel ein verschlüsselter Text dennoch dem Feind in die Hände, nutzte er ihm – gar nichts.

Der Geheimtext, später auch Kryptogramm genannt, konnte immer nur mit dem richtigen Stab in einen Klartext verwandelt werden.

Natürlich wurde das Verfahren mit der Zeit bekannt, das Geheimnis sickerte durch, es wurde gelüftet. Fand man also in den kommenden Jahrhunderten bei einem abgefangenen Boten einen Pergamentstreifen mit Buchstabensalat, wussten die Militärs natürlich, dass etwas im Busch war. Man hatte eine Geheimbotschaft abgefangen. Ein verschlüsselter Text wies immer darauf hin, dass ein vielleicht kriegsentscheidender Plan ausgeknobelt worden war. Deshalb bot die Skytale später nur noch begrenzt Sicherheit. Es gibt ja kaum Schlimmeres als ein entschlüsseltes Geheimnis. Allein der Umstand, dass etwas geheim gehalten wurde, lieferte manchmal den notwendigen Fingerzeig. Dann wusste man, dass hinter den Kulissen etwas vorbereitet wurde. Und so traf man die entsprechenden Vorsichtsmaßnahmen.

Außerdem waren die Buchstaben an sich ja nicht geheim, jeder kannte das Alphabet. Die Buchstaben rutschten lediglich an eine andere Stelle. Nur die Position der Buchstaben musste geändert werden, um der Nachricht auf die Spur zu kommen, nicht der Buchstabe selbst war falsch oder irreführend. Deshalb sprach man später auch von einer Transpositions-Chiffre, einer Verschlüsselung also, bei der lediglich die Position der Buchstaben verändert worden war. Man verschob die Buchstaben einfach an einen anderen Platz. Lateinisch *trans* bedeutet „über" oder „auf der anderen Seite". Buchstaben waren „auf die andere Seite" gerutscht, also an eine andere Stelle.

Heute gibt es viele Anwendungsbeispiele der Transpositions-Chiffre. Doch in jedem Fall bleiben die Buchstaben gut lesbar.

Transpositions-Chiffre

Jeder von uns kann seine eigene Transpositions-Chiffre erfinden. Machen Sie doch einfach einmal folgendes Experiment: Schreiben Sie zunächst einen eigenen Klartext auf, von links nach rechts, nur in Großbuchstaben. Ordnen Sie dann die Buchstaben anders an, indem Sie sie zum Beispiel von oben nach unten setzen. Lassen Sie es aber so aussehen, als ob sie von links nach rechts gelesen werden müssten. Schon ist der Text verschlüsselt, jedenfalls für das ungeübte Auge. Der Fachmann wird Ihnen allerdings innerhalb von Sekunden auf die Schliche kommen. Alles, was Sie getan haben, ist, dass Sie den Ort der Buchstaben verändert haben. Trans-position!

Tausende Möglichkeiten kann man sich ausdenken, wie dass man zum Beispiel jeden zweiten und dritten Buchstaben eines jeden Wortes an einen anderen Ort versetzt und das Wort dadurch unkenntlich macht. Theoretisch könnte man auch die richtigen Buchstaben in die letzten Zeilen einer Seite verbannen. Auch hierbei würde es sich nur um einen verschobenen Ort handeln. Der Text wäre für Uneingeweihte weitgehend unverständlich.

Aus unserer heutigen Sicht handelt es sich zwar um eine denkbar einfache Form der Verschlüsselung, aber zu Zeiten der alten Griechen funktionierte die Methode hervorragend, Buchstaben mithilfe eines Stabes zu verschieben.

Wenden wir uns jetzt aber wieder dem Peloponnesischen Krieg zu, in dem sicherlich häufig mit Skytales-Verschlüsselungen operiert wurde. Wie gestaltete sich der Ausgang dieses Krieges, der von einigen Historikern „der erste antike Weltkrieg“ genannt wurde?

Was die Historie verrät

Man könnte annehmen, dass die Athener diesen Krieg gewannen. Doch irgendwann schlossen sich die Spartaner mit den Persern kurz, die bislang Feinde aller Griechen gewesen waren. Aber in der Liebe und im Krieg ist offenbar alles erlaubt, wie ein geflügeltes Sprichwort lautet. Zudem waren die Athener einst so unklug gewesen, einer Rebellion gegen das persische Herrscherhaus Rückenwind zu geben. Deshalb hatten die Perser gleich zwei gute Gründe, die Spartaner gegen das stolze, verhasste, intrigante Athen zu unterstützen.

Die Spartaner unternahmen zahlreiche Raubzüge auf dem von Athen kontrollierten Gebiet und – strategisch wichtiger – sie setzten sich an einem Ort fest, von dem sie die Bevölkerung Athens ständig in Bedrängnis bringen konnten. Damit sahen sich die Athener einer Dauerbelagerung ausgesetzt. Sie mussten sich hinter ihren Mauern verschanzen und verkriechen, was ihrer Moral nicht guttat. Außerdem haperte es mit der Versorgung, da man im athenischen Umfeld ständig mit spartanischen Kriegern rechnen musste. Immer wieder schlugen sie überraschend und überfallsartig zu. Außerdem mussten auch noch die hohen, langen Mauern, die die Athener zu ihrem Schutz erbaut hatten, bewacht werden – Tag und Nacht. Das zehrte an den Nerven.

Athen geriet in immer größere Bedrängnis. Erstmals machte sich Sorge, ja geradezu Verzweiflung in den athenischen Reihen breit.

Das nutzten einige Bundesgenossen aus, um Athen den Rücken zu kehren. Eine Stadt nach der anderen fiel von Athen ab. Endlich bot sich eine günstige Gelegenheit, dem Würgegriff und der Ausbeutung durch die Athener zu entgehen.

Auf der anderen Seite stellten die Perser den Spartanern immer mehr Geld zur Verfügung, bis diese sogar eine eigene Flotte aufstellen konnten. Das Kräfteverhältnis zur See begann sich zu verschieben. Zwar gelang es den Spartanern zunächst nicht, die Flotte der Athener zu schlagen, aber der größte militärische Vorteil ihres Gegners war damit dahin.

Die Perser spielten das Zünglein an der Waage. Sie rieben sich die Hände und freuten sich, dass sich die Griechen gegenseitig an die Gurgel gingen. Sparta und Athen zermürbten sich wechselseitig. Intelligenter konnte man die tapferen Griechen nicht besiegen. Je länger der Krieg tobte, umso besser – kalkulierte das persische Herrscherhaus.

Darüber hinaus spielte Alkibiades eine zwielichtige Rolle – eine der windigsten Gestalten der Geschichte, ein Verräter der Sonderklasse, aber auch mit geradezu unheimlicher Intelligenz und Mut begabt. Ständig wechselte er die Seiten, mal stand er auf der Seite der Athener, mal auf der Seite der Spartaner. In Wahrheit nutzte er nur sich selbst und eine Zeit lang den Persern.

In Athen rumorte es. Die Regierung geriet in höchste Not. Ein innenpolitischer Machtwechsel zeichnete sich ab, unterstützt von einigen Flottenkommandeuren. Schließlich wurde die Regierung gestürzt. An ihre Stelle trat ein Rat der Vierhundert. Doch die außenpolitische Lage blieb angespannt. Ein erneuter politischer Umsturz brachte die alte Clique wieder an die Regierung.

Einige athenische Siege folgten, mehrere abgefallene Städte wurden zurück in den Seebund gezwungen. Alkibiades, von seinen Anhängern rehabilitiert, wurde sogar zum *Strategos* gewählt und erhielt den Gesamtbefehl über Athens Land- und Seestreitkräfte.

Als Athen wieder zu erstarken begann und einige Siege verzeichnete, unterstützten die Perser die Spartaner abermals. Die Athener verloren daraufhin wichtige Schlachten, errangen aber in der größten antiken Seeschlacht einen überwältigenden Sieg. Dabei ertranken auch zahlreiche athenische Seeleute, woraufhin man in Athen die Befehlshaber zur Verantwortung zog und hinrichtete. Damit verlor Athen wertvolle, erfahrene Strategen. Eine weitere Seeschlacht ging dann auch in der Folge zu Athens Ungunsten aus. Der Untergang war nicht aufzuhalten. Athens Flotte wurde zerschlagen, die Spartaner beherrschten jetzt sogar das Meer. Praktisch alle mit Athen verbündeten Städte fielen ab. Die spartanischen Heere vereinigten sich zu einer einzigen, gewaltigen Streitmacht, zogen vor die Mauern Athens und kesselten die Stadt ein, die inzwischen überquoll vor Flüchtlingen. Athen wurde ausgehungert und kapitulierte im Jahre 404 vor Christus.[9]

Krieg und Frieden

Innerhalb dieses Krieges wurde die Kunst der Verschlüsselung vervollkommnet, und Skytales vermutlich oft eingesetzt, auf beiden Seiten. Doch wenn ein Verräter in den eigenen Reihen sein Unwesen treibt, nutzt selbst die beste Geheimschrift nichts.

Schließlich verlor Athen den Krieg, die Spartaner siegten. Kaum zu glauben. Denn anfangs verfügten die Athener über reichlich finanzielle Mittel sowie ein schlagkräftiges Heer und beherrschten die Meere. Allerdings hatten sie nicht die moralische Oberhoheit, wie man das nennen könnte. Die Spartaner dagegen beschworen immer wieder die Freiheit. Die Militärkaste der Spartaner stilisierte sich zum Retter des griechischen Ideals.

Das mächtige athenische Reich mit seinem Seebund verschwand vom Angesicht der Welt. Natürlich auch aus militärischen Gründen: Persiens dubiose Rolle und Alkibiades' Verrat dürfen nie vergessen werden. Doch der Einsatz für das Gute, für die Freiheit, war der einzigartige Vorteil der Spartaner.

Athens Goldene Zeit war damit endgültig vorbei. Die langen Mauern der Stadt wurden von den Siegern jubelnd niedergerissen. Den Seebund unter Athens Vorherrschaft löste man auf. Die kläglichen Überreste der athenischen Flotte mussten ausgeliefert werden, nur zwölf Schiffe blieben den Besiegten. Zudem setzte man eine Sparta-freundliche Regierung in Athen ein. In ganz Griechenland errichteten die Spartaner Garnisonen, um ihre Überlegenheit endgültig und für alle Zeiten festzuschreiben.

Doch auch die spartanische Bevölkerung war empfindlich dezimiert worden, einschließlich ihrer militärischen Elite. Spartas Hegemonie währte nur wenige Jahre. In gewisser Weise verlor also auch Sparta diesen Krieg, lässt man eine längere Sichtweise zu.

Und so konnte im 4. Jahrhundert vor Christus ein ehrgeiziger Makedone, Philipp II., sowie später sein Sohn, der noch ehrgeizigere Alexander der Große, die griechischen Stadtstaaten ohne größere Anstrengungen unterjochen.

Die endgültige Lehre? Selbst wenn man den Krieg gewinnt, kann man den Frieden verlieren. Der eigentliche Gewinner dieses Krieges war allein Persien, niemand sonst.

Nichts ist törichter als ein langandauernder Krieg, denn auf diese Weise verlieren gewöhnlich beide Parteien. Und so muss man sich an ein mahnendes Wort des weisen Cicero erinnern, der einst urteilte, dass ein ungerechter Friede manchmal besser sei als ein gerechter Krieg.

4. Vertrauliche Botschaften im alten Rom oder Cäsars Code

Springen wir von Griechenland nach Rom und vom 5. Jahrhundert vor Christus in das 1. Jahrhundert vor Christus. Blicken wir konkret in das Jahr 100 vor Christus als einer der begabtesten und meist bewunderten Feldherren aller Zeiten geboren wurde: Gaius Julius Cäsar.

Auch Cäsar benutzte bestimmte Geheimschriften, die genauer untersucht werden sollten. Er bediente sich sogar mehrerer Verschlüsselungstechniken. Sie wurden später so bekannt, dass man bis heute in den Kreisen der „Eingeweihten" nur vom „Cäsar" spricht, wenn es um eine bestimmte Methode geht, einen Text zu chiffrieren.

Doch gestatten wir uns zunächst eine Vorbemerkung: Rom beziehungsweise das Römische Reich war im Grunde ein riesiger Militärapparat, praktisch während der gesamten Zeit seiner Existenz (ca. 8. Jahrhundert vor Christus bis zum 6./7. Jahrhundert nach Christus), also etwa eineinhalb Jahrtausende lang, soviel muss man kritisch anmerken dürfen. Der Soldat galt alles, der Zivilist nichts. Höchste Ehren erwarteten den, der im römischen Heer diente, in den Legionen, ein Wort, das sich von dem lateinischen Wort *legere* (= lesen) ableitet und „die Auserlesenen" bedeutet. Das Römische Reich geriet aufgrund seiner Legionen von einem Dorf zur Weltmacht. Zuletzt standen dreißig Legionen unter Waffen, wobei man noch einmal rund dreißig *Auxiliares* (Hilfstruppen) hinzuaddieren muss. Eine Legion umfasste rund 4500 Krieger.

Die Legionäre waren Berufssoldaten, ihre Ausrüstung bestand aus einem gewaltigen, gewölbten Schild, der eine Handbreit dick war, und einem Schwert (*gladius*) mit einer tödlichen Spitze und scharfer Klinge. Zwei Wurfspieße (*pila*), ein Helm (*cassis*) und Beinschienen (*ocreeae*) ergänzten die Ausrüstung. Der Kopfschmuck oder Helm enthielt drei senkrecht stehende purpurne oder schwarze Federn, sodass der Soldat noch größer und noch furchterregender wirkte.

Die Römer verehrten neben Jupiter vor allem Mars, den Kriegsgott. Sie führten ihm zu Ehren Tänze auf und arrangierten sogar Mars-Prozessionen in ihrer Hauptstadt. Ihre Priester verkleideten sich manchmal als Mars, er erschien ihnen mitunter sogar im Traum. Es gab eigene Marstempel, in denen man dem Gott des Krieges regelmäßig opferte. Mars war der Urvater der Römer, er war der stärkste Gott, zu dem alle voller Bewunderung aufblickten.

Kriegerische Tugenden wurden über alles gestellt. Selbst die Ausbildung, die Schule der Römer, sah ab einem gewissen Zeitpunkt vor, dass der Jüngling mit verschiedenen Waffen trainierte.

Die alten Römer waren eine Militärmacht durch und durch. Und so verwundert es nicht, dass der Feldherr Gaius Julius Cäsar ein so hohes Ansehen genoss. Besonders während des Gallischen Krieges stieg sein Ruhm schier ins Unermessliche. Hier spielten auch militärische Geheimbotschaften und generell Geheimbotschaften eine Rolle.

Was hat es mit diesem Krieg auf sich?

De bello Gallico

In den Jahren 58 bis 50 vor Christus eroberte Cäsar Gallien, ungefähr das Gebiet des heutigen Frankreichs. Cäsar persönlich berichtete in seinem Buch *Commentari de bello Gallico* stolz über diesen

Krieg – freilich in einer derart parteiischen Art und Weise, derart mit Eigenlob gespickt, dass man Zweifel an dem Wahrheitsgehalt anmelden muss. Während des Krieges verfasste er verschiedene Geheimbriefe, wenn er an Freunde oder Vertraute in Rom schrieb; das heißt: Er verschlüsselte eine Botschaft vorher sorgfältig.

Der Hergang des Gallischen Krieges selbst ist schnell erzählt.

In Gallien lebten zahlreiche Stämme, von denen einige bereits mit Rom verbündet waren, andere nicht. Nicht wenige befanden sich ständig auf Wanderschaft. So schlug Cäsar einen Volksstamm nach dem anderen. Grundsätzlich ging es ihm darum, Rom mit seinen Siegen zu beeindrucken. Denn dort wurden die bedeutenden politischen Entscheidungen getroffen. Cäsar glänzte mit einem Sieg nach dem andern. Sein Ausspruch *veni, vidi, vici* – ich kam sah und siegte – wurde zum geflügelten Wort. Dieser Feldherr war wirklich ein Teufelskerl, glaubte man in Rom.

Cäsar beschrieb später in seinem Buch, wie er des Nachts höchst persönlich einen gallischen Stamm heimlich auskundschaftete, wie er der Todesgefahr die Stirn bot, obwohl er doch der maßgebende Feldherr war. Er beschrieb, wie er hochintelligente Strategien in Schlachten einsetzte und geschickt einen gallischen Häuptling gegen den anderen ausspielte. Niemand war so mutig, so gerissen und so tapfer wie Cäsar. Er hielt vor seinen Legionären feurige, bewegende Reden, um ihnen den Kampf schmackhaft zu machen und um sie zu beflügeln. Er schloss sehr kluge Bündnisse mit einigen gallischen Stämmen, sodass ihm einige Siege quasi in den Schoß fielen. Selbst in den Schlachten war er offenbar ein unvergleichlicher Draufgänger. Als einige Schlachtreihen ins Wanken gerieten, stürzte er selbst dorthin, um seinen Legionären Mut zu machen, indem er mit einigen wenigen Getreuen die Feinde reihenweise mit seinem Schwert, dem *gladius*, niedermähte.

Auf diese Weise unterwarf Cäsar nacheinander die gallischen Stämme bis zum Rhein. Er deckte feindliche Verschwörungen auf und schweißte seine Legionen zu einer fast unbesiegbaren, schlagkräftigen Truppe zusammen, der niemand gewachsen war. Seine Soldaten waren ihm bedingungslos ergeben. Er verdoppelte ihren

Sold und sorgte wie nebenbei dafür, dass sie – und auch er selbst – unanständig reich wurden. Beute gab es genug.

Seine wichtigste Strategie bestand jedoch darin, die einzelnen gallischen Stämme gegeneinander aufzuhetzen. Er köderte sie mit Verträgen und Versprechungen und nutzte oft geschickt den Gegensatz zwischen Adel und Volk aus. Cäsar verhielt sich wie ein Raubtier, das mit schneidender Intelligenz begabt war. Ein Stamm nach dem anderen wurde unterworfen, und so manche gallische Siedlung und Stadt vollständig ausgelöscht.

Cäsar drohte mit den furchtbarsten Vergeltungsmaßnahmen, wenn etwas nicht nach seinem Willen geschah, die Gallier gar Widerstand leisteten. Als Exempel töteten seine Soldaten auf barbarischste Weise selbst Frauen und Kinder all jener Stämme, die es wagten, Rom und ihm die Stirn zu bieten. Cäsar schmeichelte, lockte und köderte die Gallier, die kaum untereinander Frieden halten konnten. Er drohte, tyrannisierte und mordete.

Rom in der Ferne jubelte. Denn die Nachrichten von seinen Siegen wurden dort stets geschickt bekannt gemacht – wahrscheinlich nicht unmaßgeblich auch wegen seiner, an Freunde geschickten Botschaften. Endlich verfügte man über einen schier unbesiegbaren Feldherrn.

Cäsar, dieser Teufelskerl, der längst von seinen Legionen wie ein Gott verehrt wurde, kam bis nach Britannien.

Doch eines Tages trat ein gleichwertiger Gegner auf den Plan: ein Gallier, Vercingetorix mit Namen, der zeitweise selbst Cäsar höchsten Respekt abnötigte.

Wer war dieser Mann?

Vercingetorix (ca. 82–46 v. Chr.), ein adliger Gallier, der Sohn eines Fürsten und selbst ein Fürst, war hochgewachsen, brillant, rhetorisch hochbegabt und zudem ein Kämpfer eigener Güteklasse. Es gelang ihm erstmals, die verschiedenen gallischen Stämme unter seiner Führung zu vereinigen und sie zum Kampf gegen das übermächtige Rom aufzurufen. Geschickt inszenierte er einen Aufstand gegen Rom. Wie selbstverständlich wurde ihm der Oberbefehl für seinen Kampf gegen die Weltmacht anvertraut.

Der Kampf wurde auf beiden Seiten mit erbitterter Härte ausgetragen. Fußtruppen und Reitereien beider Parteien prallten mit unvorstellbarer Wucht aufeinander. Cäsar und Vercingetorix wussten beide, dass es nur einen Sieger geben konnte. Es galt: Sieg oder Untergang. Die verschiedensten Taktiken und Strategien kamen zum Einsatz: Die Gallier zerstörten teilweise ihre eigenen Siedlungen, damit sie den Römern eins auswischen und ihnen nur verbrannte Erde hinterlassen konnten. Umgekehrt wurden ganze Städte und Siedlungen von Cäsar dem Erdboden gleichgemacht, ohne die geringsten Bedenken. Die Verluste auf beiden Seiten waren riesig.

Stämme wechselten in diesem Krieg häufig ihre Gesinnung und Loyalitäten. Mal schworen sie Vercingetorix die Treue, dann wieder Cäsar.

Vercingetorix bemühte sich, die Römer zu zermürben. Cäsar suchte den schnellen Sieg, denn immer ging es ihm darum, Rom zu beeindrucken. Dort musste er punkten, dort musste er Verbündete, Verehrer und Anhänger gewinnen. In Rom machte man Weltpolitik. Und keinen liebte man mehr als einen siegreichen Feldherrn. Rom selbst war ein Diener des Mars. Also mussten dem Kriegsgott Opfer gebracht werden.

Schließlich ging die Auseinandersetzung ihrem Höhepunkt entgegen. Vercingetorix zog sich nach Alesia zurück, einem Ort, der heute Alice-Sainte-Reine heißt und fünfzig Kilometer nordwestlich von Dijon liegt, kurz gesagt im Nordosten Frankreichs. Cäsar spaltete seine Legionen in mehrere Teile auf und blieb seinem Feind auf den Fersen. Schließlich verschanzte sich der hünenhafte, beliebte Gallier in Alesia. Das Spiel ging unwiderruflich seinem Höhepunkt entgegen. Vercingetorix ordnete an, Alesia besser zu befestigen. Da rückte auch schon Cäsar mit seinen Truppen heran und ließ seinerseits um Alesia Wälle und Palisaden errichten und tiefe Gräben ausheben, gespickt mit zugespitzten Holzpfählen, sodass nicht einmal eine Maus aus der Siedlung entschlüpfen konnte. Cäsar schloss Alesia ein, mitsamt seiner Bevölkerung, den Truppen und dem verhassten Vercingetorix. Ein Ausbruch des

Galliers musste unter allen Umständen verhindert werden. Jetzt oder nie. Die alles entscheidende Schlacht stand bevor, sie würde zwischen den beiden intelligentesten Strategen ihrer Zeit ausgetragen werden.

Geheimschriften

Gedulden wir uns noch einen Augenblick. Betrachten wir zunächst noch einmal Cäsars wahre Motivation unter dem Vergrößerungsglas. Die Wahrheit, wiederholen wir diese Tatsache noch einmal, die Wahrheit ist, dass Cäsar glänzen wollte, ja glänzen musste. Er wollte Rom tief beeindrucken, um die Karriereleiter weiter nach oben zu fallen. Und so sandte er aller Wahrscheinlichkeit nach Geheimbotschaften, Geheimschriften und Geheimbriefe zu seinen Freunden nach Rom, auf jeden Fall jedoch zu den Militärs.

Zudem diktierte Caesar seine „Kommentare zum Gallischen Krieg". Dürfen wir seinen Prahlereien glauben, teilweise sogar vom Pferd aus; dann rief er einem Adjutanten seine Erinnerungen zu, die dieser später zu bearbeiten hatte.

Doch sein Bericht ist reine Propaganda, wie wir heute wissen. Wahrscheinlich entspricht nicht einmal ein Zehntel davon der Wahrheit. Kriege sind immer schmutzig, barbarisch und unheroisch. Cäsars Nachrichten zielten darauf ab, in Rom heldische, positive Nachrichten zu verbreiten. Und ständig behielt er die Militärs im Auge.

Rom selbst stand Cäsars Ambitionen durchaus nicht immer wohlwollend gegenüber. Dort gab es mächtige Gegenspieler, die auch einem siegreichen Feldherrn Paroli bieten konnten. Das Zünglein an der Waage waren andere Politiker, Feldherren und Männer – reicher als Gott – und der *senatus,* der Rat der Ältesten; er bestand aus Römern, die sich bereits um den Staat verdient gemacht hatten. Der Senat nahm enormen Einfluss auf die Politik Roms.

Außerdem gab es dort das Volk, *populus*, die breite Masse, deren Stimme immer lauter wurde und die ebenfalls gehört werden musste. Nebenbei bemerkt gewann Cäsar das Volk für sich, indem er öfters Spiele mit Gladiatoren und Tierhetzen im Kolosseum ausrichtete; dies steigerte seine Beliebtheit.

Jedenfalls erfuhren alle Parteien, die von Bedeutung waren, von Cäsars Tapferkeit, und wir können davon ausgehen, dass seine Freunde, Förderer und Gönner Geheimbriefe und Geheimbotschaften von ihm erhielten. Aber vor allem informierte Cäsar die Militärs in Rom, also nicht nur Militärs und untergebene Befehlshaber in Gallien, sondern auch übergeordnete Militärs in der Hauptstadt des Reiches. Auch in Rom, fernab der eigentlichen Schlachten, wurden wichtige Entscheidungen in puncto Kriegsgeschehen getroffen.

Die Gerüchteküche brodelte. Rom war ohnehin ein Intrigenpfuhl, es wurde ständig um Macht und Einflussnahme geschachert. Cäsar musste nicht nur geschickt Nachrichten unter das Volk bringen, damit es ihm zujubelte, sondern er musste auch die Legati gewinnen. Sobald sich das Volk mit seinen Siegen identifizierte, stand es automatisch auf Cäsars Seite.

Wichtiger aber waren die Militärs: vor allem jeder *legatus legionis*, sprich jeder „General", der eine Legion führte, und natürlich auch die politischen Hintermänner, die im Hintergrund in Sachen Legioneneinsatz die Strippen zogen. Zu ihnen gehörten die gegenwärtigen und ehemaligen Konsuln und die Tribunen. Vor allem die militärischen Tribunen (*Tribunus militaris*) musste man einseifen und für sich gewinnen.

Wahrscheinlich wurden viele von ihnen von Cäsar „informiert" und auf dem Laufenden gehalten. Die Quellenlage heute ist zu spärlich, als dass wir konkrete Behauptungen aufstellen könnten.

Aber fragen wir uns, *wie* Cäsar seine Nachrichten übermittelte. Von dem Schriftsteller und Verwaltungsbeamten Sueton (ca. 70 122 n. Chr.) wissen wir, dass Cäsar seine militärischen Nachrichten grundsätzlich mit einem Code verschlüsselte. Sueton wurde vor allem durch seine acht Kaiserbiografien[10] bekannt, in denen er über Cäsars Verschlüsselung von militärischen Nachrichten Aufschluss gibt – zugegebenermaßen reichlich spärlichen Aufschluss. Da Sueton kein kritischer Historiker war, sind seine Angaben ohnehin teilweise mit Vorsicht zu genießen, aber in diesem Punkt hatte er nichts zu verlieren und nichts zu gewinnen.

Fest steht jedenfalls, *dass* Cäsar seine Nachrichten verschlüsselte. Als politischer Kopf wusste er genau, wie er seine Karten ausspielen musste. Sonst wäre es ihm nicht gelungen, sich später zum Alleinherrscher eines Weltreichs aufzuschwingen.

Fest steht weiter, dass Cäsar speziell militärische Nachrichten verschlüsselte, denn Sueton hebt auf diesem Umstand eigens ab.

Und wie codierte Cäsar seine Informationen?

Cäsars Schlüssel

Auf die denkbar einfachste Art und Weise. Er verschob einfach das Alphabet: Wollte er eine Botschaft übermitteln, verschob er das Alphabet zum Beispiel um drei Stellen nach rechts. Aus einem A wurde auf diese Weise ein D, aus einem B ein E, aus einem C ein F und so weiter. Dafür musste er lediglich zwei Alphabet-Reihen untereinanderstellen und sie entsprechend verschieben. Unerlaubterweise ins heutige Deutsch übertragen, mag das folgendermaßen ausgesehen haben:

A B C D E F G H I J K L M N O P Q R S T U V W X Y Z
D E F G H I J K L M N O P Q R S T U V W X Y Z A B C

Wollte Cäsar also beispielsweise die Nachricht

ALLE MEINE LEGIONEN SIND SIEGREICH GEBLIEBEN,
oder auf gut Latein

OMNES LEGIONES MEAE VICTORES FUERUNT

weitergeben, dann verrutschte einfach jeder Buchstabe im Alphabet drei Stellen nach rechts. So wurde aus dem lateinischen Wort OMNES (= alle) RPQHV. O = R, M = P und so fort.

Cäsar brauchte demnach nur auf das untere, versetzte Alphabet zu blicken, und schon wusste er, welche Buchstaben er verwenden musste.

Die ganze Nachricht sah dann so aus:

RPQHV OHJLRQHV PHDH YLFWRUHV IXHUXXW.

Für den Uneingeweihten ein reiner Wortsalat. Für den Eingeweihten allerdings ein Kinderspiel, den Satz zu decodieren.

Alle beliebigen Wörter waren in der Folge denkbar leicht zu entziffern.

Versuchen Sie einmal, diese (deutsche) Vokabel zu entschlüsseln:

NULHJ

Es wird Ihnen keine Mühe bereiten.

Von Bedeutung ist immer der Schlüssel. Man muss einfach vom unteren Alphabet nach oben rutschen und schon ist man im Bilde.

Später wurde diese Art der Verschlüsselung die „Caesar-Verschlüsselung“ genannt oder „Caesar-Chiffre“, „Caesar-Verschiebung“ und „Verschiebchiffre“ oder auch „Einfacher Caesar“. Sie wurde richtiggehend populär. Wusste man erst einmal um das „Geheimnis“, konnte selbst ein Nichtfachmann blitzschnell eine Nachricht entziffern.

Bis heute stellt es einen beliebten Zeitvertreib dar, mithilfe eines Einfachen Caesars alle möglichen Texte zu chiffrieren und zu dechiffrieren. Der Klartext kann in kürzester Zeit ermittelt werden.

Doch war der Code nicht *zu* einfach? Konnte er nicht in Nullkommanichts geknackt werden?

Richtig!

Also musste man die Nachricht noch weiter verschlüsseln, man musste den Code komplizierter gestalten.

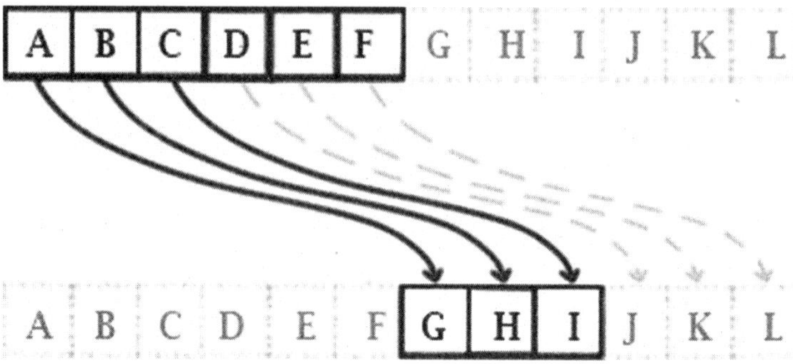

Abb. 3: Verschiebung des Alphabets um sieben Stellen.
Aus A wird G, aus B wird H, aus C wird I und so fort.

Wir schließen nicht aus, dass dies bereits zu Cäsars Zeiten geschah. Die Caesar-Verschlüsselung, bei der grundsätzlich mit einer Verschiebung des Alphabets gearbeitet wurde, kommt jedenfalls mit vielen Varianten daher.

Und wie zaubert man aus einem Einfachen Caesar einen schwieriger zu knackenden Text?

Versuchen Sie einmal spaßeshalber dieses Wort zu entziffern:

GHI

Was es bedeutet?

Sehr einfach! Man verschiebt das Alphabet um sieben Stellen nach rechts.

Die drei Buchstaben oben bezeichnen einfach das ABC.

Auf diese Art und Weise kann ein Decodierer, der daran gewöhnt ist, mit einer dreistelligen Verschiebung zu arbeiten, hübsch an der Nase herumgeführt werden.

Auf der anderen Seite ist selbst dieser Code noch recht leicht zu knacken. Der Decodierer muss lediglich das Alphabet mit seinen 26 Buchstaben durchtesten. Auf diese Weise kann er dem Ganzen schnell auf die Schliche kommen.

Also gestalteten Codierer einen Text noch schwieriger. Unsere Frage an Sie lautet:

Was bedeutet dieses Wort?

NULHJVGHI

Jetzt wird es schon etwas komplizierter. Dabei ist die Lösung immer noch leicht. Im ersten Teil des Wortes – NULHJV – wurde eine dreistellige Verschiebung vorgenommen, es bedeutet „Krieg“ oder genauer gesagt „Kriegs“. Im zweiten Teil des Wortes wurde eine siebenstellige Verschiebung benutzt: Es bedeutet ABC. Das chiffrierte Wort lässt sich also mit Kriegs-ABC übersetzen oder dechiffrieren, einer neuen Wortschöpfung. Möglicherweise möchte der Absender damit darauf hinweisen, dass es so etwas wie ein grundlegendes Know-how, ein grundlegendes ABC der Kriegsführung gibt.

Außerdem wurde die Sache dadurch komplizierter gestaltet, dass man die Illusion eines einzigen Wortes schuf und keinen Abstand zwischen den beiden Wörtern Krieg und ABC setzte. Mit falschen Abständen oder fehlenden Abständen kann man einen Decodierer dazu bringen, schon zu Beginn aufzugeben.

Aber echte Verwirrung wird von ihm Besitz ergreifen, wenn er mal mit einer dreistelligen Verschiebung rechnen muss, mal mit einer sechsstelligen Verschiebung.

Jetzt stellen Sie sich vor, dass innerhalb eines Textes einmal eine dreistellige, dann eine sechsstellige, dann eine neunstellige, dann eine zwölfstellige Verschiebung vorgenommen wird.

Was wird passieren? Richtig, Sie werden den Decodierer in den Wahnsinn treiben.

Sehen Sie, wie kompliziert man einen Geheimtext gestalten kann? Es würde viele Tage dauern, solch einen Text zu entziffern.

Gestalten wir es noch schwieriger: Man könnte in einem eine Seite langen Text zwanzig unterschiedliche Verschiebungen benutzen, in unregelmäßigen Abständen, und alles zu einer gigantischen Wortwurst zusammenfügen.

Ein ungeübter Decodierer wird schier verzweifeln, denn mit einem Mal gibt es zu viele Varianten. Zudem weiß er nicht, wann wo ein Wort aufhört.

Man könnte mathematische Reihen wählen: 3–6–9–12 und nach jedem zweiten Wort eine neue Verschiebung vornehmen.

Man könnte aber auch alle möglichen anderen mathematischen Reihen wählen, wie 3–6–12–24.

Sehen Sie, wie einfallsreich man aus einem Einfachen Caesar einen Text zaubern kann, der praktisch nur von einem Profi geknackt werden kann? Führt man noch zusätzliche Verschlüsselungen ein, auf die wir später zu sprechen kommen – wie Geheimwörter, die selbst dann, wenn sie in buchstabentechnischer Hinsicht gesehen decodiert sind, in Wahrheit etwas ganz anderes aussagen als im wörtlichen Sinne –, dann wird die Aufgabe speziell.

Wie angenehm waren doch die Zeiten, da man sich mit einem Einfachen Cäsar zufriedengab und einen Geheimtext ohne Weiteres knacken konnte!

Man konnte und kann sogar nach *jedem* Buchstaben eine neue Verschiebung wählen. Diese Verschlüsselungsmethode kam später auf und wurde tatsächlich eingesetzt.

Stellen Sie es sich plastisch vor: Nach *jedem* Buchstaben eine unterschiedliche Verschiebung! Die Dinge lassen sich grenzenlos verkomplizieren.

Krieg der Gehirne oder der Ewige Krieg

Uns so erkennen Sie sehr schnell, dass hier ein ewiger Krieg tobt: Auf der einen Seite will der Codierer sicherstellen, dass ein Text nicht entschlüsselt werden kann. Auf der anderen Seite setzt der Decodierer seinen gesamten Gehirnschmalz dafür ein, der Geheimschrift des Codierers auf die Schliche zu kommen. Diese beiden Kontrahenten schaukeln sich gegenseitig hoch. Sobald auf einer Seite eine neue Kompliziertheit entwickelt wird, findet sich auf der anderen Seite sofort ein Codeknacker, dessen Ehrgeiz darin besteht, selbst den ausgefuchstesten, raffiniertesten Geheimtext zu entschlüsseln.

Es handelt sich um einen Krieg der Gehirne, der nie aufhören wird. Sowohl kriminelle Codeknacker als auch staatlich angestellte Codebrecher, die im Rahmen der Geheimdienste tätig sind, können ein Lied davon singen.

Man fordert sich ständig wechselseitig heraus mit noch komplizierteren, noch unverständlicheren, noch unentzifferbareren Texten. Es handelt sich um eine Art Komödie, besonders wenn man bedenkt, dass die ursprüngliche Absicht der Schrifterfinder darin bestand, möglichst klar und eindeutig zu kommunizieren.

Doch gönnen wir uns noch einige Varianten zu unserem Einfachen Caesar, der später so viele Abänderungen erfuhr und gar nicht mehr so einfach aussah.

Das Symbol und die Mathematik

Spätere Codierer machten sich also ein Vergnügen daraus, den Einfachen Caesar immer weiter zu variieren. Selbst im alten Rom gab es bereits Gehirne, die ihre eigenen Varianten entwickelten. Nach Cäsar bemühte sich beispielsweise der römische Kaiser Augustus darum. Doch er gab sich mit der Verschiebung um einen einzigen Buchstaben zufrieden – ein Rückschritt in Sachen Kompliziertheit. Andere gingen in die gegenteilige Richtung.

Blicken wir in die fernere Zukunft.

Einem gewissen Leon Battista Alberti (1404–1472), italienischer Schriftsteller, Mathematiker und Architekt, gelang es rund 1500 Jahre später, eine neue Dimension einzufügen. Battista überlegte, dass man nicht nur einen (richtigen) Buchstaben durch einen (falschen) ersetzen konnte – genauer gesagt einen verschobenen Buchstaben –, sondern auch durch ein Symbol.

Nun stellen Sie sich bildhaft vor, dass ein einzelner Buchstabe beispielsweise durch vier Zahlen ersetzt wird. Der Dechiffrierer wird hinter *jeder* Zahl einen Buchstaben vermuten – und kläglich scheitern.

Erinnern wir uns noch einmal an dieses Wort: NULHJ.

Mit einem Einfachen Caesar, verschoben um drei Stellen, bedeutet es KRIEG.

Jetzt ersetzen sie den ersten Buchstaben, das große N, durch vier Zahlen, beispielsweise 9976. Und beim vierten Buchstaben nutzen Sie eine siebenstellige Verschiebung. Dann schaut dieses Wort so aus:

9976ULKJ.

Sie sehen sofort, dass der Schwierigkeitsgrad stark erhöht wurde. Wer wird schon vermuten, dass ein einzelner Buchstabe durch vier Zahlen repräsentiert wird und dass einmal eine dreistellige und dann eine siebenstellige Verschiebung in einem einzelnen Wort benutzt wurde?

Allerdings müssen wir gar nicht in die (zeitliche) Ferne schweifen, denn das Gute liegt so nahe.

Andere Schreibweisen

Selbst Cäsar verkomplizierte bereits das Verfahren, indem er manchmal griechische Buchstaben anstelle lateinischer einsetzte. Da im alten Rom nur die Gebildeten Griechisch beherrschten, war es für die meisten Römer gleich doppelt unmöglich, seinen Text zu decodieren.

Auch in diesem Fall wurden die Buchstaben zusätzlich verschoben.

Um die griechischen Buchstaben zu benutzen, musste man sie einfach den römischen Buchstaben gegenüberstellen, man musste sie untereinander setzen, und schon konnte man herrlich verschlüsseln: Aus A, B, C, D, E und so fort wurden Alpha, Beta, Gamma, Delta, Epsilon und so weiter.

A B C D E …
α β γ δ ε …

Indem Cäsar statt der lateinischen die griechischen Buchstaben benutzte, erhöhte er automatisch den Schwierigkeitsgrad.

Seien Sie sich zudem bewusst, dass es auf der Welt 6000 bis 8000 Sprachen gibt, wie uns Linguisten versichern. Jede Sprache hat ein eigenes Alphabet, sofern es eine Schriftsprache ist. Sie erkennen unmittelbar, wie viele Varianten dadurch allein bei einem Einfachen Caesar möglich sind.

Stellen Sie sich schließlich vor, dass die verschiedensten Symbole anstelle eines Buchstabens benutzt werden können. Die Methode, Zahlen statt Buchstaben zu verwenden, haben wir bereits kennengelernt. Allerdings gibt es natürlich weit mehr Symbole. Der Morsecode beispielsweise besteht aus Symbolen. Es lassen sich unzählige weitere Beispiele anführen. Man kann Symbole sogar willkürlich erfinden.

Man könnte einwenden, dass alle diese Variablen heute kein Problem darstellen und solche Rätsel mit einem Computer leicht zu knacken sind. Nur könnten ja auch ganz neue Symbole erfunden werden, die auf keiner Computertastatur zu finden sind. Ein Computer kann nur das berechnen, was vorher in ihn eingegeben worden ist. Und jetzt gibt es auf einmal ganz neue, unverständliche Symbole. Was dann?

Natürlich könnte ein findiger Mathematiker den unverständlichen Symbolen beikommen, indem er ihnen einfach bestimmte Zahlen oder Zahlenkombinationen zuordnet. Aber was, wenn diese unverständlichen, erfundenen Symbole mehr als nur die Bedeutung eines einzelnen Buchstabens haben? Das kam in der Vergangenheit mehr als einmal vor.

Immerhin scheiterten Wissenschaftler zweitausend Jahre lang an dem Versuch, nur die ägyptischen Hieroglyphen zu entziffern. Und einige Sprachen, wie etwa die Sprache der alten Maya in Mittelamerika sind bis heute nicht vollständig entziffert – trotz aller menschlichen und künstlichen Intelligenz, trotz aller Computerexperten.

Fügen Sie nun noch einige mathematische Formeln hinzu, die man für das Entschlüsseln einer Geheimschrift kennen muss, sowie einige komplizierte Fachausdrücke, die zwar niemand versteht, die aber sehr gelehrt klingen. Wie sieht dann das Ergebnis aus? Erlauben Sie uns, ein wenig Humor einzubringen: In diesem Fall verfügen Sie über eine wunderschöne neue Wissenschaft, die sich Kryptologie nennt.

Spaß beiseite. Die Möglichkeiten, aus einem Einfachen Caesar einen Komplizierten Caesar zu machen, sind schier unendlich.

Erheblich später gab es beispielsweise einen „Schlüssel", der lapidar nur Zwölf genannt wurde. Was meint das? Nun, es besagt, dass nach jedem Buchstaben das Alphabet um zwölf Stellen verschoben wurde. Doch dieser Schlüssel konnte auch bedeuten, dass der erste Buchstabe um eine Stelle verschoben wurde, der zweite um zwei, der dritte um drei … und so fort. Alles kam darauf an, was Sender und Empfänger ursprünglich vereinbart hatten.

Besonders die Dreizehn geriet zu einem beliebten Schlüssel, der noch heute verwendet wird.

Wir könnten noch viele andere Varianten vorstellen und das Thema weiter ausführen, aber wir denken, die Sachlage ist klar.

Die Decodierer

Selbstverständlich gab es auf der anderen Seite unglaublich schlaue Hirne, die selbst dem kompliziertesten Geheimtext den Kampf ansagten – jedem Caesar und jeder Substitution-Chiffre, wie der Fachausdruck lautet. *Substitution* bedeutet „Ersatz", ein Buchstabe wird durch einen anderen ersetzt. Doch wo sollte man beginnen, wo ansetzen?

Man entdeckte zum Beispiel, dass im Deutschen der Buchstabe E am häufigsten vorkommt. Also suchte man in einem chiffrierten deutschen Text zunächst nach dem häufigsten Symbol. Das war ein erster, zuverlässiger Anhaltspunkt.

Dann stellte man fest, dass jede Sprache ihre besonderen Charakteristika hat. Deshalb wurden später immer mehr Sprachwissenschaftler hinzugezogen, um eine Geheimbotschaft zu entziffern. In jeder Sprache kommt eine bestimmte Kombination von Buchstaben häufig vor, die man ebenfalls zur Entzifferung benutzen kann – im Deutschen beispielsweise das -en am Ende eines Wortes.

Dennoch war der Einfache Caesar nicht so einfach, jedenfalls wenn er weiterentwickelt worden war. Ständig wurde daran gefeilt, er wurde „verbessert", also komplizierter und komplizierter.

Die Decodierer rauften sich die Haare.

Zusammenfassung

Cäsar legte also den Grundstein für die Kryptografie, zumindest einen Grundstein. Als erster bekannter Militär nutzte er in größerem Umfang eine Methode, die später eine unglaubliche Verbreitung erfuhr. Damit haben Sie bereits den zahlreichen Codierungs-Möglichkeiten eines Textes ins Auge geschaut. Selbst heute werden Texte noch mit dem Caesar verschlüsselt.

Wir müssen Ihnen an dieser Stelle also ein großes Kompliment machen. Allein mit dem Einfachen Caesar und seinen Varianten haben Sie einen beträchtlichen Teil der Kryptologie verstanden. So weit, so gut!

Kehren wir mit diesem Wissen im Hinterkopf zu unserer ursprünglichen Geschichte zurück und fragen wir uns voller Neugierde: Was geschah eigentlich zu Cäsars Zeiten mit seinem Gegenspieler, mit Vercingetorix?

Alle Geheimschriften können uns nicht davor zurückhalten, noch einmal auf die tatsächliche Situation in Gallien zu schauen, als Cäsar mit seinen Legionen endlich einem gleichwertigen Gegner gegenüberstand, der sich in Alesia, in Nordostfrankreich, verschanzt hatte.

Wie ging dieser Krimi weiter?

Cäsar und Vercingetorix

Wir können die einzelnen Taktiken in dieser Schlacht immerhin ansatzweise nachvollziehen. Cäsar will Vercingetorix daran hindern, Alesia wieder zu verlassen. Dieser sitzt dort wie eine Maus in der Mausefalle. Der römische Feldherr verbarrikadiert jeden Fluchtweg. Rund um die komplette Siedlung legt er, wie bereits an früherer Stelle erwähnt, nahezu kreisförmig einen fast undurchdringlichen Ring aus Gräben und Palisaden an. Immerhin verfügt Cäsar über rund 70 000 Soldaten, während sein Gegenspieler nur 20 000 Krieger befehligt.

Doch es gelingt Vercingetorix, Kontakt zur Außenwelt aufzunehmen und um Verstärkung, um ein sogenanntes Entsatzheer, zu bitten – immerhin befindet er sich in Gallien. Seine Berechnung: Ein zweites gallisches Heer soll Cäsar in den Rücken fallen. Die Römer sollen an zwei Fronten zum Kampf gezwungen werden, bis sie nicht mehr wissen, wo ihnen der Kopf steht. Aus dem Belagerer soll ein Belagerter werden.

Doch der römische Feldherr riecht Lunte und handelt blitzschnell. Er lässt seine Soldaten, die den Belagerungsring angelegt haben, noch einen zweiten Ring aufbauen, einen Verteidigungsring im Rücken. Der innere Ring, der Alesia einschließt, ist 16 Kilometer lang, der Verteidigungsring 21 Kilometer. So hat er eine Chance gegen die Gallier, die im Rücken angreifen.

Derartige Verschanzungen leisteten Cäsar bereits in der Vergangenheit gute Dienste. Sie bestehen aus hohen Hindernissen mit undurchdringlichem Holzwerk und aus tiefen Gräben sowie zugespitzten Pfählen, die vom Feind überwunden werden müssen, und fordern in einer Schlacht immer viele Todesopfer. Sie besitzen auch kleinere Türme, Wachttürme, damit Soldaten von oben mit ihren Speeren zustoßen können – ein Standortvorteil. Außerdem sind diese Verteidigungs- und Belagerungsringe noch mit gefährlichen Fallen gespickt, mit Fußangeln und tückischen Eisenklammern. Mehr als einen Sieg verdankt Cäsar solchen Verschanzungen. Aber die Doppel-Verschanzung, nach außen und innen gerichtet, ist seine Erfindung.

Die Gallier innerhalb Alesias, mit Vercingetorix an der Spitze, greifen zunächst nicht an. Sie kennen die Tücken des Rings, der sie umschließt. Früh gehen ihnen die Nahrungsmittel aus. Alle hungern, nicht nur die Soldaten, sondern auch Frauen, Kinder und Greise in der Siedlung. Die Moral sinkt. Hohlwangige Kinder und zahnlose Greise brüllen Vercingetorix ihr Elend ins Gesicht. Durch den Ring kann keine frische Nahrung herbeigeschafft werden. Cäsars Truppen hingegen schlüpfen ungehindert durch den zweiten Ring, schließlich haben sie ihn selbst angelegt. Als Erbauer kennen sie die heimlichen Durchgänge. Außerdem leben im römischen Heer keine Frauen und Kinder, die die Nerven der Männer zermürben.

Der Hunger in Alesia nimmt unerträgliche Formen an. Vercingetorix' Krieger stehen kurz davor zu meutern. Deshalb entschließt sich der gallische Fürst zu einer Verzweiflungstat. Er schickt alle Frauen, Kinder und Greise aus Alesia fort. Er hofft, dass die Römer human genug sind, sie durch beide Ringe ziehen zu lassen. Schließlich haben sie mit diesem Krieg nichts zu tun.

Doch Cäsar lässt die Kinder, Frauen und Greise nicht gehen. Und gibt ihnen auch keine Nahrung, trotz ihres Gejammers. Vor den Augen der Gallier lässt er Kinder, Frauen und Greise sterben, ganz langsam, zum Teil unter unsäglichen Qualen, denn das unterhöhlt die Moral der Belagerten noch weiter.

Vercingetorix kann es nicht fassen. Erst fühlt er Entsetzen, dann schäumt er.

Als das gallische Entsatzheer endlich eintrifft, das Cäsar von hinten angreifen soll, beschließt Vercingetorix, gleichzeitig auszubrechen und sich aus Cäsars Umklammerung zu befreien. Doch selbst in dieser Zweifrontenschlacht bleibt Cäsar siegreich. Seine zwei Wälle, der innere und der äußere Ring, leisten gute Dienste. Die Gallier werden zurückgeschlagen. Und planen einen zweiten Angriff.

Diesmal umgehen jedoch römische Soldaten unbemerkt das Entsatzheer des Feindes, das von außen angreift. Das heißt, die Römer fallen dem aus rund 50 000 Kriegern bestehendem Entsatzheer in den Rücken. Die gallischen Reihen lösen sich auf, sie fliehen Hals über Kopf. Vercingetorix auf der anderen Seite kann ebenfalls nichts ausrichten. Er zieht sich nach der Schlacht mit seinen Truppen nach Alesia zurück, auch ihm ist der Durchbruch nicht gelungen.

Die beiden Ringe scheinen unüberwindlich zu sein. Vercingetorix weiß, er hetzt seine Krieger nur in den Tod, wenn er immer wieder angreift. Also fasst er einen weitreichenden, tapferen, heroischen Entschluss. Er bietet Cäsar sein eigenes Leben an; er bietet sich selbst als Geisel an, in der Hoffnung, dass der Römer im Gegenzug dafür sein Volk verschont und nicht in die Sklaverei verkauft.

Cäsar nimmt die Kapitulation entgegen, lässt sich jedoch nicht erweichen. Wortlos nimmt er Vercingetorix gefangen. Und lässt ihn sechs Jahre in einem schauerlichen Gefängnis schmoren und vor sich hinvegetieren.

Dann feiert Cäsar einen seiner berauschenden Triumphzüge, die Rom all seinen siegreichen Feldherrn ausrichtet. Während dieses Zuges lässt er den stolzen Vercingetorix in Ketten hinter sich herführen – das schmachvolle, erniedrigende Bild soll das Volk erbauen. Der römische Pöbel jubelt. Als die große Show vorbei ist, wird Vercingetorix auf Befehl Cäsars hin erdrosselt. Jetzt ist er ja zu nichts mehr nütze.

Die Römer halten sich für ein einzigartiges Volk.

Ein Jahrtausend später, als das französische Nationalgefühl langsam erwacht, erinnert man sich an Vercingetorix als eines Helden.

Zwei Jahrtausende später verklärt ihn die französische Nation und errichtet ihm Statuen und Denkmäler.

So lange kann es dauern, bis sich die Geschichte, die immer nur von Siegern geschrieben wird, an die Wahrheit heranpirscht.

Der Wahre Cäsar

Der aufmerksame Leser hat längst unsere skeptischen Cäsar-Kommentare bemerkt. Nicht nur im Falle des tapferen Vercingetorix bekleckerte sich der römische Feldherr nicht mit Ruhm. Während Cäsar viele Jahrhunderte lang mit höchstem Respekt, ja geradezu Ehrfurcht betrachtet wurde, dachte man spätestens im 20. Jahrhundert langsam um. Nicht wenige honorige Schriftsteller, unter ihnen Bert Brecht und Ha. A. Mehler, machten auf Cäsars Schandtaten aufmerksam. Man fand viel Unappetitliches heraus und Fakten, die zu einem anderen Urteil führten.

Jetzt wurde zunehmend die Tatsache betont, dass Cäsar ein bisexueller Sex-Maniac gewesen war, der wahllos jeder Frau und jedem Mann beigelegen hatte, sofern es nur seiner Karriere diente. Er benutzte und beschmutzte die „Liebe", um seine Machtsphäre weiter auszubauen. Sogar seine Soldaten spielten mit Spottversen auf seine homosexuellen Beziehungen an, die er eiskalt und berechnend einging. Er besaß keinerlei Ehrgefühl, keinen Anstand und keine Würde.

In den Arenen Roms ließ Cäsar brutale Tierhetzen veranstalten, um sich beim Volk beliebt zu machen. Zusätzlich finanzierte er Gladiatorenschulen. Immer wieder schüttetet er eimerweise Geld über dem Pöbel aus, um sich dessen Gunst zu sichern. Er kaufte das Volk, er bestach es. Deshalb stand Cäsar früh einem ungeheuren Schuldenberg gegenüber. Den konnte er nur abtragen, indem er unaufhörlich Kriege führte und Beute machte.

So wurde er zu einem gewöhnlichen Dieb, der freilich in Weltmaßstab stahl. Er raubte heilige Tempel aus und plünderte als Feldherr nachweislich sogar Städte und Siedlungen, die sich ihm bereits ergeben hatten. Allein in Gallien bestahl er zahlreiche Tempel, in Rom riss er 3000 Pfund Gold an sich, die er im Kapitol vorfand. Er bestahl Ptolemaios, den unglücklichen Bruder Kleopatras, um 6000 Talente, während er seiner Schwester beilag. Die römische Staatskasse erleichterte er um Millionen von Sesterzen.

Doch all das ist nichts im Vergleich zu seinen wahren Schandtaten. Cäsar beging Völkermord, wie wir das heute nennen würden. Auf sein Konto gehen ein bis zwei Millionen Tote, man sollte sich eine solche Zahl einmal in einer stillen Minute vor Augen halten. Etwa viermal so viele – vier bis acht Millionen Menschen – wurden durch seine Kriege verkrüppelt oder verloren ihre Heimat. Der pausenlosen Krieg, den er besang, war in Wahrheit ein barbarisches, schmutziges, blutbesudeltes Geschäft, das er nur schönredete. Schamlos spielte er die germanischen und gallischen Stämme gegeneinander aus und bediente sich jedes widerlichen politischen Tricks, um zu siegen. *Divide et impera* – „Teile und herrsche" – säe Unfrieden unter deinen Gegnern und beherrsche sie auf diese Weise, lautete sein Motto. Er ließ gar aus dem Hinterhalt Fürsten ermorden, die er zu angeblich neutralen Verhandlungen geladen hatte. Krieg war sein Metier, Mord sein Tagesgeschäft.

Cäsar war nie an der „Befreiung Galliens" gelegen, wie er in Rom tönte, wie er in seinem Buch *De bello Gallico* verkündete. All seine Schandtaten dienten nur dem Zweck, die eigene Person zu verherrlichen. Er musste in Rom Eindruck schinden und sich als ewig siegreichen Feldherrn darstellen, als göttergleichen General, als die Inkarnation römischer Stärke. Deshalb verdrehte er laufend Tatsachen und Fakten. Selbst im Falle des Vercingetorix log er, dass sich die Balken bogen. Fast immer berichtete Cäsar, dass ihm der Feind an Stärke weit überlegen war, um seine eigene Feldherrenkunst ins rechte Licht zur rücken. Militärhistoriker stellten jedoch im Nachhinein fest, dass seine Zahlangaben unmöglich der Wahrheit entsprechen konnten.

Sein eigentliches Ergebnis war immer nur der Tod. Millionenfach wurden Menschen niedergemetzelt, auch in den Bürgerkriegen, die er später zu verantworten hatte.

Damit kennen wir endgültig den wahren Cäsar. Er war ein gieriger, nimmersatter Räuber und der größte Massenmörder seiner Zeit, ein Bluttrinker.[11] Ein Meuchelmörder und Sadist, wie es offen zu Tage tritt, wenn wir allein Vercingetorix' Schicksal betrachten. Als er den stolzen Gallier dem Pöbel in Rom nicht mehr als Vorzeigeobjekt präsentieren konnte, ließ er ihn eiskalt ermorden.

Ein feiner Herr!

Und so erkennen wir, dass der angeblich große Feldherr von vielen Historiker-Generationen völlig fehl eingeschätzt wurde. Er war durch und durch ein Schurke, ein Schuft der Sonderklasse. Keine Vokabel ist gemein genug, um ihn zu charakterisieren.

Zugleich wird offensichtlich, dass selbst seine Geheimschriften und Geheimbotschaften mit größter Vorsicht zu genießen sind. Cäsar wollte sich stets nur sich selbst darstellen und sich selbst besingen.

Auch Geheimschriften sind folglich manchmal meilenweit von der Wahrheit entfernt. Auch Geheimtexte können ... tendenziös, gefälscht oder völlig verlogen sein.

All das lernen wir, wenn wir sorgfältig genug Geheimschriften in ihren historischen Kontext stellen und ihnen nachlauschen, mit einem Gran Verstand im Kopf.

Keine geringe Ausbeute!

5. Verschlüsselungen im frühen Christentum

Um die Geheimschriften und geheimen Botschaften im frühen Christentum zu verstehen, das sich zur größten Religion auf der Welt mausern sollte, muss zunächst der geschichtliche Hintergrund ein wenig ausgeleuchtet werden.

Gerne vergessen wird, dass es beim frühen Christentum, das später über 2,4 Milliarden Anhänger gewinnen sollte, anfänglich um Leben und Tod ging.

Tauchen wir in die Zeit zurück, machen wir eine Zeitreise, die uns 2000 Jahre zurückkatapultiert, und blicken wir uns aufmerksam und neugierig im alten Rom um, wo sich das Christentum langsam zu formieren begann. Hier begegnen wir den ersten Christen, die um ihr nacktes Überleben kämpfen mussten. Ursprünglich versammelten sich die ersten Christen in kleinen, privaten Räumen und praktizierten heimlich ihre Religion. Selbst Sklaven, Kinder und Frauen durften an den christlichen Zeremonien teilnehmen, also Menschen, die bislang wenig oder nichts gegolten hatten. Sie alle begeisterten sich für den friedlichen Jesus, der in völligem Gegensatz zum kriegerischen Mars stand.

Die frühen Christen hielten die Moral hoch: Zu den Gottesdiensten hatten die Frauen verschleiert zu erscheinen, damit ihre verführerischen Haare die Männer nicht auf unangemessene Gedanken brachten. Alle Schönheitsmittel waren den Frauen untersagt, besonders aber falsche Haarteile. Ehelosigkeit und Jungfräulichkeit galten als Ideal. Brüderlichkeit, wechselseitige Hilfsleistung, Freundlichkeit, Friedfertigkeit und Anstand zeichneten die frühen Christen aus, die dadurch jedoch in einen gefährlichen Gegensatz zum römischen Staat gerieten. Rom sah nicht ohne Grund Mars, den Gott des Krieges, als seinen Stammvater an.

Die Situation spitzte sich mehr und mehr zu. Offenbar folgten die Christen eines Tages nicht mehr Roms Staatsgewalt. Sie weigerten sich, vor den Statuen der Kaiser, die oft schon zu Lebzeiten als Götter angesehen wurden, Weihrauch abzubrennen und sich vor ihnen zu verneigen. Christen ließen nur Christus als Gott gelten. Das fasste der römische Staat schließlich als Revolte auf und schlug erbarmungslos zu: Das Bekenntnis zum Christentum wurde als todeswürdiges Verbrechen gebrandmarkt. In der Folge wurden Christen in Ketten gelegt, mit eisernen Halsringen gefangen gehalten, wie Verbrecher behandelt, gefoltert und nicht selten in der Arena wilden Tieren zum Fraß vorgeworfen.

Die Sklavenhalter oder die verschwiegene Wahrheit

Schamhaft verschwiegen wird bis heute der wahre Umfang der Sklaverei im Römischen Weltreich. Man konnte recht leicht versklavt werden, etwa wenn man seine Schulden nicht abbezahlte. Und vor allem Roms zahlreiche Kriege dienten dazu, in größtem Umfang Kriegsgefangene zu machen und als Sklaven zu verkaufen. Es gab Millionen von Sklaven. Jeder Feldzug spülte neue Gefangene in das Reich – und Rom befand sich mehr oder weniger ununterbrochen im Krieg.

Auch Piraten begaben sich auf Beutezüge, um Menschen einzufangen und auf den Sklavenmärkten zu verkaufen; das war ein eigener Wirtschaftszweig. Zudem wurden bestimmte Verbrechen mit Versklavung bestraft.

Durchschnittlich bestand die Bevölkerung im Römischen Reich zu rund zwanzig Prozent aus Sklaven. Jeder fünfte Mensch war ein Sklave! Als Rom im Zenit seiner Macht stand, war sogar ein Viertel der italienischen Bevölkerung versklavt![12] In einigen reichen Haushalten gab es viele Hunderte, ja manchmal Tausende Sklaven.

Sklaven konnten lange Zeit nach Belieben vergewaltigt, verkauft, verprügelt, kastriert oder als Gladiatoren in der Arena verheizt werden. Alles, was der Sklave mit seiner Hände Arbeit verdiente, war Eigentum seines Herrn. Tötete ein Sklave seinen Herrn, wurden sämtliche Sklaven dieses Haushalts umgebracht, die sich zur Tatzeit in der Nähe aufgehalten hatten.

Auf welche Todesart? Die Kreuzigung.

Die Kreuzigung war eine typische Sklaven-Bestrafung. Sie war unvorstellbar grausam. Vor der Kreuzigung wurde der Sklave gegeißelt und gefoltert; nicht immer, aber oft. Dann ging es zur Sache. Durch Handwurzelknochen und Fußwurzel oder Fersenbein wurden Nägel getrieben. Den Todeskampf suchte man so lange wie möglich hinauszuzögern. Der Sklave litt unter Durst, Fliegen, Wundbrand, zusätzlichen Schlägen und Blutverlust. Waren die Römer besonders „gnädig“, brachen sie dem Sklaven nach einiger Zeit die Füße oder Unterschenkel, sodass sein Körper nicht mehr abgestützt wurde und der Tod früher eintrat. Mit einem Lanzenstich in den Leib stellte man schließlich fest, ob ein Sklave auch wirklich tot war.

Es war furchtbar, Sklave im alten Rom zu sein. Sklaven rackerten sich in Bergwerken ab, als Feldsklaven in der Landwirtschaft und im Haushalt. Sie bauten Straßen und Gebäude, viele schufteten in Häfen. Es gab Haussklaven und sogar Tanz- und Musiksklaven. Sklaven dienten aber auch als Hauslehrer oder Ärzte, als Friseure, Hebammen oder Wagenlenker. Auf Sklavenmärkten wurden sie angeboten und versteigert. Gebildete Sklaven erzielten die höchsten Preise, auch schöne Sklavinnen waren teuer.

Ein Sklave war eine Sache, ein Gegenstand, kein Mensch. So verwundert es nicht, dass sich das Christentum so schnell ausbreitete. Denn auch Frauen wurden als Menschen zweiter Ordnung betrachtet, und Sklaven konnten überhaupt keine Menschenrechte einfordern.

Roms Natur waren Krieg, Versklavung und eine namenlose Brutalität.

Überleben oder Untergang

Die christlichen Urgemeinden standen lange Zeit am Rande des Abgrunds. Das Christentum geriet immer mehr in Widerstreit mit der römischen Staatsgewalt. Die Urchristen lehnten das laszive, römische Theater ab, sie hielten Kriege für überflüssig und wiesen auf Roms Verworfenheit mit seinen Dirnen und seiner lockeren Moral hin, auf seine Kindsabtreibungen und seine Promiskuität. Bei Sklaven war in Sachen Sex ohnehin alles erlaubt. Christen weigerten sich, Weihrauch vor den Büsten und Statuen der römischen Kaiser zu entzünden. Sie lehnten jede Geste der Verehrung von römischen Göttern ab, Kaiserkult war für sie Götzendienst.

Die römische Staatsgewalt schlussfolgerte daraus, dass das Christentum eine radikale Bewegung war, deren Führer den Umsturz planten. Schon der römische Kaiser Nero (37–68 n. Chr.) bediente sich der Christen als lebende Fackeln. Aber auch nach ihm bedrängte ein römischer Kaiser nach dem anderen die Christen.

Diese schlugen zurück. Sie machten die römischen Götter lächerlich und prophezeiten deren bevorstehenden Sturz. Sie glaubten fest daran, dass ihr Messias schon sehr bald wiederkäme.

Gerüchte und Verleumdungen ließen nicht auf sich warten. Einige Christenhasser kolportierten, die Jesus-Anhänger tränken Menschenblut – bei der heiligen Kommunion. Infolgedessen wurden Christen eingekerkert, ausgepeitscht, verbrannt, in Bergwerke geschickt und hingerichtet. Roms Boden färbte sich rot von dem Blut der Märtyrer. Selbst der römische Kaiser Marc Aurel (121–180 n. Chr.), in vielen Belangen ein rechtschaffener Mann, schlug erbarmungslos zu. Als Hungersnot und Hochwasser, Pest und Krieg seine bislang glückliche Herrschaft heimsuchten, verbreiteten seine (römischen) Priester sofort, dies sei der Vernachlässigung und Leugnung der (römischen) Götter zuzuschreiben.

Ein Teil der Bevölkerung glaubte die Lügen. Christen wurden noch stärker drangsaliert und dann und wann sogar gesteinigt. Der neunzigjährige Bischof von Lyon (in Gallien gelegen, im Südosten des heutigen Frankreichs) wurde ins Gefängnis geworfen und gefoltert – er starb. Ebenfalls in Lyon wurde ein Christenführer auf einen weißglühenden, eisernen Sessel gesetzt und dort zu Tode gebraten. Eine andere überzeugte Christin wurde in einen Sack gesteckt, in die Arena geworfen und dort von einem Stier aufgespießt. Eine Welle religiösen Fiebers schwappte durch das Reich, auf beiden Seiten wollte man nicht nachgeben. Mars kämpfte gegen Christus, das Schwert gegen das Wort. Auch in Rom wurden Christen und Bischöfe hingerichtet. In Roms Verliesen befanden sich zeitweise Hunderte von Christen. Einige wurden geköpft, andere an Pfählen verbrannt. Wieder andere bewahrte man sich für die Festspiele auf, um sie wilden Tieren vorzuwerfen, denn das bot ein aufregendes Schauspiel und stellte die Menge, den Pöbel, zufrieden.

Das alles geschah um 250 nach Christus.

Im 3. Jahrhundert nach Christus gebot Kaiser Valerius endgültig, jeder müsse vor den alten Göttern verbeugen. Der römische Bischof Sixtus II. leistete Widerstand und wurde sofort hingerichtet. Der Bischof von Karthago (Nordafrika) wurde enthauptet, der Bischof von Tarragona (Spanien) lebendig verbrannt. Im Jahre 303 nach Christus ordnete ein römischer Herrscher die Zerstörung aller christlichen Kirchen an. Christliche Bücher wurden verbrannt, christliche Gemeinden aufgelöst und Vermögen beschlagnahmt. Viele Christen jagte man aus öffentlichen Ämtern. Man konnte mit dem Tod bestraft werden, wenn man an einer christlichen Feier teilnahm. Der römische Staat versuchte, dem Christentum den Todesstoß zu versetzen.

Die Christen schlugen abermals zurück. In Syrien brach ein Aufstand aus. Ein Herrscher-Palast wurde in Brand gesteckt. Hunderte von Christen wurden gefoltert, denn man glaubte, sie seien die Brandstifter.

Der Kampf wogte hin und her.

Unter Kaiser Diokletian (ca. 240–312 n. Chr.) erreichte die Christenverfolgung einen neuen Höhepunkt. Folterungen wurden angeordnet und Christen mit Gewalt gezwungen, die römischen Götter anzuerkennen. Ein anderer Kaiser setzte im gleichen Jahrhundert die Verfolgungen fort. Die Zahl der Märtyrer wuchs in allen Teilen des Reiches, außer in Gallien und Britannien, wo man „nur" einige christliche Kirchen niederbrannte.

Geheime Symbole und Geheimschriften

In dieser entsetzlichen Atmosphäre mussten sich die Christen untereinander verständigen, sie mussten die Kommunikation miteinander aufrechterhalten. Da sie sich, wollten sie nicht Kopf und Kragen riskieren, nicht öffentlich zum Christentum bekennen konnten, drängte sich eine Geheimschrift auf, die ihnen verriet, wer ein Christ war und wer nicht. Es mussten geheime Erkennungszeichen und Symbole her.

Das prominenteste Geheimzeichen war der Fisch. In der frühen christlichen Kirche war Jesus Christus selbst unter anderem der „große Fisch" genannt worden, weil seine Geburt mit dem Beginn des Fischzeitalters zusammengefallen war – eine astrologische Interpretation. Man begegnete dem Fisch auch immer wieder im Neuen Testament, etwa bei der „wunderbaren Brotvermehrung", oder der Fisch wurde anderweitig als Metapher gebraucht. Der Fisch war also ein ideales, geheimes Erkennungszeichen, zumal seine griechischen Buchstaben sehr leicht uminterpretiert und auf Christus umgemünzt werden konnten.

Jedenfalls entwickelte sich der Fisch im 1., 2. und 3. Jahrhundert nach Christus zu einem Zeichen, an dem sich die Gläubigen wech-

Abb. 4: Der Fisch, das geheime Erkennungszeichen der frühen Christen. Das griechische Wort für Fisch ἰχθύς (ichthýs) enthält ein komprimiertes Glaubensbekenntnis.

selseitig erkennen konnten. So erzählt jedenfalls die christliche Legende, und wir sind geneigt, sie zu glauben. Während man vom Staat und seinen Dienern verfolgt wurde, konnte man sich gegenseitig ungefährdet als Christ zu erkennen geben, indem man beispielsweise mit einem Stöckchen wie nebenbei einen Fisch in den Sand zeichnete oder auf andere Art auf den Fisch aufmerksam machte.

Das griechische Wort für Fisch *ἰχθύς (ichthýs)* enthält ein komprimiertes Glaubensbekenntnis. Es lautet: Ιησούς Χριστός Θεού Υιός Σωτήρ. Kurz: Jeder (griechische) Buchstabe des Wortes „Fisch" bildete den Anfang eines eigenen Wortes:

ΙΗΣΟΥΣ
  Iēsous (neugr. Iisús) = Jesus
ΧΡΙΣΤΟΣ
  Christós = Christus
ΘΕΟΥ
  Theoú = Gottes
ΥΙΟΣ
  Hyiós (neugr. Iós) = Sohn
ΣΩΤΗΡ
  Sōtér (neugr. Soteras) = Retter/Erlöser

Nur mit dem Wort Fisch konnte man also sagen: „Jesus Christus, Gottes Sohn, Erlöser."

Das Fisch-Symbol besteht lediglich aus zwei gekrümmten Linien, die im Schwanz zu einem Fisch zusammenkommen.

Noch einmal: Das Wort Fisch enthielt ein komplettes Bekenntnis, nach dem Jesus unzweifelhaft der Messias, der Erlöser und Gottes Sohn war.[13]

Wiederholt findet sich der Fisch in praktisch allen Evangelien, etwa bei Matthäus 4, 19. Dort heißt es: „Kommt her, folgt mir nach! Ich werde euch zu Menschenfischern machen."

Schließlich empfahl Clemens von Alexandrien (150–215 n. Chr.), den Fisch generell als Kennzeichen für die Christenheit zu übernehmen. Auch der Kirchenlehrer Tertullian (ca. 200 n. Chr.) behauptete, die Christen hätten sich gern als „Fischlein" bezeichnet.

Sogar auf die Taufe weist der Fisch zumindest indirekt hin, denn er ist ein Wassertier. Frisch getaufte Christen wurden nachweislich gern *pisculi* – Fischlein – genannt.

Schlussendlich wimmelte es im Christentum von Fischen. Geheime Versammlungsorte, auch Töpfe und Gerätschaften wurden mit einem Fischzeichen gekennzeichnet.

Wollte man sich wechselseitig als Christ zu erkennen geben, war auch folgende Vorgehensweise üblich: Eine Person zeichnete mit einem Stock in den Sand einen Bogen des Fisches, die zweite Person ergänzte die Zeichnung durch den zweiten Bogen.

Die Geheimniskrämerei um das griechische Wort für „Fisch" machte das Symbol höchst attraktiv. Zu guter Letzt fand es Eingang auf zahllosen Gemälden, die wir noch heute bewundern können, und auf vielen christlichen Gegenständen. Wenn wir heute also auf zahlreichen bildlichen Darstellungen und Objekten Fische entdecken, sollten wir uns dessen bewusst sein, dass es sich ehemals um eine Geheimschrift handelte.

Weitere Symbole

Natürlich gab es noch weitere geheime Erkennungszeichen der frühen Christen. Nicht alle waren so tapfer, sich freudig in der Arena von wilden Tieren zerfleischen zu lassen.

Auch der Phönix diente als Geheimzeichen der ersten Christen, worauf verschiedene Autoren aufmerksam machten. Dieses Symbol finden wir in den dumpfen Katakomben, den großen, unterirdischen Friedhöfen Roms, die man heute noch besuchen kann. Die Katakomben bestehen oft aus zwei oder drei Etagen, sind bis zu zwanzig Meter tief und mit allen möglichen Darstellungen überzogen. Dort sind an den Wänden nicht nur der Fisch und der Phönix, sondern auch Zeichnungen von Broten oder Ankern zu sehen.

Der Phönix galt als Symbol der Wiederauferstehung. Damit verwies man auf den Bericht im Neuen Testament, nach dem Jesus Christus nach seiner Kreuzigung wieder aus dem Grab auferstanden war. Das Brot erinnerte an die „wunderbare Brotvermehrung“, aber auch an das Letzte Abendmahl. Im Anker konnte man mit ein wenig Fantasie ein Kreuz erkennen, das natürlich auf die Kreuzigung Christi deutete. Und so gab es zahlreiche Zeichen und Symbole (unter anderem griechische Buchstaben, das Lamm, die Palme und die Taube), die alle direkt oder indirekt auf das Neue Testament Bezug nahmen und durchaus als Geheimschrift, als geheime Symbole, qualifiziert werden können.[14]

Der Siegeszug des Christentums

Und so muss man diese Erkenntnisse festhalten: Ein kleines zusammengewürfeltes Häuflein Christen wurde lange von großmächtigen römischen Kaisern unterdrückt. Aber das Christentum mauserte sich zu einer Bewegung, die alles hinwegfegte, was sich ihr in den Weg stellte. Während sich die barbarischen Römer durch ihre Taten selbst ins Abseits rückten, gewann die christliche Bewegung unaufhaltsam an Boden. Das Wort besiegte das Schwert, die Friedfertigkeit die Gewalt, die christlichen Gebete die römische Soldateska.

Der Ruf nach Frieden erwies sich mächtiger als der Ruf nach Krieg. Und immer wieder beschwor man die Nächstenliebe, die nie von einer anderen Forderung übertroffen wurde. Die Liebe wich dem Hass. Das Christentum verbreitet sich in alle Erdteile der Welt. Es eroberte die Menschen schneller als jedes scharfgeschliffene Schwert.

Am Ende trug das sanfte Christentum den Sieg über das brutale Rom davon. Es rang das stärkste Reich nieder, das die Welt bislang gesehen hatte: das Weltreich Rom. Christus begegnete in der römischen Arena Mars und besiegte ihn.

Und so bleibt die Netto-Erkenntnis, dass eine Bewegung, die der Friedfertigkeit und der Nächstenliebe das Wort redet, stärker ist als alle Haudegen und Krieger der Welt. Kämpft eine Bewegung zudem noch für Werte wie Gleichheit, Brüderlichkeit, Ethik und Moral, ist sie praktisch nicht aufzuhalten.

Das, und nichts anderes, ist die wahre Geschichte des Christentums.

Doch wir haben „vergessen“ zu erwähnen, dass es in den Anfängen des Christentums, im Urchristentum, noch einen weiteren Feind gab, der es beinahe hinweggefegt hätte. Das ist eine ganze Anzahl von Geheimschriften, die immer wieder in einigen christlichen Gemeinden auftauchten und die Gläubigen verwirrten.

6. Apokryphe Schriften im Christentum

Schon das Wort apokryph ist apokryph.

Die altgriechische Vokabel *apokryph* bedeutet „verborgen", „dunkel" und im weiteren Sinne „heimlich" oder „geheim". Das Verb *apokryphein* lässt sich mit „verstecken", „verbergen", „unsichtbar machen" oder „verheimlichen" übersetzen.

Und was sollte verheimlicht werden? Welche Geheimschriften existierten im frühen Christentum?

Ist das etwa eine heiße Spur, die von der gängigen Religions- und Geschichtswissenschaft einfach beiseitegewischt wurde?

Was wurde in den ersten Jahrhunderten nach Christi Geburt verheimlicht?

Nun, das Christentum musste sich nicht nur der Römer erwehren. Vielleicht noch gefährlicher für seine Existenz war, dass das Glaubensbekenntnis noch nicht in Stein gemeißelt war. Es gab noch keine Bibel und auch kein Neues Testament. Im 1., 2., 3. und 4. Jahrhundert nach Christus zirkulierten zahlreiche Schriften, „geheime" Schriften und „Geheimschriften" über Jesus Christus und seine Lehre, in denen etwas ganz anderes verkündet wurde, als in den normalen, den orthodoxen Schriften, den erlaubten Evangelien nach Matthäus, Markus, Lukas und Johannes.

Das ist interessant, sogar höchst interessant. In diesen geheimen Schriften wurden teilweise andere Dinge über Jesus Christus gelehrt, als sie in anderen Schriften zu finden waren.

Deshalb belegte die offizielle, die etablierte Kirche diese apokryphen Schriften früh mit einem Bann. Dadurch bekam das Wort apokryph eine andere Bedeutung: Diese geheimen Schriften waren ketzerisch. Sie enthielten angeblich massive Lügen. Und sie versuchten, Christen vom wahren Glauben abzubringen.

Das Wort ungesehen oder unbemerkt erhielt die Nebenbedeutung von „ketzerisch", „häretisch" oder „falsch". Damit gab es auf einmal richtige und falsche Schriften über Jesus Christus und seine Lehre.

Kurz: Das Christentum kämpfte um seine Existenz und den „richtigen" Glauben. Feinde im Innern, das weiß jeder Feldherr, sind weit gefährlicher als solche, die von außen heranstürmen. Das gilt auch für Religionen.

Die Bischöfe und Priester zückten ihre Dolche. Wie konnte man die Schafe auf der richtigen Weide halten? Anfangs drohte man nur, später bot man Kanonen auf: Las ein Gläubiger die „falschen", die „geheimen" Schriften, konnte er im jenseitigen Leben der ewigen Seligkeit verlustig gehen. Im diesseitigen Leben musste er in späteren Jahrhunderten schlimmstenfalls sogar damit rechnen, auf dem Scheiterhaufen zu landen. Der Teufel höchst persönlich führte eine Person in Versuchung, wenn sie diese ketzerischen Geheimschriften las, behauptete die Großkirche. Zumindest musste eine Person darüber belehrt werden, von diesen Satansschriften die Finger zu lassen.

Doch diese apokryphen Schriften waren einfach zu interessant!

In den umkämpften Geheimschriften wurde unter anderem genauer über das Leben Jesu aufgeklärt. Hinter vorgehaltener Hand, mündlich und schriftlich, wurden die verschiedensten Berichte über Christus kolportiert. Es gab Prediger und Lehrer, die verkündeten, das Leben Jesu sei ganz anders verlaufen – nicht so, wie es Matthäus, Markus, Lukas und Johannes verkündet hatten – ja, viel aufregender.

Tatsächlich gab es jede Menge apokryphe oder geheime Schriften. Als Verfasser dieser Schriften zeichneten zumeist Apostel – angeblich zumindest. Ja, es gab sogar ein Evangelium, das von Maria Magdalena verfasst worden war, der Gefährtin Christi, behauptete die Gegenseite. Vielleicht war sie mehr als seine selbstlose, keusche Begleiterin? War sie nicht eine Liebesdienerin, bevor sie sich Jesus anschloss?

Selbst für Gläubige war das Interesse an diesem Jesus Christus so groß, dass die apokryphen Schriften geradezu verschlungen wurden. Auch Christen fragten sich: Gab es vielleicht Informationen über den Gottessohn, die sie bislang nicht kannten? Wer wollte nicht von weiteren Wundern und Großtaten hören, über den Gott, den er verehrte? Das versprach nicht nur Erleuchtung, sondern auch Unterhaltung! Und wenn man nebenbei auch noch in die größten spirituellen Geheimnisse eingeweiht wurde – wie es einige apokryphe Schriften versprachen –, wer konnte da noch widerstehen?

Manche Prediger berichteten nur flüsternd von diesen geheimnisvollen Schriften. Und so konnte das Interesse an ihnen nie ganz ausgerottet werden, übrigens bis heute nicht. Die apokryphen Schriften hatten eine gewaltige Anziehungskraft. Aber was verkündeten sie eigentlich? Und warum zirkulierten so viele apokryphe Schriften in so reicher Zahl?

Fragen wir uns zunächst: Wie muss man sich die Zeit unmittelbar nach Christus vorstellen – sprich die ersten Jahrhunderte nach seinem Tod?

Die historische Situation

Nun, vorsichtig ausgedrückt, waren die Zeiten wild. Überall in Jerusalem oder in Rom traf man verschiedene Religionen an. Es wimmelte von Priestern, Gottesdienern und Gemeindevorstehern, die die unterschiedlichsten Wahrheiten verkündeten. Es gab ägyptische Einflüsse, zahlreiche römische Götter, persische und griechische Geheimkulte, den Judaismus mit seinen verschiedenen Fraktionen sowie mehr und mehr christliche Gemeinden und Sekten. Die Nerven lagen blank, wenn es um Gott ging. Jeder wusste alles, und jeder wusste alles besser.

Besonders interessant waren diese apokryphen Schriften, diese verborgenen oder geheimen Werke, die in höhere Wahrheiten einzuweihen versprachen. Offenbar waren sie nicht für jedermann bestimmt. Sie waren zwar in keiner Geheim*schrift* abgefasst, aber es handelte sich zweifellos um Geheimschriften, im wortwörtlichen Sinne, denn sie waren nicht für jeden bestimmt.

Doch die Großkirchen und ihre Vertreter behaupteten, dass diese geheimen Schriften falsch seien, unecht, dass nur Ketzer und Ungläubige in ihnen lasen und man gefälligst die Finger davon lassen solle.

Wie sollte man sich verhalten?

Heute unterscheidet man zwischen jüdischen und christlichen Apokryphen, wie sie genannt werden. Das heißt, auch das Judentum wurde von Schriften geflutet, die das orthodoxe Judentum infrage stellten. Wir befassen wir uns hier jedoch nur mit christlichen Apokryphen, um den Überblick nicht zu verlieren.

Nebenbei bemerkt werden von den verschiedenen christlichen Kirchen im Osten bestimmte Schriften ausdrücklich nicht als apokryph bezeichnet, die von der katholischen Kirche und den Päpsten später verdammt wurden. Sie gehören zu den erlaubten, den echten Schriften. Allein das beweist, wie willkürlich mit dem Wort apokryph umgegangen wurde. Letztlich ging es darum, ein Glaubensbekenntnis zu schaffen, an dem nicht gerüttelt werden durfte.

Im christlichen Osten werden bis heute bestimmte schriftliche Zeugnisse über das Leben Jesu zugelassen, die im Westen verdammt werden. Liest man sie, kommt man im Osten in den Himmel, im Westen in die Hölle. Wäre das Thema nicht so ernsthaft, könnte man eine hübsche Komödie darüber schreiben.

Aber was fällt eigentlich unter diese apokryphen Schriften? Nun, recht viele geben vor, von einem der zwölf Apostel verfasst worden zu sein. Unter anderem folgende Schriften zählen heute dazu:

- ein Petrus-Evangelium,
- zwei (unterschiedliche) Thomas-Evangelien,
- ein zweites, jedoch geheimes Markus-Evangelium,
- ein Bartholomäus-Evangelium,

- ein Protevangelium des Jakobus, (griech. *protos* = Anfang, weil auf die Zeit *vor* der Geburt Jesus abgehoben wird und die Herkunft Marias),
- ein Judas-Evangelium,
- ein Evangelium der Maria (Magdalena),
- ein Matthias-Evangelium,
- ein Evangelium der Wahrheit,
- ein Philippus-Evangelium und Aufsätze, die beschreiben, wie die Seele gerettet werden kann,
- eine Schrift, die erklärt, wie die Welt tatsächlich entstanden war, sowie
- verschiedene andere Papyri, Fragmente, Briefe und Papierfetzen.

Und diese Aufzählung ist nur unvollständig. Wir werden bombardiert mit christlichen Geheimschriften.

Einige dieser Evangelien enthalten echten Sprengstoff.

Weiter zählen zu den apokryphen Schriften auch Apostelakten, die manchmal in romanhafter Form die angeblichen Missionsreisen eines Apostels beschreiben. Schließlich gibt es zahlreiche Briefe, die nie anerkannt wurden, Schriften, die das Ende der Welt beschreiben und einiges mehr.

Allein an der Anzahl der apokryphen Schriften erkennt man, dass sich die Großkirche hier einer echten Herausforderung gegen übersah.

Aus diesen Schriften lassen sich allerlei Schlüsse ziehen, die ein anderes Bild dieses Jesus Christus und seiner Lehre präsentieren, als es uns bislang geboten wurde.

Und beinahe eine kleine Revolution wurde ausgelöst, als eines Tages die Nag-Hammadi-Schriften bekannt wurden. Nag-Hammadi ist ein kleiner, unbedeutender Ort in der Mitte Ägyptens.

Bis heute tauchen immer wieder Funde und Entdeckungen auf, die uns beweisen, wie weit verbreitet diese apokryphen Schriften waren.

Gönnen wir uns ein spektakuläres Beispiel.

Der Jahrhundertfund

im Jahre 1945 fanden ansässige Bauern in der Nähe von Nag Hammadi zahlreiche Schriften. Immerhin 13 in Leder gebundene Papyri, die 47 unterschiedliche Texte enthielten, präsentierte man der Öffentlichkeit. Sie stammten aus der ersten Hälfte des 4. Jahrhunderts, wurden aber vermutlich im 1. und 2. Jahrhundert nach Christus verfasst.[15]

Was war geschehen? Ein paar ägyptische Bauern suchten etwa elf Kilometer von dem Örtchen Nag Hammadi entfernt nach einem natürlichen Dünger, der ihnen helfen sollte, ihre Felder fruchtbarer zu machen. Sie ritten unbeschwert auf ihren Kamelen durch die Gegend, als sie einen Felsblock entdeckten. Sie stiegen ab, banden ihre Kamele fest und begannen, in der Nähe dieses Felsblocks nach Dung zu graben. Dabei stießen sie auf einen fast meterhohen, tönernen, roten Krug. Die Aufregung war groß. Theoretisch konnte sich in dem Krug ein Dschinn befinden, ein Geist. Würde man den Dämon befreien, wenn man den Krug öffnete?

Die Bauern wussten nicht, dass tatsächlich ein Geist aus diesem Krug fahren würde – aber ein Geist ganz anderer Art, als sie gedacht hatten. Ein Geist der Erleuchtung fuhr aus diesem Krug, der die von der Großkirche so sorgfältig festgelegte „Wahrheit" umstoßen sollte. Jedenfalls rüttelte dieser Geist die wohlgeordnete Welt der Großkirchen gewaltig durcheinander und versetzte die Autoritäten der Kirchen in Panik.

Auf der anderen Seite konnte im Krug auch Gold sein. In diesem Fall würden die Bauern vielleicht steinreich und bräuchten sich nicht mehr auf den Feldern abzumühen. Jeder von ihnen würde sich ein paar weitere hübsche Frauen nehmen, ein stattliches Haus kaufen und sich dort von seinen neuen schönen Frauen verwöhnen lassen – bis ans Ende seines Lebens. Man würde nur die feinsten Speisen verzehren und als ein hoch geachteter, reicher Mann in Muße leben.

Die Gier siegte über die Angst. Die Bauern öffneten den Krug und fanden eine Reihe von Schriften, deren Bedeutung sie zuerst nicht erkannten.

Für unseren Zusammenhang ist es lediglich wichtig, dass abermals „neue" Schriften das Licht der Welt erblickten, die Rom – sprich den Hütern des katholischen Glaubens – nicht alle genehm waren.

Fragen wir uns, einigermaßen neugierig: Was war der Inhalt all dieser Geheimschriften? Auf welchen gemeinsamen Nenner kann man sie bringen?

Unzulässig vereinfacht gesagt, begegnet man in zahlreichen Apokryphen folgenden Inhalten, die sich teilweise widersprechen:

Der Inhalt der Geheimschriften

- Jesus Christus war nicht Gottes Sohn oder gar ein Gott, sondern nur ein normaler Prediger, ein Weiser, ein Erleuchteter sicherlich, jedoch lediglich einer unter vielen Propheten. Ohne Frage war er ein besonderer Mensch, aber eben kein Gott.
- Neben ihm gab es zahlreiche andere Propheten und Erleuchtete, die den gleichen Anspruch darauf erheben könnten, etwas Besonderes zu sein. Das heißt, Jesus Christus war keine einzigartige Erscheinung, er war nicht einmalig und nicht unverwechselbar, also keiner, der über alle anderen Weisheitslehrer hinausragt und absolute Göttlichkeit für sich beanspruchen kann.
- Besonders beliebt im Rahmen der apokryphen Schriften war ein „Evangelium", das die Kindheit Jesu beschrieb. Der minderjährige Jesus ragte laut dem *Kindheitsevangelium des Thomas* über alle anderen Kinder hinaus. Er konnte die unglaublichsten Wunder bewirken. Beispielsweise formte er zwölf Sperlinge aus „weichem Lehm", dann klatschte er in die Hände und rief den Sperlingen zu: „Fort mit euch!" Sofort erhoben sich die Vögel in die Lüfte und flogen „zwitschernd" davon.

- Andererseits konnte das Jesuskind einen ungerechten Menschen auch ohne Weiteres töten, indem es sich das nur herbeiwünschte. Allerdings konnte es auch Tote wieder zum Leben erwecken.
- Eine verbotene, geheime Schrift berichtete davon, dass anstelle von Jesus Christus in Wahrheit ein gewisser Simon von Kyrene gekreuzigt worden war, der sich für Jesus hielt – während der echte Jesus danebenstand und lachte. Kyrene ist eine antike griechische Stadt im heutigen Libyen.
- Wieder eine andere geheime Nachricht deutete an, dass Jesus eine homophile Beziehung unterhielt, eine andere, dass er verheiratet gewesen war.
- Spezielle Geheimschriften berichteten von Erkenntnissen der höheren Welten. Manchmal wurde alles Mögliche „preisgegeben", wie die Herrschaft über die Materie. Selbst über den griechischen Gott Hermes wurde philosophiert.
- Das ganz große Geheimnis vieler Apokryphen berichtete von der Reinkarnation, der Wiedergeburt nach dem Tod. Dieses Thema tauchte immer wieder auf.

Reinkarnation und Christentum

Man kann schnell erkennen, warum all diese Ideen und Aussagen beiseitegeschoben und für ketzerisch erklärt wurden. Sie hätten das orthodoxe Christentum der Großkirchen zerstört. Man konnte einfach nicht zulassen, dass ein Sammelsurium von Ideen existierte. Vor allem musste man sicherstellen, dass Jesus ein Gott gewesen war, kein Mensch. Sonst hätte man die eigene Religion nur neben all die anderen Religionen und Sekten gestellt. Man wollte jedoch die Einzigartigkeit Jesu in Stein meißeln und sich über alle Mitbewerber erheben. Neben Jesus durfte es keinen gleichwertigen Weisheitslehrer geben.

Und so verwundert es nicht, dass auf späteren Konzilen der Großkirche all diese Lehren verdammt und ausgerottet wurden.

Bis heute ist von Historikern nicht endgültig geklärt, wann die Lehre der Reinkarnation oder der Seelenwanderung offiziell aus dem christlichen Glaubensbekenntnis gestrichen wurde. Die Wissenschaftler streiten sich, wie üblich, und die Quellenlage ist erbärmlich. Einige Gelehrte nehmen an, dass das Konzil von Nicäa den Wendepunkt markierte (Mai bis August 325 nach Christus; Nicäa liegt in der heutigen Türkei). Andere Quellen deuten auf das Erste Konzil von Konstantinopel (381 nach Christus; das Christentum wurde hier zur Staatsreligion erhoben. Man erließ zudem Gesetze gegen das Heidentum und gegen christliche Häresien).

Unumstritten ist jedoch, dass selbst frühchristliche Theologen der Vorstellung der Reinkarnation anhingen. Der Kirchenschriftsteller Clemens von Alexandria etwa (ca. 150–215 n. Chr.) war mit Platon vertraut, mit ägyptischen Jenseitsvorstellungen und mit gnostischen Lehren. In all diesen religiös-philosophischen Schulen wurde die Reinkarnation gelehrt. Im Jahre 1748, ziemlich spät also, ließ Papst Benedikt XIV. den Namen Clemens von Alexandria deshalb aus dem römischen Heiligenkalender streichen, mit der Begründung, dass seine Lehre zweifelhaft sei.

Clemens' Schüler war ein gewisser Origines (185–254 n. Chr.), der ebenfalls mit den Jenseitsvorstellungen der alten Ägypter vertraut war. Er kannte zudem Pythagoras, Platon und Plotin, ausnahmslos Denker, die die Idee der Wiedergeburt favorisierten. Einigen Gelehrten zufolge hing auch Origines der Reinkarnations-Idee an, andere wiederum behaupten das Gegenteil. Sie weisen darauf hin, dass Origines die Reinkarnation sogar explizit verdammt habe, was ein interessantes Indiz dafür wäre, wie weitverbreitet diese Idee war. In frühchristlichen Zirkeln wurde jedenfalls über die Wiedergeburt diskutiert und nachgedacht.

Die Lehre des Origines jedenfalls wurde im Jahre 543 nach Christus von der Synode von Konstantinopel ebenfalls verurteilt. Origines kann doch nicht so gläubig gewesen sein.

Die Reinkarnation wurde also zu mehreren Zeitpunkten ganz offiziell aus dem christlichen Glaubensbekenntnis gestrichen. Die Befürworter der Wiedergeburts-Idee sprachen und sprechen bis heute von dem größten Skandal der Weltgeschichte und davon, dass damit die Menschen ihrer Unsterblichkeit beraubt wurden.[16]

Das ganz große „Geheimnis“ vieler Apokryphen besteht in der Behauptung, man könne nach dem Tod, wenn man seinen Körper verlässt, zu einem Gott werden. Wir sehen uns an das *Ägyptische Totenbuch* erinnert. Gleichzeitig verstehen wir, warum diese Geheimlehre so heftig bekämpft wurde. Wenn man nach dem Tod weiterlebte, ja zu höchsten Höhen aufsteigen konnte, brauchte man keinen Erlösergott mehr, dann war Jesus Christus überflüssig. Bemerkenswert ist, dass in einigen Geheimschriften nur Andeutungen darüber gemacht wurden, als wolle man die ganze Wahrheit nicht enthüllen. Zudem ist nicht auszuschließen, dass bisweilen absichtlich falsche Fährten gelegt wurden. Mit anderen Worten: Einige Geheimschriften führten offenbar absichtlich in die Irre, damit Uneingeweihte nicht so leicht Zugang zu dem „höheren Wissen“ erhielten.

Das ist eine besondere Variante von Geheimschriften: Man kennzeichnet ein Traktat als Geheimschrift und legt darin irreführende Informationen nieder.

Diese Methode wird bis heute bei Geheimdiensten eingesetzt. Das klassische Beispiel ist der vom Feind gefangene Spion, der von der eigenen Seite mit Fehlinformationen gefüttert wurde. Diese Fehlinformationen tischt er nun dem Feind auf.

Eben diese Technik wurde Tausende von Male in der Geschichte angewendet und sie gehört noch heute zum Repertoire der Geheimdienste. Man „verbrennt“ einen Spion bewusst, den man vorher mit falschen Daten vollgestopft hat.

Auch diese Variante müssen wir stets im Hinterkopf behalten, wenn wir uns Geheimschriften gegenübersehen.

Der Kampf gegen die Geheimschriften

Im Falle des Christentums ist die Wahrheit jedoch denkbar einfach: Ehemals bekämpften sich zahlreiche Religionen und christliche Sekten bis aufs Messer. In diesem Kampf war jedes Mittel recht, selbst das Mittel der Fälschung eines Evangeliums oder vieler Evangelien. Und so entstanden zahlreiche apokryphe Evangelien. Der Wahrheit halber muss man hinzufügen, dass durchaus auch die normalen, die erlaubten Evangelien (nach Markus, Matthäus, Lukas und Johannes) Anzeichen für Fälschung enthalten (wie die Nennung eines Autors, der unmöglich das Evangelium verfasst haben kann, oder die Zeit, in der das Evangelium angeblich niedergeschrieben wurde).

Es herrschte Krieg! Und im Krieg ist bekanntlich jedes Mittel erlaubt.

Die falschen Evangelien und Schriften werfen also auf die erlaubten Evangelien der Großkirchen ein seltsames Licht. Da hier offenbar ein religiöser Krieg ohnegleichen im Gange war, wurde wahrscheinlich auf beiden Seiten gefälscht und gelogen, was das Zeug hielt. Sprich, zur höheren Ehre Gottes wurde geflunkert, wurden Geschichtchen und Gemeindefantasien miteinander vermischt und Begebenheiten erfunden, es wurde zurechtgestriegelt und Vermutungen zu Ereignissen angestellt, dass man nur die Hände über dem Kopf zusammenschlagen kann.

Auch bei den kanonischen Evangelien nach Matthäus, Markus, Lukas und Johannes müssen wir Abstriche an der Wahrheit machen. Es handelt sich um „kriegerische" Literatur. Es galt, einen religiösen Krieg zu gewinnen – gegen die Juden, gegen die Heiden, gegen die Sekten, gegen die Gnostiker! Die Gnostiker verfochten den Glauben an die Wiedergeburt oder die Reinkarnation besonders intensiv. Ihre Quellen gehen bis auf die griechischen Philosophen Platon und Pythagoras zurück, die beide der Wiedergeburts-Idee anhingen. Man hielt die Gnostiker für die gefährlichsten Gegner. Schließlich waren sie vielfach Intellektuelle, die sich in Philosophie auskannten. Aber im Rahmen der christlichen Großkirche verstand man dafür umso mehr von Theologie. Und so wurden die theologischen Waffen geschliffen und zum Einsatz gebracht.

Die Theologie tötete die Philosophie.

Die Waffen? Flüche, der Bannstrahl, Exkommunikation, Kirchenausschluss und recht früh Verfolgung, später Folter, der Scheiterhaufen und Tod, wie bereits erwähnt. Die Evangelien nach Markus, Matthäus, Lukas und Johannes wurden zur einzigen Wahrheit erhoben. Da nach einiger Zeit die römischen Kaiser mit von der Partie waren, hatte man die weltliche Gewalt auf seiner Seite. Die christliche Großkirche gewann diesen Krieg. Die Vokabel „apokryph" erhielt endgültig die Bedeutung „abseitig", „unzuverlässig", „zweifelhaften Ursprungs" und „ketzerisch".

Viele Geheimschriften waren demnach Kampfschriften. Sie wurden anfangs mit höchstem Interesse wie besessen gelesen, dann wischte sie die Großkirchen beiseite, manchmal mit Gewalt. Zusätzlich schrieben zahlreiche christliche Schreiberlinge gegen die „falschen Lehren" an, damit der Gläubige nicht verführt werden konnte.

Zusammengefasst begegnen wir in den Apokryphen also gleich zwei Fälschermethoden:

1. Auf der einen Seite wollten zumindest einige Autoren sicherstellen, dass bestimmte spirituelle Geheimnisse nicht verraten wurden; sie legten falsche Fährten und tätigten irreführende Aussagen.
2. Auf der anderen Seite schrieben die Verteidiger der christlichen Großkirche wütend gegen diese Geheimtexte an.

Auf beiden Seiten brannte man vor Begierde, die Apokryphen beiseitezuschieben. Niemand sollte sie lesen!

Und so entstanden all diese Geheimschriften, die bis heute eine unwiderstehliche Faszination ausüben und nach wie vor unterdrückt werden.

Das Christentum war noch nicht gefestigt genug, um den verschiedenen Sekten und Religionen Land und Leute überlassen zu können. So lautete jedenfalls die Rechtfertigung. Und so wurde alles getan, um speziell gnostische Gruppierungen zu verteufeln. Sogar einige (sexuelle) Verleumdungen wurden den Gnostikern angedichtet, nur um die Menschen von ihnen fernzuhalten.

Sexskandale dienen bis heute dazu, eine Person in der Öffentlichkeit zu diskreditieren und zu diskriminieren. Manchmal fußen sie auf der Wahrheit, manchmal nicht.

Und so haben wir eines der bestgehüteten Rätsel gelöst, das die Geschichte kennt: das Rätsel um die apokryphen Schriften.

7. Geheimschriften im Mittelalter

Im Mittelalter war man regelrecht besessen von Geheimschriften. Methoden wie der Einfache Cäsar wurden in zahlreichen Varianten eingesetzt. Einige Könige und Fürsten gefielen sich sogar darin, neue Geheimschriften zu erfinden, indem sie den Cäsar-Code noch komplizierter gestalteten. Ein spektakuläres Beispiel werden wir auf den nächsten Seiten vorstellen.

Selbst Leonardo da Vinci, das berühmte Allround-Genie, bediente sich einer Geheimschrift, und wir werden auch auf sie noch zu sprechen kommen. Vielleicht werden wir Leonardo dadurch das erste Mal völlig verstehen.

Das Mittelalter

Definieren wir zunächst den Begriff Mittelalter. Auf den ersten Blick präsentiert sich uns das Mittelalter (ca. 500 bis 1500 nach Christus) als unentwirrbares Knäuel von Kriegen, Kämpfen und Scharmützeln. Allerorten wurde mit Geheimschriften jongliert, vor allem in diplomatischen und militärischen Kreisen. Die Gesandten und die Offiziere mussten ja Befehle erhalten, die nicht für jedermann bestimmt waren. Scheinbar kämpfte im Mittelalter jeder gegen jeden: Könige gegen Könige, Aristokraten gegen

Könige und Kaiser, Päpste gegen Kaiser, Bischöfe gegen Könige und so weiter.

Was für eine Konfusion! Wie unnütz ist es, alle diese Konflikte, all das Kampfgetümmel und das Gemetzel wie ein Buchhalter aufzulisten oder gar die entsprechenden Jahreszahlen auswendig zu lernen. So erreicht man kein wirkliches Verständnis dieser Periode.

Sehr viel intelligenter ist es vielmehr, das Mittelalter von seinem innersten Kern her zu begreifen. Dann fällt mit einem Schlag jedes Puzzleteilchen dieses riesigen Gemäldes, genannt Mittelalter, an seinen Platz, und die gesamte Zeit wird verstehbar.

Woraus also besteht dieser innerste Kern?

Verschiedene Ordnungsgefüge

Ein erstes, oberflächliches Ordnungsgefüge des Mittelalters entsteht, wenn man zwischen verschiedenen Ländern differenziert. Der Historiker unterscheidet zwischen einem Mittelalter in den deutschen Landen, einem Mittelalter in England/Britannien, im Frankenreich und in Frankreich, in Italien und so fort; ferner zwischen einem indischen, chinesischen und japanischen Mittelalter.

Vergessen wir in unserem Zusammenhang Indien, China und Japan; es würde das Thema nur unnötig komplizieren. Allein schon das europäische Mittelalter wirft genügend Fragen auf.

Die zweite Ordnung in Sachen Mittelalter besteht darin, drei Perioden zu unterscheiden: dem Frühmittelalter (ca. 500 bis etwa 1050 nach Christus), dem Hochmittelalter (ca. 1050 bis 1250 nach Christus) und dem Spätmittelalter (ungefähr 1250 bis 1500 nach Christus).

Der dritte Ordnungsfaktor stellt sich ein, wenn wir zwischen der geistigen und weltlichen Macht differenzieren: Auf der einen Seite stehen Priester, Mönche, Äbte, Bischöfe und Päpste, auf der anderen Seite Grafen, Barone, Könige und Kaiser.

Einen vierten Ordnungsfaktor könnte man schaffen, indem man ethnische Unterscheidungen trifft und etwa zwischen Juden, Deutschen, Franzosen, Engländern und Slawen unterscheidet.

Weiter könnte man die Künste und Wissenschaften zur Differenzierung heranziehen.

Und doch, all das würde uns nicht wirklich helfen, das Mittelalter von seinem innersten Kern her zu verstehen. Worin besteht der alles entscheidende Faktor, von dem aus wir die Welt des Mittelalters gewissermaßen aus den Angeln heben können?

Dieser Faktor ist das Christentum. Das europäische Mittelalter war eine *aeterna christiana*, ein Zeitalter, in dem das Christentum das Leben prägte – die Kunst, die Politik, die zwischenmenschlichen Beziehungen, die Berufe und den Tod – einfach alles wurde vom Christentum bestimmt. Innerhalb des Christentums benutzte man verschiedene Geheimschriften, auf die wir bereits hingewiesen haben. Denn selbst das in seinen Ursprüngen friedliche Christentum musste sich mit weltlichen Mächten arrangieren, wo gewöhnlich eine (unchristliche) kriegerische, beutelüsterne Einstellung vorherrschte. Allerorten wurden Schlachten geschlagen, man kämpfte mit juristischen Kniffen und Finten um Besitztümer und Herrschaftsansprüche. All das lud förmlich dazu ein, sich bestimmter Geheimschriften zu bedienen.

Leonardo da Vinci

Selbst Leonardo da Vinci, dieser aufgeklärte Geist, war nicht frei von dieser mittelalterlichen Obsession, schier unleserliche, geheime Notizen, also eine Art Geheimschrift zu benutzen – im Gegenteil.

Leonardo kann ebenso als Maler, Bildhauer, Baumeister und Zeichner bezeichnet werden wie als Naturforscher, Wissenschaftler oder Techniker. Weltberühmt wurde er unter anderem durch die Wandmalerei *Das Abendmahl,* ein Gemälde, das in den Jahren 1494 bis 1498 in Mailand entstand und in das spätere Interpretatoren alles Mögliche hineingeheimnissten, selbst eine Geheimschrift.

Noch berühmter wurde seine *Mona Lisa,* das vielleicht geheimnisvollste Gemälde der Welt. Die *Mona Lisa* wurde von Tausenden renommierter Kritiker besprochen. Praktisch jede Generation interpretierte sie neu. Die *Mona Lisa* wurde mit den köstlichsten Vokabeln umschrieben, die es gibt. Man dichtete ihr ein gotisches Lächeln an und das Lächeln einer Königin, angeblich übertraf sie die größten Schönheiten der heidnischen Antike. Man bezeichnete sie als weicher und „fleischlicher" als jede Frau und beschrieb sie als transparent, erleuchtet, weiblich, weltlich – kurz, kein Superlativ war gut genug, um *Mona Lisa* zu besingen.

Doch wer war sie? Und welche Aussage wollte Leonardo mit der *Mona Lisa* treffen?

Als Maler war Leonardo zu seiner Zeit unübertroffen. Er versuchte sich in neuen Techniken, war höchst experimentierfreudig und hinterließ Hunderte von Zeichnungen in Silberstift, Feder, Kreide, Kohle, Rötel oder Tusche. Er verwirklichte zahllose Werke in der Bildnerei und Baukunst und prägte in Sachen Kunst das folgende Jahrhundert.

In Mailand, wo er zeitweilig lebte, unterhielt er einen umfangreichen Werkstattbetrieb. Er produzierte für die Anforderungen des Hofes, war zuständig für die Fest- und Theaterdekorationen und wurde schon zu Lebzeiten von den größten Malern kopiert und nachgeahmt – das vielleicht größte Kompliment für einen Künstler.

Doch nicht nur seine Gemälde und Zeichnungen sind bemerkenswert. Leonardo da Vinci ging ja als Universalgenie in die Geschichte ein. Wir wissen, dass er genauso Festungsanlagen entwarf wie Kanalbauten und kriegstechnische Einrichtungen. Das allein erforderte Verschwiegenheit und eine Geheimschrift. Denn seine Erfindungen und seine neu entworfenen Waffen durften dem Feind nicht in die Hände fallen. Weiter zeichnete Leonardo Pläne für die ideale Schloss- und Gartenanlage. Er entwarf Dome, herrschaftliche Bauten, großzügige Grabanlagen und mehrgeschossige Straßen. Er versuchte, die Architektur zu revolutionieren und forschte in den Gebieten Aerologie, Anatomie, Botanik, Geologie Hydrologie, Mechanik, Optik und Zoologie. Er befasste sich gleichfalls mit der Frage nach der Erklärung der Kräfte der schiefen Ebene wie mit der Frage nach der Unmöglichkeit des Perpetuum mobile. Er beschäftigte sich mit Bewegungs- und Hebelgesetzen und beobachtete Wasserwellen und die wellenförmige Ausbreitung von Tonschwingungen. Er forschte über die Gesetzmäßigkeit bei der Reflexion von Wärmestrahlen. Auch in dieser Hinsicht, in puncto „Wissenschaft", durfte nicht alles an die Öffentlichkeit dringen.

Darüber hinaus beschrieb Leonardo die Umkehrung des natürlichen Bildes im menschlichen Auge. Er konstruierte eine Fülle von Geräten und Maschinen: Brennspiegel, Drehbänke, Druckpumpen, Fallschirme, Kräne, Schleudern, Schrauben, Spinnmaschinen, Stechheber, Taucherglocken und vieles mehr.

Heute würde ein Erfinder hierauf zahllose Patente anmelden und in der Folge unanständig reich werden. Im Mittelalter dagegen musste man sich anderweitig dagegen wappnen, dass die Konkurrenz die eigenen Ideen stahl und abkupferte.

Auch was Leonardo für die Anatomie und die Medizin leistete, ist schier unvorstellbar. Hunderte von anatomischen Zeichnungen belegen, dass er sich mit dem Skelett und der Muskulatur besser auskannte als jeder andere Zeitgenosse seiner Epoche. Er beschrieb Herz- und Blutkreislauf genauso wie er sich für den Kreislauf von Zeugung und Schwangerschaft interessierte.

Leonardo entwarf zudem Landkarten der Toskana – heute Meilensteine der modernen Kartografie – und untersuchte mit der gleichen Selbstverständlichkeit den Vogelflug mit dem Ziel, ihn für den Menschen auszuwerten.

Da Vinci versuchte sich außerdem darin, Vergrößerungsgläser anzufertigen, um den Mond besser sehen zu können. Er stellte Beobachtungen an über die Erdanziehungskraft und entdeckte bereits fossiles Gestein von Meerestieren auf gebirgigen Erhebungen. Er interessierte sich brennend für die Physik und schrieb darüber Hunderte von Seiten. Alexander von Humboldt nannte ihn den größten Physiker des 15. Jahrhunderts, andere bezeichneten ihn als den größten Biologen seines Zeitalters.[17]

Aber wie und auf welche Weise hielt er seine Erfindungen schriftlich fest? Und welche Geheimschrift nutzte er dafür, sodass ihm die Konkurrenz nicht in die Suppe spucken konnte?

Neun Codierungs-Methoden

Gedulden wir uns noch einen Augenblick.

Im Mittelalter waren wie gesagt jede Menge Geheimschriften in Gebrauch.

Nach wie vor unübertroffen war der Cäsar-Code, bei dem das Alphabet sehr einfach verschoben wurde, manchmal mehrfach innerhalb eines Textes. Diese Methode wurde nicht nur in militärischen und diplomatischen Kreisen benutzt, sondern auch in der Wissenschaft, wenn etwa eine Erfindung einen Erwerbszweig zu revolutionieren versprach, sowie im Handel, wenn man dadurch den Gewinn vervielfachen konnte und die Konkurrenz auf Distanz halten wollte. Und man bediente sich auch dann fleißig und gern einer Geheimschrift, wenn es um wirksame medizinische Rezepte ging, die für die Gesundheit von höchster Bedeutung waren und die man monetarisieren konnte. Und in der geheimnisumwitterten Disziplin der Alchemie waren Geheimschriften geradezu an der Tagesordnung.

Insgesamt lassen sich neun, im Mittelalter beliebte Methoden herauskristallisieren:

1. Man verschob das Alphabet und/oder nutzte andere Zeichen für die einzelnen Buchstaben. Alternativ ersetzte man das Alphabet durch Zahlen. Der Komplizierte Cäsar lässt grüßen.

2. Nicht selten erfand man sogar ganz neue Zeichen für jeden Buchstaben.

3. Man ließ bestimmte Buchstaben weg und/oder fügte bei einigen Wörtern mehrere Buchstaben hinzu, die eigentlich unnötig waren und nur dazu dienten, den Dechiffrierer zu verwirren.

4. Man ersetzte Namen und Begriffe durch ein bestimmtes Zeichen, wie etwa durch ein Symbol aus der Mythologie. Ein einfaches Beispiel: Eine stilisierte Venus konnte „Liebe“ bedeuten, der stilisierte Kriegsgott Mars „Krieg“.

5. Hochgestellte Persönlichkeiten, die ihre Namen nicht preisgeben wollten, erhielten einen Tarnnamen oder Inkognito-Namen,

damit sie nicht entlarvt und kompromittiert werden konnten. Im Zweifelsfalle konnte diese Methode einer Person den Kopf retten, wenn sie etwa in eine Verschwörung verwickelt war.

Bis heute vermeidet man es, in bestimmten anrüchigen oder gefährlichen Fällen konkrete Namen zu nennen. In jüngster Zeit geriet beispielsweise US-Präsident Joe Biden ins Gerede, der in einigen E-Mails seines Sohnes nur als „the big guy“ bezeichnet worden war. Die E-Mails standen im Zusammenhang mit unethischen finanziellen Zuwendungen aus der Volksrepublik China.

6. Um die wahre Identität des Geheimschrift-Absenders dennoch sicherzustellen, fügte man gern an einer oder an mehreren Stellen des Textes ein „Echtheitszeichen“ ein, das dem Empfänger zweifelsfrei verriet, dass die Botschaft aus der richtigen Quelle stammte. Dabei konnte es sich um einen beliebigen Buchstaben handeln, der auf eine bestimmte Art geschrieben wurde, oder um ein anderes willkürliches Zeichen.

7. Handelte es sich um einen hochgeheimen alchemistischen Text, der angeblich preisgab, wie man aus Blei Gold machen konnte – was die gesamten Finanzen eines Staates hätte sanieren können –, so verwendete man eine eigene chemische Symbolsprache. Alchemistische Texte mussten aus mehreren Gründen verschlüsselt werden. Da der alchemistische Magier oder Zauberer oft von der Kirche verfolgt wurde, war es gleich doppelt notwendig, einen Text zu codieren und die Autorenschaft zu verschleiern. Alchemistische Aufzeichnungen wurden manchmal äußerst kompliziert verschlüsselt. Dazu gehörte es auch, gelegentlich falsche Angaben zu machen.

Stellen wir uns vor, bei einem Gebräu oder Gemisch aus zehn Teilen wird ein Element verschwiegen und an seiner Stelle ein falsches Element oder eine falsche Verbindung genannt. Statt Salz wäre beispielsweise Sulfur bei einer bestimmten Mixtur notwendig. Wenn nun Salz zu dem Gebräu hinzugefügt wird, nicht Sulfur, würde das die chemische oder alchemistische Formel wertlos machen.

8. Einige Symbole innerhalb der Alchemie wurden später vollständig decodiert. So nutzte man gern Sinnbilder aus der Astrolo-

gie, um ein Element zu beschreiben. Das Sonnen-Zeichen bedeutete Gold, Merkur stand für Quecksilber, Venus für Kupfer, der Mond repräsentierte Silber, Mars Eisen, Jupiter Zinn und der Saturn Blei.

Christus oder der Pelikan symbolisierten den Stein der Weisen, der versprach, sein Leben verlängern oder aus seiner Substanz Gold machen zu können. Auch die seelische Läuterung wurde unter dem Ausdruck „Stein der Weisen" verstanden.

Das Zeichen für den Planeten Neptun stand für Wasser, das Schwert für Feuer. Mit anderen Worten: Es wurde eine eigene Terminologie geschaffen, eine eigene Sprache, die astronomische, religiöse und historische Kenntnisse voraussetzte.

Man benutzte mit Vorliebe die antike Mythologie, die Astrologie und immer wieder das Christentum, um bestimmte alchemistische Verfahren zu beschreiben. Ferner bediente man sich gern alter Sprachen und notierte seine Geheimformeln auf Griechisch, Arabisch oder Hebräisch. Das hatte den Vorteil, dass nur hochgelehrte Menschen einen Text entziffern konnten und alle anderen sofort ausgeschlossen wurden. Kurz: Man schuf einen eigenen Kosmos der Verständigung, der nur Eingeweihten zugänglich war.

9. Nicht immer ging es nur um Gold. Spektakulär und machtpolitisch hochbrisant war beispielsweise die Verschlüsselung im Falle des sogenannten Griechischen Feuers. Als Griechisches Feuer oder Flüssiges Feuer bezeichnete man im Byzantinischen Reich seit dem 7. Jahrhundert nach Christus eine sehr effektive und gefährliche militärische Brandwaffe. Mithilfe einer Spritze wurde eine brennbare Flüssigkeit, deren Formel unbekannt war, auf das Schiff des Feindes gepumpt. In rasender Geschwindigkeit breitete sich dort das Feuer aus, es war praktisch nicht zu löschen. Das Griechische Feuer löste ein Inferno in der feindlichen Flotte aus, das einige mit der Hölle gleichsetzten. Es garantierte den Griechen mehr als einen Sieg. Viele Jahrhunderte lang konnten sie damit tatsächlich die Eroberung Konstantinopels und damit des Byzantinischen Reiches verhindern. Es war ein Militärgeheimnis par excellence.

Es gelang tatsächlich viele Jahrhunderte lang, die Formel dafür geheim zu halten. Das ist erstaunlich. Waffen galten in Konstantinopel und im Byzantinischen Reich generell als Staatsgeheimnis. Als andere Mächte versuchten, die Formel zu stehlen und das Griechische Feuer zu kopieren, scheiterten sie – ausnahmslos. Angeblich „verratene" Angaben brachten nie das gewünschte Ergebnis.

Vermutlich wurden auch in diesem Fall irreführende Hinweise gegeben. Mit Sicherheit wurde mit ausgelassen Angaben und mit falschen Hinzufügungen operiert.[18]

Ende des Mittelalters ging das Wissen um das Griechische Feuer verloren. Bis heute weiß man nicht, was für eine Waffe es genau war oder wie sich das flüssige Feuer zusammensetzte.

Falsche, irreführende Angaben, willkürliche Hinzufügungen oder Auslassungen waren nicht nur in militärischen Fällen von Bedeutung, sondern auch bei kostbaren, magischen Heilmitteln oder ärztlichen Rezepten.

Manchmal wurde Geheimwissen nur mündlich weitergegeben, es musste dann auswendig gelernt werden. Damit wollte man die Entdeckung verhindern. Gab es doch geheime Aufzeichnungen, so wurden sie manchmal raffiniert in anderen Büchern versteckt und diese ihrerseits in Geheimbibliotheken, zu denen nur Eingeweihte Zugang hatten.

Die Geheimschrift eines Fürsten

So weit zu den neun wichtigsten Codierungs-Methoden des Mittelalters. Es versteht sich von selbst, dass unzählige Kombinationen/Geheimschriften wie Pilze aus dem Boden schossen. Und da es noch keine Computer gab, waren viele dieser Geheimschriften relativ sicher und nicht entzifferbar.

Betrachten wir in diesem Sinne konkret eine Geheimschrift und zwar die eines berühmten Habsburgers, Rudolf IV. von Österreich.

Erinnern wir uns: Rudolf IV. (1339–1365), genannt der Stifter (vielleicht weil er unter anderem die Universität in Wien ins Leben gerufen und andere Institutionen gestiftet hatte), bemühte sich Zeit seines Lebens darum, dem großen Namen seiner Dynastie gerecht zu werden. Er war ständig darauf bedacht, seinen Besitz zu mehren – nicht nur in Österreich. Allein seine zahlreichen Titel lassen uns heute schmunzeln. Rudolf IV. nannte sich Herzog (später Erzherzog) von Österreich, von Gottes Gnaden; weiter Herzog zu Steier und Kärnten, Herr zu Krain auf der Mark und zu Pordenone; Graf zu Habsburg und zu Kyburg, zu Pfirt, Veringen, Laax, Rapperswil, zu Lenzburg und auf dem Schwarzwald, zu Glarus, Peilstein, Raabs, Rehberg und Neuburg am Inn; Landgraf im Elsass, Markgraf zu Burgau, Baden zu Drosendorf; Herr zu Freiburg im Üchtland, zu Luzern, Wolhusen, Rotenberg, Schwyz, Unterwalden und Hinterlappen, zu Regensberg, Triberg, Hohengundelfingen, Ortenberg, Tattenried, Rosenfels, Masmünster, Achelant und Vikar zu Oberbayern.

Rudolf IV. litt ganz bestimmt nicht an übermäßiger Bescheidenheit.

Wir brauchen all diesen Orten auf der Landkarte nicht nachzuspüren. Wenn wir uns grob orientieren wollen – sie lagen in Österreich und in den angrenzenden Ländern, in Deutschland oder in der Schweiz. Diese Titel und die genaue Aufzählung der Länder und Orte illustrieren jedoch deutlich, woran es diesem Herzog, Erzherzog, Grafen, Landgrafen, Markgrafen, Vikar und Herrn wirklich gelegen war: an Besitz und noch einmal Besitz.

Und so fälschte der Habsburger Rudolf IV. auch schon einmal den einen oder anderen Titel, wie Historiker zweifelsfrei herausfanden und heute wissen, und damit gewiss auch das eine oder andere Dokument. Noch ist es mitunter selbst für moderne Historiker schwierig zu bestimmen, welche Urkunden echt und welche gefälscht sind. Bis hinauf in die Kanzleien von Päpsten und Königen wurden Urkunden gefälscht.

Ständig korrespondierte unser Rudolf IV. jedenfalls mit seinen Diplomaten, Gesandten und Juristen, die ihm bei seinen Machenschaften zur Seite stehen mussten. Es galt, sein Herrschaftsgebiet immer weiter auszudehnen. Der Wahrheit halber sei hinzugefügt, dass er nichtsdestotrotz im Allgemeinen für einen guten Fürsten gehalten wurde, dem aufrichtig am Wohl seiner Untertanen gelegen war. Trotzdem war er auf jeden Fall auch ein ausgemachtes Schlitzohr und ein Raffzahn. Höchstwahrscheinlich bediente er sich zusätzlich bestimmter juristischer Tricks, um seine Ansprüche durchzusetzen. Auch in dieser Beziehung war eine umfangreiche Geheimkorrespondenz notwendig. Dem Vernehmen nach erfand Rudolf IV. deshalb persönlich eine ganz neue Geheimschrift, die es so nie zuvor im Mittelalter gegeben hatte.

Worum handelte es sich hierbei?

Das Alphabetum Kaldeorum

Rudolf IV., der mutmaßliche Erfinder, ersetzte einfach das normale Alphabet durch Buchstaben oder Zeichen, mit denen niemand etwas anfangen konnte. Decodiert nahm sich das Ganze wie folgt aus:

Abb. 5: Das Alphabetum Kaldeorum. Erstellt wurde es nach einer Handschrift aus dem Jahre 1428. Jeder Buchstabe des Alphabets wird durch ein anderes Zeichen ersetzt.

Das *Alphabetum Kaldeorum*, auch Alphabet der Chaldäer genannt, bezieht sich auf die Zivilisation der einst am Persischen Golf eingewanderten Chaldäer. Wenn wir uns räumlich orientieren wollen: Das Gebiet liegt im heutigen Irak. Angeblich verfügten die Chaldäer über ein mysteriöses und magisches Wissen, was ihre Buchstaben und Zeichen für den Benutzer besonders attraktiv machte – umgab er sich damit doch zugleich mit dem Nimbus eines in die tiefsten Geheimnisse eingeweihten Menschen.

Rudolf IV. bediente sich gleich mehrerer Verschlüsselungstechniken:

1. Da es sich beim Klartext ursprünglich um einen lateinischen Text handelte, Latein aber die Sprache der Gebildeten war, konnte sich nicht jeder an die Entzifferung wagen. Latein schloss gefühlte 95 Prozent aller Menschen von vorneherein aus.
2. Der lateinische Text und die lateinischen Buchstaben wurden durch die mysteriösen chaldäischen Buchstaben ersetzt.
3. Einige Zeichen waren so seltsam, dass der Decodierer nicht wissen konnte, ob es sich tatsächlich nur um einen Buchstaben oder gar eine ganze Botschaft handelte. Dieser Umstand erschwerte schon die Entzifferung der ägyptischen Hieroglyphen.
4. Für einen lateinischen Buchstaben gab es drei alternative chaldäische Buchstaben: Das H konnte durch drei verschiedene Symbole ausgedrückt werden, nicht nur durch eines, wie oben dargestellt. Das musste jeden Decodierer verwirren.
5. Für einige Buchstaben gab es zwei Alternativen, was ebenfalls für Verwirrung sorgte. So konnten das G, das L, das O, das P und das Q durch zwei unterschiedliche Symbole repräsentiert werden. Das erschwerte eine Eins-zu-eins-Rück-Übersetzung.
6. Das W ersetzte Rudolf IV. durch das zweifache Zeichen für V.
7. Das J wurde grundsätzlich ausgelassen.
8. Auch andere Buchstaben, für die es eigentlich ein chaldäisches Gegenstück gab, fielen oft unter den Tisch, und zwar völlig willkürlich.

9. Da Rudolf IV., zumindest aller Wahrscheinlichkeit nach, für bestimmte Umstände Tarnnamen benutzte, kam dies einer weiteren Codierung gleich.
10. Weil sich Rudolf IV. nachweislich Titel anmaßte, die ihm nicht zustanden, und weil er damit als Fälscher apostrophiert werden darf, kann man davon ausgehen, dass gelegentlich auch Fälschungen und Irreführungen als Verschlüsselungstechnik benutzt wurden.

Mit anderen Worten: Der Herzog investierte eine Menge Grips und Einfallsreichtum dafür, dass seine diplomatische Korrespondenz nicht entziffert werden konnte. Wenn sich eine Person nicht bestens mit Chiffrier- und Dechiffriertechniken auskannte, wenn sie zudem die Intentionen des Herzogs nicht kannte, hatte sie kaum eine Chance, einem Text des Habsburgers auf die Schliche zu kommen.

Stellt man die Zeit in Rechnung, so muss man urteilen, dass der Herzog damit über eine hervorragende Verschlüsselungstechnik verfügte.

Die Sicherung eines Dokumentes

Auf der anderen Seite war Rudolf IV. fast ängstlich darauf bedacht, dass seine eigenen Dokumente nicht gefälscht werden konnten. Da er die Methoden der Fälschung kannte, unterschrieb er seine Urkunden stets persönlich. Bei einfachen Urkunden fügte er einen kleinen Siegelabdruck hinzu, mit dem handschriftlichen Vermerk *hoc est verum* – dies ist wahr. Bei wichtigeren Urkunden, bei denen es um Besitzansprüche und Privilegien ging, operierte er mit einem Prunksiegel. Außerdem schrieb er in gut leserlichen Buchstaben: „Wir der vorgenant Herzog Ruodolf sterken dis obgenant Gesrift mit diser Undersrift unser selbs Hant.“ Ins Hochdeutsch übersetzt hieß das: „Wir, der oben genannte Herzog Rudolf, bestätigen die oben genannte Schrift mit der Unterschrift unserer eigenen Hand.“

Oft ließ er zusätzlich seinen Kanzler mitunterschreiben, manchmal seine Ehefrau. Auch Zeugen wurden gelegentlich hinzugezogen, zu denen Bischöfe oder Reichsfürsten gehörten.

Viel wurde unternommen, um Fälschungen zu vermeiden. Schließlich wusste Rudolf ja selbst um all die Schliche nur allzu gut.

Leonardo, die Fortsetzung

Kehren wir mit diesem Hintergrundwissen wieder zurück zu Leonardo und untersuchen wir, wie er seine Texte codierte.

Da Vinci war in vielfacher Beziehung ein Geheimnisträger: Er erfand neue Waffen, über die der Feind nicht verfügen sollte, und war auch in technischer Hinsicht ein Genie. Für sein reines Überleben war es von Bedeutung, dass ihm seine Erfindungen nicht gestohlen wurden. Seine Zeit kannte ja noch kein Urheberrecht und keinen Schutz mittels Patenten. Nur nebenbei bemerkt: Heute, im 21. Jahrhundert, werden jährlich über drei Millionen Patente angemeldet.

In diesem Zeitalter und im Oberitalien des 15. Jahrhunderts war Krieg von größter Bedeutung. Das galt sowohl für weltliche als auch für geistliche Fürsten, also auch für den Papst, den verruchten Alexander VI. aus dem Hause der Borgia, der zu diesem Zeitpunkt auf dem Petrusthron saß. Alexander VI. führte ununterbrochen Krieg beziehungsweise beauftragte seinen Sohn Cesare Borgia damit. Leonardo da Vinci diente sich Cesare Borgia an, der alle Schlachten für seinen Vater schlug, und geriet damit mitten in die politischen Wirrungen seiner Zeit. Weil da Vinci auch neue Waffen erfand, musste er zugleich für die Geheimhaltung ihrer Herstellungs- und Funktionsweise Sorge tragen. Vielleicht diente er dem brutalen, ruchlosen Cesare nur widerwillig, wir wissen es nicht. Als Militäringenieur zeichnete er jedenfalls für Cesare Borgia topografische Karten, errichtete und bestückte Festungen und überbrückte Ströme und Flüsse, wenn er nicht gerade dabei war, neue Angriffs- und Verteidigungswaffen zu erfinden.

Eifrig notierte sich Leonardo alles in seinen kleinen Notizbüchern, die er immer bei sich trug. Wenn ihm ein neuer, genialer Einfall kam, konnte er ihn auf diese Weise sofort festhalten. Seine Notiz- und Skizzenbücher befestigte Leonardo mittels einer Schnur oder eines Kettchens an seinem Gürtel.

Bis heute gibt es einen ganzen Da Vinci-Wissenschaftszweig, der sich nur um Leonardos Notiz- und Skizzenbücher rankt.

Um seine Ideen, Entdeckungen und Erfindungen zu verschlüsseln, benutzte da Vinci verschiedene Methoden:

Er schrieb immer nur in einer winzigen, krakeligen Schrift, die allein aufgrund ihrer Enge kaum von einer anderen Person gelesen werden konnte. Man brauchte dafür fast eine Lupe – nebenbei bemerkt eine Erfindung, an der Leonardo ebenfalls arbeitete.

Darüber hinaus schrieb da Vinci stets von rechts nach links, nicht von links nach rechts, wie das die anderen Zeitgenossen, die Rechtshänder, taten.

Auch dieser einfache Trick erschwerte den Zugang zu seinen Schriften. Später wurde vermutet, dass Leonardo nur deshalb von rechts nach links schrieb, weil er Linkshänder war. Endgültig wurde diese Frage im Rahmen der Leonardo-Forschung jedoch nie geklärt.

Wichtiger war ohnehin, dass da Vinci eine Spiegelschrift benutzte. Für den oberflächlichen Betrachter handelte es sich also um bloßen Buchstabensalat, um Chaos. Die meisten Buchstaben veränderten ihr Aussehen völlig, wie etwa Q, R und S. Einige Buchstaben wiederum behielten ihr Aussehen, wie A, I, U, abhängig allerdings von der Schriftart und dem Fakt, ob es sich um Groß- oder Kleinbuchstaben handelte. Einige grammatikalische Zeichen, wie das Ausrufungszeichen, sahen auch spiegelverkehrt identisch aus. Wieder andere Buchstaben veränderten – Abrakadabra – ihr Aussehen völlig und verwandelten sich in andere Buchstaben. Zum Beispiel wurde aus dem B ein D.

Nach heutigen Begriffen war die Methode denkbar oberflächlich, nach damaligen Begriffen jedoch leidlich wirksam dafür, einen unautorisierten Leser abzuschrecken.

Seine Notizen konnte man nur mithilfe eines Spiegels lesen. So primitiv diese Methode war, so wirksam war sie in vielen Fällen, erzeugte sie doch auf den ersten Blick den Eindruck vollständiger Konfusion. Leonardo nutzte die normale Schrift nur, wenn er seine schriftlichen Äußerungen anderen zur Verfügung stellen wollte. War die Aufzeichnung jedoch geheim, fürchtete er Diebstahl, befleißigte er sich seiner einfachen Codierungsmethode.

Man muss es sich vorstellen: Bis heute sind noch nicht all seine Schriften vollständig entziffert!

Man vermutet inzwischen, dass da Vinci seine Ideen und Zeichnungen auch aus einem weiteren Grund geheim halten wollte: Mit der übermächtigen katholischen Kirche war nämlich nicht gut Kirschen essen. Seine Beobachtungen und Entdeckungen stimmten nicht immer mit den Lehren und Moralvorstellungen der Bischöfe, Päpste und Priester überein. Speziell einige anatomische Skizzen waren „gefährlich", so etwa die exakte Darstellung nackter Frauen, nackter Männer und deren Geschlechtsteile. Fielen solche Illustrationen in die falschen Hände, konnte es dazu führen, dass man ihn ins Gefängnis steckte und dort verrotten ließ, von der Folter ganz abgesehen.

Da seine Homosexualität auch in Mailand und in Rom zumindest gerüchteweise bekannt war – immerhin hatte man ihn dafür in Florenz eine Zeit lang im Gefängnis schmoren lassen –, musste er sich gleich zweimal vorsehen.

Außerdem gehörte zum „Da Vinci-Code" noch mehr als nur die spiegelverkehrte Schrift. Die wichtigste Methode, um sicherzustellen, dass niemand seine Nase in da Vincis Skizzen- und Notizbücher steckte und daraus einen Vorteil zog, bestand darin, falsche Angaben zu machen.[19] Das war besonders wichtig bei Erfindungen. Kurz: Leonardo baute absichtlich Fehlinformationen in seine Texte ein, damit beim Verlust oder Diebstahl eines Buches niemand etwas damit anfangen konnte.

Und so wehrte sich Leonardo mittels seiner Verschlüsselungstechniken gegen die Tücken seiner Zeit. Insgesamt hinterließ das Genie mehr als 6000 Blätter, die noch heute von Experten aufgespürt, begutachtet und entziffert werden. Diese Experten schätzen auch, dass 25 bis 80 Prozent dieser Blätter verlorengegangen sind.

DER KRYPTOLOGISCHE HÖHEPUNKT DES MITTELALTERS

Bis heute sind nicht alle Geheimschriften des Mittelalters systematisch katalogisiert oder entschlüsselt worden, denn es gibt einfach zu viele. Nicht einmal einem kleinen Lokalfürsten konnte man verbieten, seine eigene Geheimschrift zu erfinden. Hatte er die Grundprinzipien des Einfachen Cäsar verstanden, gab es buchstäblich Tausende von möglichen Varianten.

Die Verschlüsselung ist jedoch nur eine Seite der Medaille, genauso wichtig war die Decodierung. War ein Diplomat im Besitz einer Geheimschrift oder geheimer Anweisungen, so erhob sich sofort der Wunsch, sie auch zu lesen – vielleicht konnte sie ihm ein geschickter Dieb entwenden.

Schon seit dem 9. Jahrhundert gab es eine berühmte Abhandlung über die Entzifferung kryptografischer Botschaften. Ein gewisser Al-Kindi (800–873), ein kluger arabischer Kopf, verfasste das Buch *Risalah fi Istikhraj al Mu'amma* (Schrift über das Entziffern kryptografischer Botschaften), was als das älteste Buch über die Kryptologie gilt.

Später traten andere in seine Fußstapfen. Roger Bacon (1214–1292), der berühmte englische Franziskanermönch, ließ sich zu einem Werk mit dem (übersetzten) Titel *Abhandlung über die geheimen Künste und die Nichtigkeit der Magie* hinreißen, in dem auch verschiedene Verschlüsselungsverfahren aufgeführt sind, die natürlich sofort ebenfalls zur Entschlüsselung benutzt werden konnten. Im 14. Jahrhundert wurden in Venetien und Frankreich ernsthafte Versuche unternommen, die gängigen Chiffrier- und Dechiffriermethoden weiterzuentwickeln. Im 15. Jahrhundert betraten Alberti, Simonetta und Soro das Parkett der Kryptografie. Sie alle zählen zu den verehrten Vorläufern der heutigen Kryptologie, die inzwischen von Sprachwissenschaftlern und anderen genialen Köpfen bevölkert wird, vor allem aber von Mathematikern, Informatikern, Rechengehirnen und Computerexperten.

Die Kryptologie schwang sich zu ersten Höhen auf, während das Mittelalter seinem Ende entgegenging.

8. Rothschilds Verschlüsselungstechnik

Wir alle kennen den großen Namen Rothschild, der unvorstellbar reichen Bankiersfamilie. Aber nicht alle kennen wir den Beginn dieser Geld-Dynastie – und vor allem wissen wir selten oder nie etwas über die Geheimschrift, derer sich der gewitzte, gerissene Familiengründer, der alte Mayer Amschel Rothschild (1744–1812), ehemals befleißigte. Nur mithilfe einer Geheimschrift konnte er damals seine Geschäfte verbergen und seinen Besitz vor den Klauen gieriger Politiker und Steuereintreiber schützen.

Doch tauchen wir zunächst in die Geschichte ein, damit wir das Umfeld besser verstehen.

Topsecret: Der Beginn der Rothschild-Dynastie

Mayer Amschel, der Gründer der Dynastie, war anfangs ein ganz armer Hund. Außerdem war er der Verachtung preisgegeben, denn er war Jude. Heute beraten Rothschild-Agenten in finanziellen Fragen gekrönte Häupter, Staatsmänner und ganze Länder, sie verkehren in den höchsten, normalerweise unerreichbaren Kreisen, wo es um Milliardensummen geht. Rothschilds Banker operieren auf internationaler Ebene und zählen das schwerreiche Jet-Set-Klientel zu ihren Kunden.

Das 18. Jahrhundert barg jedoch viele Opportunitäten. Mayer Amschel Rothschild wusste sie zu nutzen. Er wohnte in der sogenannten Judengasse, die vom „christlichen" Frankfurt streng abgeschirmt war. Hier waren die hygienischen Verhältnisse katastrophal, die Wohnungen und die Ausbildungsmöglichkeiten bescheiden.

Fast alle Frankfurter Bürgern verachteten Juden. Diese durften sich zu bestimmten Zeiten nicht auf die Straße wagen, ja, selbst der Blick ins christliche Frankfurt war verboten – die Fenster jüdischer Wohnungen mussten vernagelt werden. Jeder Gassenbub konnte einen Juden beleidigen.

Juden mussten zudem Erkennungszeichen auf ihren Kleidern tragen, die sie als solche auswiesen.

Und sogar wenn ein Jude reisen wollte, benötigte er die Erlaubnis des Frankfurter Magistrats, der sich aus Christen zusammensetzte und Juden nur dann schätzte, wenn sie Geld, sprich Steuern und Abgaben, zahlten.

Das Frankfurter Judenghetto war durch eine hohe Mauer von der Christenstadt Frankfurt abgetrennt. Ein Aufstieg aus diesem Elend schien fast unmöglich.

Es gab für Mayer Amschel nur eine, winzige Chance: Einige wenige erfolgreiche Juden zählten zu den sogenannten Hofjuden, die Fürsten und Königen Geld borgten und sie in finanziellen Belangen berieten. Von denen erhielten sie die spezielle Erlaubnis, zu reisen und bestimmte Geschäfte für sie zu tätigen.

Rothschild hatte das Glück, im jüdischen Bankhaus Oppenheim zu Hannover lernen zu dürfen, also in den heiligen Hallen eines Hofjuden. Das Bankhaus hatte einen guten Ruf und ausgezeichnete Beziehungen.

Schon als junger Spund spezialisierte sich Mayer Amschel auf die Numismatik, die Münzkunde. Denn die Kunden des Hauses Oppenheim kauften gerne Münzen als Geldanlage. Die Numismatik war eine kleine Wissenschaft für sich. Rothschild machte sich sachkundig, setzte sich als Achtzehnjähriger auf den Hosenboden und studierte alles auf dem Gebiet, was ihm in die Finger kam. Er eignete sich geschichtliches Wissen an, kunstgeschichtliche Kenntnisse und handwerkliches Know-how. Er brachte in Erfahrung, wo man Münzen erwerben konnte und welche Kunden daran interessiert waren, ihre Münzsammlungen zu vergrößern. Er stürzte sich mit solchem Eifer auf das Studium der Numismatik, dass er, noch keine zwanzig Jahre alt, bereits als Fachmann galt.

Eines Tages bediente Mayer Amschel einen gewissen General von Estorff, der seinen Rat suchte. Er bot ihm einen ausgezeichneten, ja überragenden Service. Die uralte Erfolgsformel, besonders wichtige Kunden bestens zu bedienen, lag ihm im Blut. Damit war ein erster, bemerkenswerter Kontakt geschaffen, der höchst bedeutsam werden sollte.

Dann verstarb überraschend Mayer Amschels Vater. Er musste Hals über Kopf in das Frankfurter Ghetto zurückkehren. Aber da er Blut geleckt hatte, erweiterte er den väterlichen Geldverleih-Betrieb, den er übernahm, sofort um den Münzhandel.

Eines Tages trat die maßgebliche Person seines Lebens auf den Plan: Erbprinz Wilhelm, der künftige Landgraf von Hessen. Wilhelm verfügte über ein stattliches Vermögen, das später noch durch den Tod seines Vaters anwuchs. Er schien ein glückliches Händchen in Gelddingen zu haben. Doch nicht die hessischen Ländereien oder die Macht über die Bevölkerung machten ihn wohlhabend, sondern seine Art Instinkt für den Mammon. Auch Wilhelm war beschlagen in Sachen Münzen und Medaillen und kannte sich mit Edelsteinen, Wertpapieren, Zinsen und Obligationen aus. Er war ein durch und durch skrupelloser Anlagefuchs, am Wohl seiner Untertanen lag ihm nichts. Wilhelm war im Grunde seines Herzens eine Krämerseele, die das Schicksal erst zum Erbprinzen und später zum Landgrafen von Hessen-Kassel emporhob; Politik war in seinen Augen nur dazu da, den persönlichen Besitz zu mehren. Mit anderen Worten: Die Winkel- und Schachzüge der größeren Mächte – wie Preußen, Österreich oder Frankreich – taugten nur dazu, den eigenen Geldbeutel bis an den Rand zu füllen. Das war sein Glaubensbekenntnis. In gesellschaftlicher Hinsicht stand er natürlich haushoch über dem kleinen, unbedeutenden Juden Rothschild aus Frankfurt, von dem er anfänglich kaum Notiz nahm.

Andererseits bot Mayer Amschel der Kontakt mit Wilhelm eine unvorstellbare Chance: Falls es ihm gelang, mit Wilhelm in Kontakt zu treten, versprach dies künftige Geschäfte in einer Größenordnung, von denen das Haus Rothschild bislang nicht einmal zu träumen gewagt hatte.

Wie ging Rothschild vor? Da Wilhelm einen kundigen Mann in Sachen Münzen suchte, wurde Rothschild von General Estorff empfohlen. Das war zwar nur ein Strohhalm, aber Rothschild griff sofort mit beiden Händen zu. Er bediente Wilhelm so hervorragend, dass der spätere Landgraf von Hessen sofort begriff, welch „heiße" Konnexion er hier aufgetan hatte. Seine Berechnung: Dieser kleine Rothschild würde ihm dazu verhelfen, seinen Reichtum grenzenlos zu mehren.

Rothschild dagegen wusste, dass er diesen Fisch, der da an seiner Angel zappelte, unter allen Umständen an Land ziehen musste. Also verzichtete er anfänglich sogar auf eigene Gewinne, nur um den geldgierigen Wilhelm zu ködern; ab und zu gab er sich mit bescheidenen Gewinnmargen zufrieden. Und so wurde das Gräflein Wilhelm bedient wie ein König.

Die weiteren Ingredienzien des Erfolgs waren: Geschwindigkeit, eine bessere Dienstleistung als die Konkurrenz, Verschwiegenheit und absolute Vertrauenswürdigkeit. Wir können nur vermuten, dass sich schon früh eine Geheimkorrespondenz zwischen den beiden entspann, die eine verschlüsselte Geheimschrift erforderte. Jedenfalls verbreitete sich der Ruf, dass man Rotschild in Gelddingen blind vertrauen könne. Es ist nicht auszuschließen, allerdings auch nicht belegt, dass Mayer Amschel schon in dieser Phase mit Kürzeln operierte, die lediglich seine Kunden verstanden.

Der bislang von allen verachtete, getretene, unterprivilegierte Jude aus dem Frankfurter Ghetto begann seinen Aufstieg. Der große Fisch biss an und wurde von Mayer Amschel an Land gezogen.

Nun besaß er den Rückenwind eines mächtigen Fürsten. Rothschild erweiterte seine Geschäfte, indem er auch andere einflussreiche Leute bediente, Fürsten und reiche Bürger unter anderem in Darmstadt, Mainz und Wiesbaden. Er baute ein regelrechtes Versandgeschäft mit seinen Münzen auf, wie wir heute sagen würden. Er kaufte und verkaufte, er ersteigerte auf Messen billig Münzen und verkaufte sie teuer.

Nebenbei erstellte und versandte er die ersten Münzkataloge der Welt. Die Kataloge waren hervorragend aufgemacht, mit einem Ledereinband versehen und mit goldenen Lettern bedruckt; das Zielpublikum musste auf seinem Niveau bedient werden. Außerdem wurde jeder Kunde persönlich angeschrieben. Sprich, dieser Geldfuchs bediente sich des „Direct-Mailings", das erst im 20. Jahrhundert erfunden wurde, schon im 18. Jahrhundert!

Rothschild wurde reich. Schon bald überstieg sein Einkommen das des Bürgermeisters der Stadt Frankfurt oder das der Familie Goethe – der zweite große Name der Stadt Frankfurt. Über 30 000 Gulden verdienten die Rothschilds in einem Jahr, der Goethe-Clan nur 2 400 Gulden.[20]

Rothschild war es gelungen, mit den Großen seiner Zeit in Geschäftskontakt zu treten. Er war auf dem Weg nach ganz oben.

Der Kiregsgewinnler

In der Folge konzentrierte sich der Geldfuchs nicht nur auf Münzen, sondern handelte mit allem, was Gewinn versprach, beispielsweise mit Kaffee, Tuch oder Zucker. Außerdem stieg er zunehmend in das Bankengeschäft ein.

Abermals winkte hier eine unvergleichliche Chance. Jenseits des Großen Teiches tobte damals nämlich ein erbitterter Krieg – zwischen den Amerikanern und den Engländern. Die Amerikaner versuchten, sich von den Engländern abzunabeln, sie versuchten, sie zum Teufel zu jagen und die politischen Geschicke in die eigene Hand zu nehmen. Die Engländer konnten oder wollten sich die fette Beute aber nicht entgehen lassen, schließlich ging es um einen ganzen Kontinent. Soldaten sollten die Abnabelung verhindern. Wilhelm bot dem englischen König Georg III. hessische Soldaten an und verkaufte sie wie Vieh. Daraufhin wurden diese Soldaten auf dem amerikanischen Kontinent verheizt, um den Rebellen, den Amerikanern, Paroli zu bieten. Die Gewinne aus diesem (Menschen-)Handel waren astronomisch.

Nun stand der hessische Wilhelm vor dem Problem, diese Gelder gewinnbringend anzulegen. Rothschild war sofort zur Stelle. Systematisch, beharrlich und zuverlässig arbeitete er daran, immer größere Geldsummen geschickt zu investieren. Abermals stach er andere Bankiers aus, indem er Wilhelms Geld schneller vermehrte und höhere Zinsen für ihn herausschlug als die Konkurrenz. Kurz gesagt etablierte er sich endgültig als der ideale, ja unverzichtbare Ansprechpartner für den Hessen.

Da Mayer Amschel als Jude über ein Netz von befreundeten Bankiers und Händlern verfügte, können wir erneut davon ausgehen, dass Geheimschriften ausgetauscht wurden, ja, dass sie nur so hin- und herflogen.

Der unaufhaltsame Aufstieg

Ein Coup ganz eigener Art war, dass Mayer Amschel sogar Carl Friedrich Buderus auf seine Seite zog, den engsten Finanzberater des Hessenfürsten. Wie? Er beteiligte Buderus, der von seinem Landesfürsten nicht eben üppig bezahlt wurde, an seinen Geschäften. Er kaufte Buderus ein. Zunächst ließ er ihn nur an den Möglichkeiten schnuppern, indem er ihm da und dort kleine Gewinne verschaffte, die sein schmales Gehalt aufbesserten.

Später beteiligte er ihn an immer lukrativeren Anlagen und nahm Buderus schließlich sogar als Partner in die eigene Firma auf, ungesehen von allen.

Rothschild, der Fuchs, besaß nun eine Schachfigur an Wilhelms Hof, denn jetzt tanzte Buderus nach seiner Pfeife. Galt es, hohe

Geldbeträge anzulegen, riet Buderus seinem Landesherrn, Rothschild den Auftrag zu erteilen.

Gleichzeitig hörte Rothschild nie auf, auch andere Fürsten zu bedienen, so etwa Karl Anselm von Thurn und Taxis, der das Post-Monopol besaß und „nebenbei“ mit politischen Informationen handelte.

Ende des 18. Jahrhunderts entstand eine enge Kooperation mit der Adelsfamilie Thurn und Taxis. Das verschaffte den Rotschilds (angeblich) die Möglichkeit, alle Briefe zu öffnen, abzuschreiben und wieder zu versiegeln – so behaupten zumindest einige Autoren, die freilich den Feinden der Dynastie zugerechnet werden müssen.[21] So oder so, das Informationssystem der Rothschilds wurde auf ein völlig neues Niveau gehoben. Es entstand ein Netz aus Agenten, Kurieren, Kapitänen und Informanten. Eine Urkunde aus dem Jahr 1804 verrät unzweifelhaft, dass Mayer Amschel zum fürstlichen „Hoffaktor“ vom Herzogtum Thurn und Taxis erhoben wurde. Ein Hoffaktor besaß wichtige Rechte; er beschaffte Kredite oder Luxuswaren für Könige und Fürsten. Mindestens sechs Höfe statteten die Rothschilds mit diesem Privileg aus. Damit gingen bestimmte Rechte, wie Zollbefreiungen, einher – was erneut Tür und Tor für fantastische Geschäfte öffnete. Auf jeden Fall profitierte man prächtig voneinander. Karl Anselm von Thurn und Taxis war vielleicht der bestinformierte Mann seiner Zeit, schließlich musste ja jede Korrespondenz mittels Postkutschen befördert werden.

Dabei ging das Spiel erst richtig los, als Wilhelms Vater starb und der prinzliche Geldfuchs ein ungeheures Vermögen erbte. Wilhelm verdiente nun am Soldatenhandel, an englischen Staatsobligationen, an Gemälden, an Edelsteinen und an Juwelen. Wenn Habgier einen Vornamen hatte, so lautete er Wilhelm. Rothschild ließ ihn dabei nach wie vor hohe Gewinne einstreichen. Er verschaffte dem Hessen immer wieder hohe und höchste Zinsen, verdiente nun aber auch selbst in größten Größenordnungen.

Da Rothschild aufgrund seiner hervorragenden Kontakte inzwischen auch über Veränderungen auf dem politischen Parkett bestens informiert war, verdiente er selbst an der Französischen Revolution im Jahre 1789. Wie? In Paris gab es ständig Unruhen und Hungersnöte. Oh, wie fabelhaft! Rothschild kaufte billig Mehl in deutschen Landen ein und verhökerte es teuer in Paris; auf diese Weise erzielte er Höchstpreise.

Er stieg zudem ins Speditionsgeschäft ein und versorgte schließlich sogar die österreichische Armee mit allen möglichen Utensilien. Die Österreicher mussten sich ja nach der Französischen Revolution mit Napoleon herumschlagen. Rothschild verkaufte den Österreichern Uniformen, Pferde, Sättel, Proviant und Zelte und verdiente sich als Heereslieferant eine goldene Nase.

Er fungierte auch als Importeur von englischen Stoffen und anderen Waren. Er beschaffte Tuch von der britischen Insel und verkaufte es auf dem europäischen Kontinent. Stets strich er satte Gewinne ein.

Man brauchte doch nur die Augen aufzumachen, um zu sehen, dass man an allen Ecken und Enden Unmengen verdienen konnte! Man musste lediglich „international" denken und handeln können.

Aber es sollte noch besser kommen: Erstens mischten seine Söhne, die alle mit einer schneidenden Geldintelligenz begabt waren, immer stärker in den väterlichen Geschäften mit. Und zweitens überzog Napoleon bald fast ganz Europa mit seinen grausamen Kriegen. Das kam Rothschild gelegen. Mit nichts konnte man mehr Geld scheffeln als mit Kriegen. Eine neue Ära begann, die Rothschild endgültig an die Spitze der (Finanz-)Welt katapultierte.

Rotschilds Erfolgsformeln

Grundlage für Mayer Amschels Erfolge war das Denken und Handeln in immer größeren Dimensionen. Rothschild knüpfte Kontakte auf allen möglichen nationalen und internationalen Bühnen. Er erkannte früher und schneller als jeder andere, was in einem Land im Überfluss vorhanden war und was in einem anderen Land händeringend gebraucht, gewünscht und gesucht wurde. Er erspähte Chancen schneller als ein Raubvogel seine Beute. Zudem war er bereit, Risiken einzugehen. Und er scherte sich einen Teufel um Recht und Gesetz. Waren nicht alle Staaten selbst Diebe und Räuber, die nur ihre Untertanen schröpften?

Der begabteste von Rothschilds Söhnen, Nathan, wurde mit einer (nach heutigen Begriffen) unweltlichen Summe im Gepäck nach England geschickt, um dort eine Niederlassung zu gründen. Das stärkte die Internationalität des Hauses Rothschild. Denn damals führten alle Wege nicht nach Rom, sondern nach Paris oder London.

Außerdem schob ihm noch immer der schwerreiche Landgraf von Hessen Millionen um Millionen zu, die gewinnbringend angelegt werden mussten – Buderus zog im Hintergrund die Strippen. Und auch in Wien wurde man tätig. Rothschild und Sohn Nathan wurden dort sogar zu kaiserlichen Hofagenten befördert. Es regnete von allen Seiten Titel, was beweist, dass Rothschild längst über Verbindungen in die höchsten Zirkel der Welt verfügte. Das Bank- und Kreditgeschäft weitete sich enorm aus. Als Napoleon schließlich einen Krieg nach dem anderen vom Zaun brach, mussten ganze Armeen ausgerüstet werden. Millionen von Soldaten benötigten Uniformen und Ausrüstungsgegenstände.

Was für ein Leckerbissen, was für ein Geschäft!

Sohn Nathan kaufte in England Stoffe, Textilien und Uniformen für ein Spottgeld ein, und Vater Rothschild verkaufte die Stoffe mit sattem Profit auf dem europäischen Kontinent. Nathan begann wie sein Vater auch mit anderen Waren zu handeln. Aus vielen Kolonien floss reiche Beute nach England, das im 18. und 19. Jahrhundert die Weltmacht Nummer eins war. Bei Gewinnen aus all diesen Geschäften war kein Ende abzusehen.

Wilhelm von Hessen, der Kapitalist, nahm eines Tages sogar heimlich Gelder aus der Landeskasse, ließ sie durch Rothschild vermehren und behielt die Gewinne privat für sich.[22]

Und Rothschild verdiente und verdiente. Es gab Provisionen hier, Provisionen dort, Gewinne bei dem Umtausch von einer Währung in die andere, fette Margen beim Kauf und Verkauf aller möglicher

Waren, beim Eintreiben von Geldern, beim Verleihen von Geldern …, überall winkten Geschäfte. Es war eine Lust zu leben!

Selbst der Stadt Frankfurt, die ihn einst mit Füßen getreten hatte, lieh Rothschild Hunderttausende von Gulden, und auch bei zahlreichen anderen einflussreichen Kunden machte er sich unentbehrlich. Das Netz wurde enger und enger gesponnen. Säckeweise wurden Geld und Gold aus der Judengasse in Frankfurt in alle Welt transportiert.

Damit einher ging eine Geheimkorrespondenz, die bis heute nicht gesichtet ist. Schließlich war Vertraulichkeit und Verschwiegenheit Mayer Amschels oberstes Gebot. Zudem galt es, keine Spuren zu hinterlassen.

Dem unaufhaltsamen Aufstieg zum Weltbankier schien nichts mehr im Wege zu stehen, als das Schicksal unbarmherzig zuschlug.

Napoleons Grosses Spiel

Es erschien in Gestalt eines kleinen Korsen, der sich in Frankreich bis zum Kaiser emporgeschwindelt und dessen bloßer Existenz Rothschild zunächst so viele fabelhafte Geschäfte zu verdanken hatte. Doch inzwischen zitterte ganz Europa vor dem Korsen, denn dieser Schlachtengott schritt von Sieg zu Sieg. Keine Macht der Welt schien ihn aufhalten zu können. Und so geriet eines Tages Rothschilds beste Melkkuh, der hessische Wilhelm, durch Bonaparte in Gefahr.

Was war passiert?

Nun, Wilhelm, der Krämerfürst, betrachtete Napoleon, das Feldherrengenie, nur unter pekuniären Gesichtspunkten – das war die einzige Kategorie, in der der Hesse denken konnte. Als zwischen Frankreich und Preußen Krieg ausbrach, überlegte Wilhelm sofort, wie er Kapital daraus schlagen konnte. Schließlich entschied er sich, wie viele Kriegsgewinnler und gewissenlosen Söhne des Geldes, auf *beiden* Seiten zu investieren, wie das schon die Fugger-Dynastie sowie andere Großbankiers so bravourös vorexerziert hatten. Sprich, Wilhelm verhandelte mit Frankreich ebenso heimlich wie mit den Preußen und lotete aus, wer ihm das meiste Geld für seine Soldaten bezahlen konnte. Obwohl er längst zu einem der reichsten Männer Europas zählte, verkaufte er seine hessischen Soldaten schließlich den Preußen. Doch hinter dem Rücken aller verhandelte er weiter mit Napoleon. Seine Berechnung: Wer auch immer in dem kontinentalen Mächtepoker gewinnen würde, war gleichgültig; er, Wilhelm, würde auf jeden Fall auf der Seite des Siegers stehen.

Aber Napoleon war ein anderes Kaliber als es sich der Geldmensch Wilhelm vorstellen konnte. Bonaparte verfügte über ein einzigartiges Spitzelsystem, damals zweifelsohne das beste in ganz Europa. So erfuhr der kleine Korse, der die Welt zum Erzittern brachte, schon bald von dem Doppelspiel des Hessen und seinem Handel mit den Preußen. Bonaparte tobte vor Wut. Er beschloss, mit Wilhelm kurzen Prozess zu machen. Er befahl, alle Gelder und Schätze des Hessen kurzerhand zu konfiszieren und sie dem französischen Staatssäckel einzuverleiben.

Doch Wilhelm wurde rechtzeitig gewarnt. Panikgeschüttelt begann er, seine Schätze in Kisten und Truhen zu verpacken und sie hinter geheimen Wänden zu verstecken, um zu retten, was zu retten war. Er besaß Goldstücke, Silber, kostbarste Münzen, Medaillons, wertvolle Gefäße, Schuldscheine, Zinszertifikate – kurz, er hatte zahlreiche Anlagen getätigt, die alle sehr viel Geld abwarfen. Wilhelm bangte um sein Lebenswerk, er fürchtete, alles zu verlieren. Seine Kammerdiener waren Tag und Nacht damit beschäftigt, Geld an geheimen Orten zu deponieren.

Kurz darauf floh der Kurfürst, verkleidet und mit ein paar Lakaien, bei Nacht und Nebel mit einem Teil seiner Papiere und Schätze in einer Kutsche. Er schlug sich unerkannt durch die französischen Linien und fand Unterschlupf bei seinem Bruder in Schleswig. Buderus folgte wenig später, als Handwerksbursche getarnt. Doch das Gerücht über die sagenhaften Schätze, die er hatte verstecken lassen, geisterte durch die Lande und war nicht aus der Welt zu schaffen.

Den französischen Generalgouverneur Lagrange, seines Zeichens ein Vertrauter Napoleons, erreichten diese Gerüchte. Sofort leitete er eine intensive Suchaktion ein. Schatz um Schatz wurde gehoben. Dem Generalgouverneur gingen fast die Augen über. Lagrange spürte so viel Geld auf, dass er schließlich selbst von Gier gepackt wurde. Was war eigentlich dagegen einzuwenden, wenn er einen Teil der Schätze in seine eigene Tasche wandern ließ, statt sie Napoleon in den Rachen zu werfen? Ein Vertrauter Wilhelms machte ihm ein unanständiges Angebot. Und so ließ sich Lagrange schließlich bestechen und kassierte drei Millionen Gulden. Im Gegenzug musste er Wilhelm lediglich den kleinen Gefallen tun, über die Höhe der Schuldscheine, Anleihen und Wechsel, die dieser bei seiner Flucht hatte zurücklassen müssen, Stillschweigen zu bewahren. Lagrange verkaufte seine Seele.

Wilhelm sah sich nun in der Ferne dem Problem gegenüber, seinen unermesslichen Reichtum anderweitig anzulegen und zu deponieren. Für diese Aufgabe kamen nur Buderus und Rothschild infrage, seine engsten Vertrauten. Rothschild fackelte nicht lange. Heimlich wurden gerettete Kisten ins Haus Rothschild nach Frankfurt geschafft. Längst hatte der alte Fuchs hier einen Geheimkeller einrichten lassen, den nur er allein betreten konnte. Außerdem existierte ein Geheimgang zum Nachbarhaus, sodass im Falle eines Falles – sollten Napoleons Soldaten sein Haus umstellen – Geld und Besitz sofort weggeschafft werden konnten.

Auch Rothschilds Kutschen besaßen Geheimfächer, einige Kutschen waren speziell für ihn angefertigt worden. Und seine Korrespondenz wurde vor fremden Augen geschützt, nur durch ein paar Methoden.

Wilhelm, der wie alle Geldmenschen nicht viele Vertraute besaß, war jetzt auf Gedeih und Verderb auf die Kooperation mit Rothschild und Buderus angewiesen, obwohl er von seinem Exil aus versuchte, auch andere Bankhäuser für sich einzuspannen. Doch niemand war so clever wie Rothschild, der die französischen Spitzel immer wieder zum Narren hielt. Obwohl er mehrmals verhört wurde, einmal eine ganze Woche lang, gab er nie die Geheimnisse des Mannes preis, der ihm dazu verholfen hatte, die gesellschaftliche Leiter so emporzuklettern. Ein anderes Mal wurde sein Haus von französischen Spionen besetzt, aber Rothschild verriet kein Wort. Selbst gegenüber Bestechungsversuchen seitens der Franzosen war er immun, denn er wusste, er würde noch viel mehr Geld abgreifen können, wenn er den Mund hielt.

Eine weitere Person kam ihm zu Hilfe: Dalberg, der Erzbischof von Mainz. Dalberg war von Napoleon zum Haupt des Rheinbundes ernannt worden, mit dem Bonaparte das deutsche Lager zu spalten gedachte. Was niemand wusste: Rothschild hatte Dalberg längst in seiner Tasche. Ungesehen von allen unterstützte Rothschild auch Dalberg finanziell. Etwas weniger galant könnte man sagen: Rothschild bestach selbst seine Feinde. Sein ungeschriebenes Glaubensbekenntnis lautete: „Jeder hat seinen Preis".

Rothschild rückversicherte sich jedenfalls Dalbergs Unterstützung, der eigentlich Napoleons Statthalter in Deutschland war, indem er ihm immer wieder aus Geldnöten half – und rettete damit seine eigene Haut; denn Bonapartes Stellvertreter ging ihm im Gegenzug dafür nicht an die Gurgel und ließ ihn nicht festsetzen.

Gleichzeitig hörte Rothschild, dieser Fuchs aller Füchse, nicht auf, weiter Geld und Geld und noch mehr Geld zu scheffeln. Er übertölpelte selbst Napoleon, den gefürchtetsten Feldherrn seiner Zeit, als dieser die Kontinentalsperre verhängte, sprich, als der Korse England vom Festland abzuschneiden suchte. Trotz der Sperre blühte der heimliche Handel mit England jetzt erst richtig auf. Wer spielte die führende Rolle? Rothschild! Sohn Nathan in England verfügte inzwischen über schier unermesslich viel Kapital – selbst ein Großteil von Wilhelms Geldern war in England angelegt worden. Ferner unterhielt er die besten Beziehungen zu Warenherstellern, Transporteuren, Schiffseignern und Schmugglern. Und so floss erneut ein ungeheurer Reichtum in die weiten Taschen der Familie Rothschild. Die Gewinne waren spektakulär, weil das Geschäft (von England nach Frankreich, von Freundesland zu Feindesland) eigentlich verboten und damit brandgefährlich war.[23]

Niemand konnte an dem Krieg zwischen Frankreich und England so gut verdienen wie ein Händler oder Bankier. Viele machten sich den Beutel voll, aber Rothschild übertraf sie alle.

Geheimschriften und geheime Korrespondenzen

Natürlich musste sich Mayer Amschel schützen. Rothschild benutzte Decknamen, Tarnnamen und Inkognito-Namen, wenn er mit Wilhelm oder anderen Fürsten korrespondierte und eine Anlage-Entscheidung zu treffen war. Der alte Fuchs entwickelte eine eigene Sprache, die niemand verstehen konnte, der nicht eingeweiht war. Das war notwendig, falls einmal ein Brief in die falschen Hände fiel. „Rabi Moses" lautete der Codename für Rothschild selbst, und „Jerusalem" bedeutete in Wahrheit, dass man über „Consolidated Stocks" sprach, eine bestimmte Art von Aktien.

Stellen Sie sich folgenden Satz vor:

„Unser Freund Rabbi Moses wird wieder Jerusalem besuchen, sogar zweimal."

Er bedeutete im Klartext, dass Rothschild in größerem Umfang in spezielle Aktien an der Börse investieren würde. Es bedeutete, dass diese Aktien profitabel waren und später steigen würden. Der Korrespondenzpartner wurde also auf unsichtbare Weise aufgefordert, die gleichen Aktien zu kaufen.

Das Codewort „Abraham" hieß in Rothschilds Slang übersetzt „Geldmittel", und „Isaak" bedeutete „eine Woche". Schrieb er also: „Schon bald wird dich mein Neffe Abraham besuchen, zusammen mit Isaak", so hieß das einfach, dass die (benötigten) Geldmittel in einer Woche eintreffen würden.

Diese Chiffriermethode ist heute noch in verschiedensten Kreisen üblich. Bekanntes wird durch irreführende Vokabeln ersetzt, deren wahre Bedeutung nur der Insider kennt.

Ein Beispiel aus der Drogenszene: Drogenkonsumenten sprechen von „Kugeln" oder „Zwiebeln", wenn sie flüssiges Ecstasy meinen.

Im Prinzip hat jede Branche ihre eigene Ausdrucksweise. Dadurch entstehen zahlreiche Geheimsprachen und Geheimschriften.

Erinnert werden darf in diesem Zusammenhang sogar an die Gefängnissprache: Selbst diese „Branche" verfügt über ihre eigenen Ausdrücke. Beispiele hierfür:

„Eine Ansage machen" bedeutet „einem Mitgefangenen mit Drohungen klarmachen, dass er mit bestimmten schmerzhaften Konsequenzen zu rechnen hat, falls er sich nicht an gewisse Spielregeln oder Vereinbarungen hält".

Weitere Vokabeln:

„Fifi" oder „Sittich" = Täter, der Kinder missbraucht hat

„Hafensänger" = Angeber

„Kassiber" (jiddisch für „Geschriebenes") = eine verbotene und geheim gehaltene schriftliche Mitteilung eines Gefangenen, die einen anderen Gefangenen oder die Außenwelt erreicht

„Spannmann" = der Mitinsasse in einer Zweierzelle

Außerdem werden Fachsprachen oft von Profis weiter verändert. Auf diese Weise entstehen sehr spezielle Ausdrücke. „Tausend Kilo" sagt man heute beispielsweise gern in bestimmten Finanzkreisen, wenn von 100 000 (Euro oder Dollar) die Rede ist. Andernorts benutzt man umgangssprachlich die Wörter Kohle oder Penunzen, wenn von Geld die Rede ist. Klunker bezeichnen Diamanten oder Edelsteine, geschliffene Diamanten heißen Brillis. Insider-Sprachen gibt es zuhauf.

Mayer Amschel unterhielt sich mit seinen wichtigsten Gesprächspartnern jedenfalls nicht nur mithilfe eines eigenen Fachvokabulars, er verständigte sich mit ihnen auch mit irreführenden Vokabeln, die in Hinterzimmern persönlich abgesprochen wurden. Auf diese Weise verfügten Sender und Empfänger über den gleichen Code, der natürlich keinem Außenstehenden mitgeteilt werden durfte. Je weniger Personen ein Code-Wort kannten, umso besser. Wenn nun ein Regierungsbeamter aufgrund unglücklicher Umstände in den Besitz eines Geheimbriefes geriet, so konnte er damit nichts anfangen. Zumindest in juristischer Hinsicht konnte man Rothschild keine illegalen Aktivitäten nachweisen.

Noch heute wird diese Methode in Kreisen (bestechlicher) Politiker und Straftäter eingesetzt. Wenn man sich innerhalb eines zwei Seiten langen Briefes nur auf fünf „harmlose" Vokabeln einigt, so kann man damit bereits einen ganzen Text unleserlich machen. Werden zudem Tarnnamen für die Akteure verwendet, so ist die Geheimschrift für einen Vertreter des Gesetzes und der Justiz gleich doppelt wertlos.

Eine weitere Codierung für Mayer Amschel war das Judendeutsch (veraltet für Jiddisch). Innerhalb seiner familiären Kontakte und wenn er mit anderen Juden korrespondierte, griff er damit auf eine Sprache zurück, die Nichteingeweihten unverständlich erscheinen musste. Jiddisch ist eine etwa tausend Jahre alte Sprache, die in vielen Teilen Europas gesprochen und geschrieben wurde. Es entstand zwar aus der deutschen Sprache, wurde aber mit vielen hebräischen Wörtern durchsetzt. Selbst slawische Wörter wurden in das Jiddische aufgenommen. Später flossen umgekehrt viele jiddische Wörter wieder in die deutsche Sprache ein, sie wurden zurückimportiert. *Zschoken* geriet zur Abzocke, *Moos* oder *Mous* zu Geld, *Petjagejer* zum Pleitegeier. Das Jiddisch des Mayer Amschel Rothschild mischte sich sogar mit dem Frankfurter Dialekt, der in anderen Ländern zusätzlich schwer verständlich war.

Da man auch auf internationaler Ebene Geschäfte tätigte, kamen weitere fremdsprachliche Ausdrücke hinzu. Und so kann man sich vorstellen, wie die Geheimschriften des alten Rothschilds aussahen: Sie waren durchsetzt mit scheinbar harmlosen Vokabeln, die eine völlig andere Bedeutung hatten, mit Wörtern und Zitaten aus der Bibel, mit Ausdrücken aus dem jiddischen Sprachschatz, mit hebräischen Wörtern, mit Tarnnamen, die keinen Rückschluss auf den Sender und Empfänger zuließen, mit falschen Ortsnamen (was später eine Spezialität der Freimaurer werden sollte) und mit Fachausdrücken aus dem Bankierswesen, die obendrein noch verändert wurden.

Oberstes Gebot für Mayer Amschel blieb immer die Geheimhaltung, eine Grundregel, die er später seinen Söhnen einimpfte und auf die er sogar in seinen letzten testamentarischen Verfügungen abhob, als er schon auf dem Sterbebett lag. Wir können deshalb davon ausgehen, dass die meisten seiner Geheimschriften sofort vernichtet wurden, speziell wenn sie von Gegnern der Rothschild-Dynastie als Munition gegen die Familie verwendet werden konnten.

Die fünf Söhne des Dynastiegründers korrespondierten später ebenfalls auf Jiddisch miteinander. Es war ihnen aus dem Elternhaus bekannt und vertraut. Vielleicht stellte es bereits die ersten Codewörter zur Verfügung. Vertrauensvolle Geschäftsbeziehungen (etwa mit den Bankiers Oppenheim in Köln, Bleichröder in Berlin oder Lambert in Brüssel) dürften mit hebräischen Ausdrücken gemixt worden sein. Aber auch das Französische und das Englische wurden eingesetzt.

Diese Geheimschriften oder Geheimbriefe wurden über ein eigenes, kostenintensives, aber hocheffektives Kuriersystem transportiert. Via Pferden, Kutschen, Brieftauben und Schiffen gelangten die Geheiminformationen zu den Adressaten. Das Nachrichtensystem der Rothschilds war legendär. Historiker verglichen ihre umfangreiche und geheime Korrespondenz später mit der diplomatischen Korrespondenz ganzer Staaten.

Geheimschriften trugen im Europa des 18. Jahrhunderts den Namen „Rothschild".

Weltbankiers

Wie schrieb sich die Vita des Gründers dieser spektakulären Dynastie fort?

Erinnern wir uns: Wilhelm, der Hessenfürst, befand sich auf der Flucht. Buderus hatte inzwischen bereits zweimal eingesessen, sich aber jedes Mal wieder freischwindeln können. Rothschild verbarg seine Aussagefähigkeit hinter einer angegriffenen Gesundheit. Zudem stand ihm Dalberg zur Seite, der stets das Schlimmste verhinderte.

Rothschild ließ scheinbar unbeeindruckt Hausdurchsuchungen, Unterdrückungen, Verfolgungen und Hausbesetzungen über sich ergehen. Falls seine Geheimschriften entdeckt wurden, so konnte ja doch niemand etwas damit anfangen; belastend waren sie auf keinen Fall.

Da ihm Wilhelm mittlerweile auf Gedeih und Verderb ausgeliefert war – kein anderer verfügte über so exzellente Verbindungen wie Rothschild –, schob ihm der Hesse noch gewaltigere Summen zu.

Überdies spekulierte Sohn Nathan in England mit Gold und Wertpapieren. Längst waren die Rothschilds unermesslich reich. Die genauen Summen gaben die Bücher jedoch nie preis, sie waren alle gefälscht.

Spätestens jetzt begannen die Rothschilds, sich noch intensiver in die hohe und höchste Politik einzumischen. Es gab ja immer noch diesen kleinen Korsen, der ihre Aktivitäten empfindlich störte.

In Frankfurt selbst ging es zu wie in einem Taubenschlag. Kuriere im Hause Rothschild kamen und gingen, Bargeld, Gold und Papiere wurden säckeweise abgeholt und gebracht, während Rothschilds fünf Söhne eine immer wichtigere Rolle spielten. Rothschild legte beinahe das gesamte Vermögen des unermesslich reichen Wilhelm an und verwaltet es.[24]

Längst operierte man auf internationaler Ebene. Der alte Rothschild schickte seinen jüngsten Sohn Jakob sogar nach Paris, um diese wichtige Metropole nicht zu vernachlässigen. Inzwischen galt man als das mächtigste Bankhaus Europas.

Zeitgleich engagierte sich Nathan in England bei der Finanzierung englischer Kriegsanleihen; genau wie sein Gegenspieler Frankreich befand sich England ständig in Geldnöten. Die Heere mussten eingekleidet, ernährt und besoldet werden. Nathan, der mittlerweile auch durch Geschäfte mit der britischen East India Company ein enormes Vermögen angehäuft hatte, bot sich als Wellingtons Finanzier an – des überragenden englischen Feldherrn, der gerade in Spanien in Nöte geraten war. Ihm war das Geld für seine Truppen ausgegangen. Auf abenteuerlichen Wegen wurde Gold von England nach Spanien zu Wellington geschmuggelt. Schließlich galt es, auch dort Bonaparte Paroli zu bieten. Das Kuriersystem der Rothschilds funktionierte perfekt. Dass bei all diesen Operationen mit Geheimbriefen und Geheimschriften gearbeitet wurde, versteht sich von selbst.

Längst hatte man Kontakte zu französischen Bankiers, ja sogar zum französischen Finanzministerium geknüpft – hinter dem Rücken des kleinen Korsen. Alle halfen beim Transport des Goldes, vielleicht auch, weil man sich in Frankreich Englands baldigen Bankrott versprach.

„Schätzungsweise zwanzig Millionen Pfund Sterling [leiteten] die Rothschilds zwischen 1811 und 1815 an Wellington und die englischen Verbündeten auf dem Kontinent [weiter].“[25]

Zum Teil wurden die Gelder und Goldtransporte über die Niederlande geleitet, zum Teil über Deutschland. Die Brüder Rothschild kamen aus den Kutschen nicht mehr heraus. Sie entfalteten eine hektische Reiseaktivität, bei der jeder Rothschild-Sohn mehr als einmal sein Leben riskierte. In Frankfurt saß der alte Fuchs in seinem Bau und koordinierte die Aktivitäten.

Das Ergebnis hat die Geschichte längst festgeschrieben: Wellington besiegte die napoleonischen Truppen, und der kleine Korse verschwand aus der Geschichte.

Es war also auch das Geld, das ganz große Geld, das Bonaparte zu besiegen half.

Trotz zahlreicher, unterschiedlicher Lebensgefahren, die solche Zeitläufte mit sich bringen, liefen die Geschäfte der Rothschilds weiter glänzend. Schließlich verfügte die Dynastie über mindestens 120 Millionen Franc; sie konnte sich selbst als Erfinder der internationalen Hochfinanz feiern. Rothschilds Söhne wurden in den Adelsstand erhoben und agierten in Deutschland, England, Frankreich, Italien und Österreich an der Spitze der Politik. Die internationalen, übernationalen Geschäfte rissen selbst dann nicht ab, als Napoleon schon vollkommen niedergerungen war. Ja, sie wurden noch umfangreicher. Ständig spielten geheime Informationen eine Rolle. Eine der mächtigsten Dynastien der Welt fing an, die Geschicke der Nationen vor und hinter den Kulissen zu lenken.

Die nachnapoleonische Ära

Heute besitzen die Rothschilds so viel Geld, das niemand seriös einzuschätzen vermag.

Doch wir haben vergessen, das Schicksal des alten Rothschilds weiter zu verfolgen: Nachdem der alte Fuchs alles eingefädelt und ein Geld-Imperium errichtet hatte, starb er im Jahre 1812. In seinem Testament und in seinen letzten Schriften beschwor Rothschild seine Söhne, immer wie Pech und Schwefel zusammenzuhalten. Noch auf dem Sterbebett erinnerte er daran, dass nur so sagenhafter Reichtum geschaffen werden könne. Er verschied, zwei Tage nachdem er sein Testament unterzeichnet hatte, worin er seine Söhne zu gleichen Teilen bedachte.

Der intelligenteste Kopf, den je eine Gelddynastie hervorgebracht hatte, war tot.

Beurteilung

Wie soll man über diesen Mann urteilen? Entzieht er sich nicht jeder Bewertung?

Auf den ersten Blick kann man dem alten Mayer Amschel seine Sympathie nicht versagen. Er war ein hochbegabter Geldfuchs, der sich aus ärmlichsten Verhältnissen emporarbeitete. Immer wieder zimmerte er die alte Erfolgsformel fest, dass Kontakte zu „hochgestellten Herren" dem eigenen Geldbeutel guttun. Gleichzeitig ist er der schlagende Beweis dafür, dass Informationen damals wie heute alles sind. Wissen ist Macht. Er verpackte seinen Informationsvorsprung in Geheimbriefe, die er mittels einer Geheimschrift so verschlüsselte, dass ihm niemand auf die Spur kommen konnte. Bis heute sind diese Geheimbriefe nicht gesichtet, das Gros dürfte längst vernichtet sein. Falls noch Überbleibsel existieren sollten, werden sie sorgfältig unter Verschluss gehalten. *Dass* sie allerdings eine Rolle spielten, steht unzweifelhaft fest.

Der Vergleich mit der Bibliotheca Apostolica Vaticana in Rom ist bestimmt nicht zu weit hergeholt, denn auch dort wimmelt es von Manuskripten und Zeitzeugnissen, in denen teilweise mit Geheimschriften gearbeitet wurde. Es gibt in der Vatikanbibliothek 150 000 handschriftliche Bücher, über 70 000 Karten und Stiche und 200 000 Autografen. Als Autograf bezeichnet man eigenhändige Niederschriften bekannter, berühmter Persönlichkeiten der Geschichte, zu denen Schriftsteller, Künstler, gekrönte Häupter und Politiker zählen. Nicht erst seit Dan Browns *Da-Vinci-Code* wissen wir, dass der Zugang zu dieser Bibliothek eifersüchtig gehütet wird und nur speziellen, auf Herz und Nieren geprüften Insidern gestattet wird. Mehr als einmal wurde behauptet, dass die Kenntnis der Vatikanischen Bibliothek, inklusive aller Geheimschriften, die offizielle Geschichtsschreibung korrigieren, ja verändern würde. Vielleicht lässt sich gleiches von den Schriften aller Großbankiers behaupten, für die die von Rothschild nur Prototypen sind.

Aber gönnen wir uns noch ein paar Worte zu Mayer Amschel.

Der Fairness halber muss man anmerken, dass er einen unvergleichlichen Mut besaß. Er fürchtete weder Tod noch Teufel und mischte sich mit der größten Selbstverständlichkeit in die hohe Politik ein. Unbeirrt hielt er an seinem Ziel fest, die reichste Dynastie Europas oder gar der Welt zu schmieden.

Andererseits muss es ebenfalls erlaubt sein zu sagen, dass sich Mayer Amschel Rothschild nicht im Geringsten um Gesetze oder das Recht scherte. War er deshalb ein Schuft oder gar ein Verbrecher? Nun, er fälschte nachweislich Bücher, hinterzog in unvorstellbarem Ausmaß Steuern, fertigte falsche Vermögensaufstellungen an und trat das Gesetz mit Füßen, die Gesetze des Frankfurter Magistrates ebenso wie Napoleons Verordnungen. Er bestach in großem Stil, ohne mit der Wimper zu zucken, und kaufte jedermann ein, der ihm von Nutzen sein konnte. Nach heutiger Sachlage würde er ins Gefängnis wandern und als Krimineller gebrandmarkt werden, doch der alte Fuchs war zu klug, um sich erwischen zu lassen.

Gleichzeitig konnte er freigiebig und großzügig handeln. Er liebte seine Familie abgöttisch und blieb seinen Gönnern und Geschäftspartnern, die ihm in den Sattel geholfen hatten, bis zum Schluss treu. Verglichen mit dem elenden Landgrafen von Hessen-Kassel war er eine geradezu sympathische Figur. Wilhelm verkaufte seine Soldaten und Landeskinder wie Vieh. Und Mayer Amschel unterstützte ihn dabei, was ihn seinerseits zu einem Kumpan und Gesinnungsgenossen des landgräflichen Schurken machte.

Rothschild war ein reiner Geldmensch, wenn auch der begabteste des 18. Jahrhunderts.

Man könnte argumentieren, dass es auch teilweise den Rothschilds zu verdanken sei, dass ein Usurpator wie Napoleon schließlich zu Fall kam. Außerdem hätte die degradierende Behandlung der Juden in Frankfurt ohne Rothschild vielleicht nie ein Ende gefunden. Auch diese beiden Argumente sind auf der Habenseite festzuhalten.

Trotzdem bleibt uns auch in diesem Fall nichts übrig als festzustellen, dass er unlautere Mittel einsetzte wie Geheimkeller, Geheimfächer, Geheimschriften und Verstecke. Um seinen Reichtum zu schützen, war ihm jedes Mittel recht. Völlig unentschuldbar ist seine Methode, an Kriegen satt zu verdienen. In Wahrheit ging es ihm nicht darum, Napoleon aus dem Sattel zu heben. Seine wahre Absicht bestand darin, die Zeitläufte geschickt dafür zu nutzen, noch mehr Geld zusammenzuraffen.

Die einzige Perspektive, aus der er die Welt betrachtete, war die Perspektive des Geldes, obwohl es zahlreiche bessere, wertvollere und edlere Blickpunkte gibt. Er kämpfte nicht etwa für den Frieden, die Freiheit oder das Glück der Menschen, er suchte Menschen nicht zu verbessern oder ihnen zu helfen. Im Grunde war er ein bloßer Opportunist, freilich der geschickteste seiner Art. An erster Stelle stand stets der Gott Geld, den er in den Mittelpunkt seines Gebetes rückte. Bei allen politischen Schachzügen, die er unternahm, vergaß er nie, seinen Besitz zu mehren.

Zugegeben, vielleicht war er durch die Unterdrückung, die Juden fast zwei Jahrtausende erduldet hatten, in diese Richtung gedrängt worden. Aber zu vielen Zeitpunkten in seinem Leben besaß er genug Geld, um „auszusteigen". Doch er hörte nie auf, Geld zu scheffeln. Selbst auf dem Sterbebett galt seine Sorge dem Geld. Der Zusammenhalt der Familie dünkte ihm vor allem aus pekuniären Gründen wichtig. Die Nachkommen und Verwandten der Rothschilds heirateten später untereinander, damit der Reichtum in der Familie blieb.

Rothschild betete den Mammon an und riskierte dafür hundertmal sein Leben, zog aber stets seinen Kopf aus der Schlinge, indem er seine Feinde intelligent bestach. Und so war der alte Rothschild, bei allem Genie, das man ihm nicht absprechen kann, im Grunde eine arme Seele. Denn räumt man dem Mammon den ersten Platz in seinem Leben ein, endet man als dessen Sklave.

Doch wie schrieb sich die konkrete Geschichte der Rothschilds fort?

Der alte Rothschild hinterließ seinen Söhnen nicht nur ein Finanzimperium, sondern folgende vier Richtlinien:

- Alle Schlüsselpositionen sind mit Familienmitgliedern zu besetzen.
- An Geschäften dürfen nur männliche Familienmitglieder teilnehmen.
- Der älteste Sohn des ältesten Sohnes soll Familienoberhaupt sein, soweit die Mehrheit der Familie nicht anders entscheidet.
- Es soll keine juristische Bestandsaufnahme und keine Veröffentlichung des Vermögens geben.[26]

Noch einmal müssen wir an all die Geheimtexte und Geheimschriften denken.

Der alte Fuchs blieb bis zuletzt ein Geheimniskrämer und verdonnerte auch seine Nachkommen zu Stillschweigen. Und so wurden die Rothschilds im Laufe der Jahrhunderte reicher und reicher, tatsächlich unermesslich reich. Ständig spielte der Informationsvorsprung dabei eine Rolle – sowie der Blick auf die hohe Politik.

Mayer Amschels Biografie ist ein Beispiel dafür, dass Geheimschriften und geheime Dokumente mehr Einfluss auf die Geschichte nahmen, als wir es uns heute zugestehen.

Schon bei der Schlacht von Waterloo im Jahre 1815 waren die Rothschilds über den Fall Napoleons früher unterrichtet als das britische Kabinett. Sofort investierten sie geschickt ihre Gelder an der Londoner Börse. Die Gewinne waren astronomisch.

Rothschild-Söhne stiegen auf zu den führenden Bankiers Europas. Sie finanzierten Kriege, ganze Staaten, Unternehmen und Eisenbahnen. Sie verdienten Unsummen mit dem Handel von Währungen, investierten in Versicherungen und Minen und kauften Grund und Boden. Stets pflegten sie exzellente Beziehungen zu verschiedenen Regierungen. In Österreich etwa war das Haus Rothschild lange Zeit der größte Finanzier der politischen Ordnungsmacht, die britische Regierung war ebenfalls eng mit den Rothschilds verbandelt, und in Frankreich sah es nicht anders aus. Zu ihren Kunden zählten Päpste, Könige, Fürsten und Präsidenten. Was Rang und Namen besaß, kooperierte mit der Rothschild-Dynastie.

Im 20. und 21. Jahrhundert begann im Hause Rothschild die Finanzberatung größeren Raum einzunehmen. Die Rothschilds waren jetzt nicht nur Vermögensverwalter und Investmentbanker, sondern auch in dem Geschäftszweig *Merger & Acquisitions* zu Hause. Darunter versteht man das Engagement in Sachen ganzer Unternehmen und Organisations-Einheiten. Sprich, millionen- und milliardenschwere Firmen werden verscherbelt, zusammengelegt, verkauft, geschlossen oder nach oben geführt – was auch immer das meiste Geld einbringt. Geht es darum, Firmen zu sanieren und zu restrukturieren oder Unternehmen auszuschlachten und auszuweiden, stehen die Rothschilds an vorderster Front. Sie waren die Hintermänner bei bislang ungefähr eintausend Merger & Acquisitions-Deals, mit einem Gesamtwert von über einer Trillion US-Dollars.[27]

Auch der Goldpreis, der nach wie vor in London festgelegt wird, wurde lange ausschließlich von den Rothschilds bestimmt – und sie haben noch immer ihre Finger in diesem Geschäft.

Stets mächtiger wurden auch ihre Investment-Banken. Mittlerweile gibt es unzählige Rothschild-Niederlassungen auf allen Erdteilen, in fast jedem Land der Welt. Sie zählen Jahr für Jahr zu den

Top Ten der Investment-Banken weltweit. Die Riege der international operierenden Bankiers wird mit ihnen sichtbar.

Inzwischen lässt sich die Anzahl der Rothschild-Konzerne und die vielfältigen Verflechtungen, die heute durch Aktien möglich sind, nicht mehr seriös recherchieren. Einige Autoren schätzen das Rothschild-Vermögen auf mehrere Trillionen Dollar, was stimmen mag oder auch nicht.[28]

Das ganz große Geld hat also einen Namen: Rothschild. Sie sind die ungekrönten Könige der Branche, sie sind weitaus mächtiger als jeder Politiker auf Erden. Monarchien, Aristokratien und Demokratien kommen und gehen. Die Rothschilds bleiben.

Das alles lernen wir, wenn wir uns die Mühe machen, die Existenz von Geheimschriften und geheimen Dokumenten zur Kenntnis zu nehmen und einige bedeutende, grundsätzliche Erkenntnisse extrapolieren und hochrechnen.[29]

9. Die Freimaurer-Chiffre

Die Freimaurer! Bei keinem Thema schlagen die Emotionen höher. Entweder prügeln Autoren wild und erbarmungslos auf sie ein, oder ihr politisches Engagement und ihre weltweiten Kontakte werden in den Himmel gelobt.

Urteilt man neutral und als Historiker, muss man feststellen, dass sie ab dem 17./18. Jahrhundert in zahlreichen Ländern eine bedeutende Rolle spielten.

Auf einmal wimmelte es von Freimaurer-Bünden, die ihre schlichte Existenz und vor allem ihre konkrete Einflussnahme auf die Politik oft sorgfältig vertuschten. Davon abgesehen befanden sich zumindest einige ihrer Gruppierungen (angeblich) im Besitz von „geheimen", spirituellen Informationen.

Fakt ist: Die zahlreichen Freimaurer-Vereinigungen in den verschiedenen Ländern sind kaum auf einen simplen, gemeinsamen Nenner zu bringen. Aber alle operierten sie mit Geheimschriften und Geheimdokumenten. Denn zu oft waren sie in die hohe Politik verstrickt. Da es heute weltweit in fast jedem Land Freimaurer vor und hinter den Kulissen gibt, die sich teilweise unerkannt in höchst einflussreichen Positionen befinden, und da sie seit vier Jahrhunderten ihre Spuren in der Geschichte hinterlassen haben, können wir die Anzahl der möglichen Geheimschriften der Freimaurer nur unzuverlässig schätzen. Es handelt sich sicherlich um (gefühlte) Hunderte von Geheimschriften, wenn nicht Tausende.

Die wenigstens wurden bekannt und decodiert, denn den Freimaurern selbst ist es untersagt, über sich und ihren Bund zu berichten. Wir sind also einerseits bestenfalls exemplarisch in der Lage, einige Tupfer auf der Palette aufzuzeigen, können aber auf der anderen Seite durchaus auch mit einigen brisanten Enthüllungen aufwarten.

Doch zunächst noch ein paar Takte zum tatsächlichen Einfluss der Freimaurer auf die Geschichte, der weitaus größer war, als gemeinhin angenommen wird.

Die Freimaurerei und ihre geheimen Symbole

Schon in früheren Büchern haben wir nachgewiesen, dass die Französische Revolution (1789), die als das wichtigste Ereignis der Neueren Geschichte gilt, ein Werk der Freimaurerei war.[30] Die Namen der Drahtzieher lesen sich wie ein Who is Who der damaligen Freimaurer.

Der bedeutendste aller (intellektuellen) Revolutionäre war Monsieur Voltaire (1694–1778), dessen Schriften zumindest indirekt zur Französischen Revolution führten, obwohl er sie selbst nicht mehr erlebte. Voltaire war selbst Freimaurer, genau wie viele seiner Mitstreiter. Vor und während der Französischen Revolution gab es in Frankreich 629 Logen, man muss sich eine solche Zahl vor Augen halten! Überall wurde heimlich über die neuen Ideale (Liberté, Egalité, Fraternité – Freiheit, Gleichheit, Brüderlichkeit) nachgedacht und diskutiert, die alle freimaurerischen Ursprungs waren. Die Symbole für diese drei Ziele avancierten teilweise zu geheimen Erkennungszeichen, nicht anders als der Fisch einst das Christentum repräsentiert hatte.

Zum Teil wurden die Begriffe Freiheit, Gleichheit, Brüderlichkeit mit anderen freimaurerischen Symbolen zusammen dargestellt, wodurch sie regelrecht zu einer Geheimschrift gerieten; indirekt riefen sie zur Revolution auf, direkt wiesen sie auf den verschwörerischen Bund der Freimaurer hin. Das bekannteste freimaurerische Symbol war Winkelmaß und Zirkel. Denn die Bewegung der Frei-Maurer war einst aus Bünden von Maurern hervorgegangen, von Baumeistern und Architekten, wie wir heute sagen würden. Schon die Maurer kommunizierten untereinander mit geheimen Symbolen und Erkennungszeichen. Dass die Maurer und ihre Bünde politisiert wurden, darf als eigentliche Geburtsstunde der Freimaurerei angesehen werden, obwohl einige freimaurerische Publikationen auf weitaus frühere Quellen hinweisen.[31]

Abb. 6: Winkelmaß und Zirkel, ein freimaurerisches Symbol

Bestimmte Symbole wurden jedenfalls früh zu einer Art Geheimsprache oder Geheimschrift, mit der man sich untereinander verständigte.

Der Zirkel, mit dem man einen Kreis zeichnen konnte, stand für den *Kreis*lauf des Lebens, er bedeutete aber auch Unendlichkeit, Unsterblichkeit oder Gemeinschaft, abhängig vom Zusammenhang. Mit einem Kreis oder Zirkel verfügte man über eine Art bildliche/optische Geheimschrift, mit der sich Freimaurer gegenseitig identifizieren konnten.

Wo auch immer man dieses Zeichen noch heute antrifft, haben wir es mit Freimaurern zu tun.

Vergessen wir nie: Auch ein Bild kann eine „Geheimschrift" sein. Selbst moderne Bilder sind in dieser Beziehung durchaus vergleichbar mit den Bildern ägyptischer Hieroglyphen. Dort erzählt nur eine optische Darstellung oft sogar eine ganze Geschichte – wie beispielsweise die Veranschaulichung des Sonnengottes Re oder Ra, des höchsten Gottes der Ägypter.

Bemerkenswerterweise wurde er ebenfalls als Kreis dargestellt, manchmal mit einem zusätzlichen kleinen Kreis in der Mitte, hie und da als rotgefärbte Sonnenscheibe. Jeder Einwohner im alten Ägypten wusste sofort – sobald er nur diesen Kreis oder die Scheibe sah – um all die Erzählungen und Legenden, die sich um Re, den Sonnengott, rankten. Ein einziges Symbol erzählte hundert Geschichten.

Das Winkelmaß wies wie der Zirkel auf die Maurerbünde hin, da sich ihre Mitglieder bei der Arbeit an den Steinen und an Bauten ständig dieser Werkzeuge bedienten. Das Winkelmaß symbolisierte ein aufrechtes, anständiges Leben, sowie Gradlinigkeit, Exaktheit, Gewissenhaftigkeit und Ehrlichkeit. Wie nach einem rechten Winkel sollte der Mensch seine Handlungen ausrichten, er steht für Recht und Gerechtigkeit. Anders ausgedrückt: Das Individuum soll sich in den rechten Schranken bewegen, innerhalb der göttlichen und menschlichen Gesetze. Es soll uneigennützig handeln und für das Allgemeinwohl.

Das Winkelmaß wiederum ist das Zeichen des „Meisters vom Stuhl", des Vorstehenden einer Loge also, es ist das Symbol seiner

Abb. 7: Allsehendes Auge, ein Freimaurerzeichen. Oft erscheint es in Verbindung mit einer Pyramide. Hier sind Sonne und Mond angedeutet.

Amtsgewalt. Auch ihn mahnt es an seine Pflichten und leitet ihn an, das Recht hochzuhalten und das Richtige zu tun.

Darüber hinaus gab es weitere freimaurerische Symbole:

Das (allwissende, allsehende) Auge ist ebenfalls ein Erkennungs- und Geheimzeichen der Freimaurer. Einem breiteren Publikum wurde es bekannt, als es auch auf US-Dollarscheinen erschien. Das Auge repräsentiert Weisheit, Wissen, Wahrheit und das Gewissen sowie abermals Gradlinigkeit und Ehrlichkeit.

Natürlich gab es in diesem Zusammenhang auch andere Bedeutungen. Selbst Symbole durchlaufen manchmal Wandlungen, die sich über Tausende von Jahren erstrecken.

Dasselbe ließe sich von dem fünfzackigen Stern oder dem Pentagramm sagen, das ebenfalls von den Freimaurern verwendet wurde. Es symbolisiert, dass ein Anfang zu seinem Ende zurückkehrt. Doch natürlich existieren auch andere Interpretationen.

Und es gab und gibt noch weitere Zeichen, mit denen man sich wechselseitig als Freimaurer zu erkennen geben konnte. Es gab Codewörter und Losungswörter, die teilweise immer wieder abgeändert wurden.

Man operierte auch mit Tarnnamen und Inkognito-Namen. Ein berühmter Freimaurer, der berüchtigte, mysteriöse Graf von Saint Germain (1710–1784), nannte sich unter anderem Graf von Aymar, Graf von Bellamare oder Belmar und Graf Soltikoff. Er gab vor, Gold machen zu können, und war in zahlreichen Freimaurer-Bünden vertreten. Er nannte sich Algarotti in Berlin, Bellamare in Venedig, Monteferrat im übrigen Italien, Solar auf Malta, Welldon (oder Welldone, auch Weldone) in Preußen und St. Petersburg und Wolf in London. Insgesamt hatte er über dreißig Tarnnamen, ferner eine Vielzahl an geheimen „Brudernamen“, die er in den verschiedenen freimaurerischen Geheimzirkeln nutzte.

Kurz gesagt kam das Geheimnis bei den Freimaurern in zahlreichen Schriften, Namen und Symbolen wieder in Mode. Die Symbolik uferte aus. Einen rauen Stein nutzten die Freimaurer, um eine unvollkommene Persönlichkeit darzustellen, die erst „zugeschliffen“ werden musste. Andererseits symbolisierte ein viereckiger, kubischer Stein das Idealbild eines Menschen.

Es wimmelte also von Geheimzeichen und auch Geheimschriften.

Noch einmal: die Französische Revolution

Geschichtswissenschaft brachte zweifelsfrei ans Licht, dass die französische Revolution ein Werk der Freimaurer war. Wie und wo waren sie organisiert?

Die führenden Köpfe, d'Alembert, Diderot, Helvetius, d'Holbach, Condorcet und selbstverständlich der große Voltaire, trafen sich in der Loge der Neuf Soeurs (der Neun Schwestern), wo die Drähte zusammenliefen.

Die Loge befand sich in Paris. Ihr Name war den griechischen neun Musen nachempfunden, die die Wissenschaft und die Kunst verkörperten, und wurde auch die Loge der Philosophen genannt. Ihre Mitglieder unterstützten nachweislich die Aktivitäten, die später zur Amerikanischen Unabhängigkeitserklärung führten. Und hatten genauso ihre Hand im Spiel bei der Französischen Revolution. Gegründet worden war die Loge der Neuf Soeurs 1776 von dem Gelehrten Jérôme de Lalande, dem ersten Logenmeister, dem es gelang, die gescheitesten Köpfe in dieser geheimen Bruderschaft zusammenzutrommeln. 1778 kürte er Benjamin Franklin und Voltaire zu Ehrenmitgliedern. Ein Jahr später wurde Franklin gar zum neuen Logenmeister gewählt. Als Benjamin Franklin nach Amerika zurückkehrte, wurde Thomas Jefferson in Frankreich Abgesandter der Vereinigten Staaten und selbst in die Loge aufgenommen.

Ein weiteres Mitglied der Loge der Neuf Soeurs war der Marquis de La Fayette (1757–1834), der die Verbindung zwischen den Franzosen und den Amerikanern aufrechterhielt. La Fayette war zuvor von George Washington – dem ersten Präsidenten der Vereinigten Staaten und selbst Freimaurer – in eine Loge der Vereinigten Staaten aufgenommen worden; in Frankreich gehörte er außerdem den Logen Contrat Social und Suprême Conseil an.

Weitgehend unbekannt ist, dass die aktiven Drahtzieher der Französischen Revolution (unter anderem der Herzog von Orléans, Desmoulins, Mirabeau, Sièyes, Bailly, Talleyrand, Guillotin, Brissot, Marat, Danton und wahrscheinlich auch Robespierre) ebenfalls … Freimaurer waren. Mit anderen Worten: Alle wichtigen Inspiratoren und Akteuren der Französischen Revolution waren entweder Mitglieder dieses Geheimbundes oder Persönlichkeiten, die Freimaurern nahestanden.

Dem Freimaurer Desmoulins, der zu „spontaner" Gewalt aufrief und mit dem Sturm auf die Bastille das symbolische Fanal zur Französischen Revolution gab, gingen zwei weitere Brüder zur Hand (Moreton und Chabrillan), die zur Loge der Redlichkeit gehörten.

Der katholische Geistliche Abbé Sièyes (1748–1836), der immerhin zeitweilig Mitglied der französischen Nationalversammlung und anderer Regierungsorgane war, war auch der Loge der Neun Schwestern verbunden, also Freimaurer.

Bailly (1736–1793), ein berühmter Astronom, der ebenfalls der Revolution das Wort redete, der intrigante Talleyrand (1754–1838), der später als Außenminister fungierte, und Brissot (1754–1793), ein einflussreicher Jakobinerführer, waren allesamt Strippenzieher der Revolution – und Freimaurer.

Der zeitweilige Präsident der französischen Nationalversammlung, Condorcet, war genauso ein Logenbruder wie der berüchtigte Dr. Guillotin, der Erfinder der Guillotine, der „Abkürzungsmaschine"; er gehörte zur *Grand Orient de France* und zu zwei weiteren Logen, eine davon war die berühmte *Les Neuf Soeurs*, die wir inzwischen kennen und in der sich offenbar alles tummelte, was Rang und Namen hatte.[32]

Die Freimaurerei spielte also vor und während der Französischen Revolution, ja sogar noch danach, eine beträchtliche Rolle. Und sie beeinflusste die amerikanische Freimaurerei.

Selbst der Club der Jakobiner war aller Wahrscheinlichkeit nach eine Freimaurer-Vereinigung, die zu rund fünfzig Prozent den Verlauf der Französischen Revolution bestimmte. Der Club war geradezu eine Brutstätte freimaurerischen, revolutionären Gedankengutes.

Zahlreiche Mitglieder der französischen Nationalversammlung gehörten zu den Freimaurern.

Zumindest zu Beginn war der Kopf der Französischen Revolution der Herzog von Orléans – ein Großmeister der französischen Freimaurerei, er dirigierte die Grand Orient Lodge. Vorgeblich kaufte der Herzog im Jahre 1789 alles Getreide auf, verhökerte es im Ausland oder versteckte es und trug so zur Hungersnot in der Bevölkerung bei, die ohnehin bereits durch schlechte Ernten geplagt war – nur um bei ihnen den Hass auf den König zu schüren.

Als es endlich „knallte", als es zum Sturm auf die Bastille kam, dem berühmten Pariser Gefängnis, marschierte höchst wahrscheinlich nicht einfach ein Mob spontan los, wie das in vielen Geschichtsbüchern kolportiert wird, sondern vielmehr Menschen, die vorher bezahlt und angeheuert worden waren von revolutionären Führern, von Freimaurern.

Gleichzeitig hinterbrachten freimaurerische Kuriere den verschiedensten Städten in Frankreich die Nachricht, dass eine Verschwörung gegen die französische Nation im Gange sei. Man hetzte also gegen den König und gegen die Aristokraten, die sich auf ihren Burgen und Landsitzen versteckt hielten. Und so züngelten in Frankreich schließlich überall die revolutionären Flammen hoch auf.

Die Geschichte der Freimaurerei

Wir erkennen an nur einem Beispiel, welch gewaltigen Einfluss die Freimaurerei im 17./18. und auch noch im 19. Jahrhundert besaß. Auch unter Napoleon und lange nach der Französischen Revolution wurden nämlich höchst einflussreiche Positionen von ihren Vertretern besetzt. Im 20. und 21. Jahrhundert hat sich daran nichts geändert. Tatsächlich könnte man Land für Land auf unserem Globus untersuchen und mit Erstaunen feststellen, in welchem Umfang unsere Geschichte der letzen vierhundert Jahre von … Freimaurern geprägt wurde.

Eine „Geschichte der Freimaurerei“ lässt sich dennoch nicht schreiben und zwar aus zwei Gründen: Erstens ist sie bei weitem zu umfangreich, umspannt sie doch über hundert Länder. Die Freimaurerei ist heute in Mexiko – wo kein Präsident nicht auch gleichzeitig Freimaurer war – genauso vertreten wie in Japan oder in allen europäischen Ländern und selbstverständlich auch in US-Amerika. Dort wimmelt es nur so von Freimaurern. Zweitens handelte es sich stets um eine „geheim gehaltene“ Geschichte. Man müsste vorgeben, hundert, ja tausend geheime Schriften zu kennen, fünfzig Sprachen zu sprechen und in der Geschichtswissenschaft zahlreicher Länder zu Hause zu sein – was kein Historiker seriös von sich behaupten kann. Im Normalfall kennen selbst die Besten der Zunft nur die Geschichte eines Landes sehr gut, und hiervon gewöhnlich auch nur zwischen zweihundert und fünfhundert Jahre.

Aber man kann immerhin auf eine berühmte Geheimschrift der Freimaurer verweisen, die speziell im 18. Jahrhundert unverhältnismäßig viel Aufmerksamkeit erfuhr und pausenlos benutzt wurde.

Die Chiffre der Freimaurer

Aus verschiedenen Quellen[33] erfahren wir, dass Freimaurer Buchstaben in ein Linien- und Punktemuster verwandelten, woraufhin ein ganz neues Alphabet entstand.

Stellen wir diese Chiffre vor:

Die Technik ist schnell erklärt. Will man beispielsweise den Buchstaben A schreiben, so schaut man nur auf die Linien und Punkte. Ganz oben links findet man beispielsweise das A, rechts und unten gerahmt. Sprich, es gibt einen senkrechten Strich an der rechten Seite, von dem nach links am Fuß des A ein Strich wegführt. Lässt man nun das A weg und zeichnet nur diese beiden Striche, so ergibt sich das geheime A der Freimaurer.

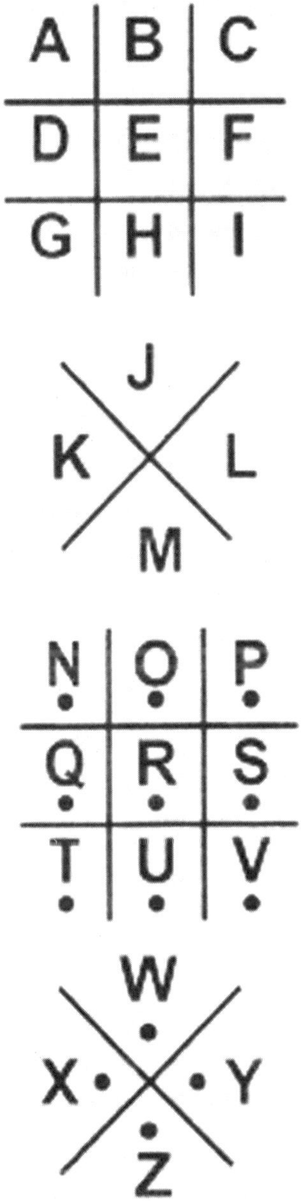

Abb. 8: Das Alphabet der Freimaurer

Das J würde man durch zwei Striche darstellen, die am Fuß trichterförmig zueinanderführen.

Das N durch die gleichen Striche wie das A, allerdings mit einem Punkt in der Mitte.

Es ist also eine Kleinigkeit, dieses freimaurerische Alphabet zu nutzen – die Codierung und Decodierung fällt leicht.

Eine Frage an den Leser: Wie sind beispielsweise die folgenden vier Buchstaben zu „übersetzen", zu decodieren?

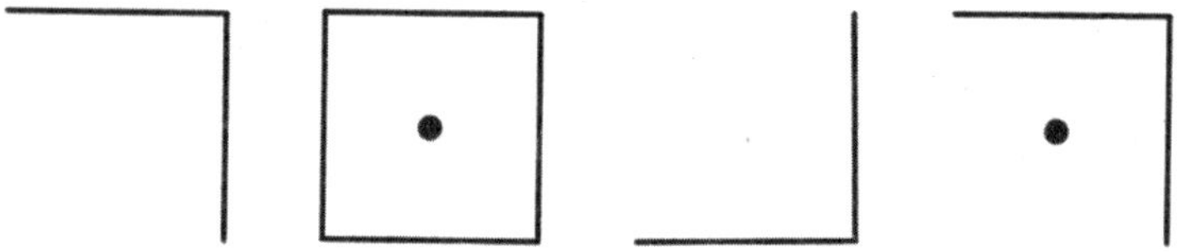

Abb. 9: Ein einzelnes Wort in der Freimaurer-Chiffre

Hier handelt es sich um die Buchstaben G, R, A und T. Das Wort könnte also mit G R A T „übersetzt" werden.

Tatsächlich kann sich jeder Leser in dieser Freimaurer-Chiffre schnell zurechtfinden, sowohl in Hinblick auf die Codierung als auch auf die Decodierung.

Im 18. Jahrhundert wurde diese Chiffre ständig benutzt. Ein Text wurde dadurch nicht nur verschleiert und zum Geheimtext, man gab sich außerdem sofort als Freimaurer zu erkennen. Zudem entdeckte man diese Geheimschrift in freimaurerischen Publikationen tatsächlich in verschiedenen Varianten, die der Öffentlichkeit nicht zugänglich waren. Es gab also mehrere Schlüssel. Nichts war leichter, als mit Strichen, Alphabeten, Punkten und Buchstaben zu jonglieren, statt da und dort etwas auszulassen oder hinzuzufügen oder gar ein neues Zeichen einzuschmuggeln.

Die Tradition der Freimaurer-Chiffre und die Kabbala

Die Freimaurer-Chiffre ihrerseits fußt auf einer altehrwürdigen Tradition. Unter anderem hatte man sich schon früher in der Kabbala bedient, einer geheimen Schrift, einer jüdisch-esoterischen Überlieferung.

Die *Kabbala* (wörtl. übersetzt = das Überlieferte, der Kabbalist = der Empfänger) bestand aus mehreren Schriften, die angeblich auf uralte hebräische Texte zurückgeführt werden konnten. Dem Glauben der Kabbalisten zufolge reichten die Texte bis zu den Weisheiten des ersten Menschen Adam zurück.

In Wahrheit entstand die Kabbala im 12. Jahrhundert in Südfrankreich und Spanien. Früh gab es mehrere Verzweigungen an diesem esoterischen Baum. Heute sind die unterschiedlichen kabbalistischen Strömungen noch zahlreicher. Selten lassen sie sich auf einen gemeinsamen Nenner bringen. Meistens jedoch spielt die Gotteserkenntnis eine Rolle, und stets ist sie spekulativ-esoterisch-mystisch. In einigen Schriften wird gelehrt, wie die Seele aus dem Körper heraustreten kann. Der Mensch wird als ein Abbild Gottes begriffen, der sich höherer Mächte zunutze machen kann. Er kann zehn geistige Kräfte heranziehen, um sein Alltags-Ich zu überwinden. Sprosse um Sprosse führt auf einer Leiter nach oben. Mit verschiedenen Techniken, die in den kabbalistischen Geheimtexten beschrieben sind, kann der Jünger der Kabbala schließlich eine Wand durchbrechen, die „härter als Diamant“ ist.

Selbst im 21. Jahrhundert war die Kabbala noch in bestimmten Kreisen populär. Man sprach von der „Hollywood-Kabbala“, wenn sich Superstars wie Madonna, Ashton Kutcher oder Britney Spears zu ihr bekannten; zeitweise war es chic, Kabbalist zu sein.

Aber wie ist es um die verschiedenen Geheimschriften bestellt?

Freimaurerei und Kabbala

Verschiedene Zweige der esoterischen Freimaurerei ließen sich von der Kabbala befruchten.

In einigen kabbalistischen Schriften, die in bestimmte Freimaurer-Kreisen eingingen, begegnet man immer wieder dem hebräischen Alphabet. Bei näherer Betrachtung entdeckt man gewisse Ähnlichkeiten mit dem freimaurerischen Alphabet. Denn viele hebräische Buchstaben bestehen ebenfalls aus Strichen und Punkten. Das hebräische B beispielsweise erinnert an das freimaurerische D, das hebräische R an das freimaurerische G. Die Herkunft des freimaurerischen Alphabets liegt damit auf der Hand.

Doch um die kabbalistischen Geheimschriften lesen zu können, muss man Hebräisch verstehen, speziell Althebräisch oder das biblische Hebräisch.

Und auch in der Kabbala gibt es zahlreiche Varianten. Manchmal wird in den kabbalistischen Geheimschriften zusätzlich mit Zahlenwerten operiert oder mit Punkten, die in einer ganz eigenen Art angeordnet sind. In einer weiteren Version werden die Buchstaben des kabbalistischen Alphabets nebeneinandergeschrieben, man verbindet sie und lässt die Punkte unter den Tisch fallen. Eine andere Abwandlung operiert mit großen Quadraten, in die ursprünglich hebräische Schriftzeichen eingesetzt wurden, die später dann lateinischen Buchstaben weichen mussten. Bei wieder einer anderen Variante arbeitet man mit zwei Buchstaben in den Quadraten. Mit anderen Worten: Der Fantasie sind keine Grenzen gesetzt

Allein mit der Textentzifferung anhand der verschiedenen Versionen kann man ohne Weiteres ein paar Monate oder sogar Jahre seines Lebens zubringen, besonders wenn man dazu noch die Anwendungsmöglichkeiten dieser Geheimtexte in Erfahrung bringen möchte.

Doch was ist mit unserer freimaurerischen Geheimschrift?

Wie schon angedeutet: Auch hier sind zahlreiche Versionen im Umlauf, ob mit oder ohne kabbalistischen Einflüssen. Nach wie vor begegnet man ihnen in Jugend- und Sachbüchern, auf Grabsteinen und an Hauseingängen. Gelegentlich wird die Freimaurer-Chiffre (oder einige ihrer Variationen) noch in US-Amerika verwendet; in Europa hingegen fristet sie bestenfalls ein stiefmütterliches Dasein. Da sie im Zeitalter des Computers zu leicht zu decodieren ist, hat sie praktisch ausgedient, zumindest was die Eins-zu-eins-„Übersetzung" des Alphabets angeht. In Verbindung mit bestimmten Codewörtern, deren wahre Bedeutung nur der Eingeweihte kennt, gerät jedoch selbst ein einfaches, freimaurerisches Dokument zu einem unentzifferbaren Geheimtext. In solchen Fällen könnte man von einer doppelten Chiffre sprechen. Wie schwer sie zu decodieren ist, beweist ein spannendes historisches Beispiel.

Die Illuminaten

Die sogenannten Illuminaten waren eine Spielart der Freimaurerei, die im 18./19. Jahrhundert von sich reden machte. Kurz gesagt, versuchten die Illuminaten, die „Erleuchteten", wie die wörtliche Übersetzung heißt, das politische System in Bayern zu unterwandern und heimlich und ungesehen die Macht zu übernehmen. Einerseits kämpften sie gegen Monarchen, Fürsten und Aristokraten, andererseits gegen Jesuiten, das Christentum und die Kirche. Mit einem sehr intelligenten Professor an der Spitze, mit Johann Adam Weishaupt (1748–1830), der in Ingolstadt (Bayern) die Rechte und das Kirchenrecht lehrte, gelang ihnen das fast sogar.

Weishaupt erschuf für seine Studenten ein ausgeklügeltes Erziehungssystem, um langsam, aber sicher die Welt zu verändern und zu verbessern. Seine Zöglinge sollten den „Gang durch die Institutionen" antreten. Er plante, seine Schäfchen auf hohe und höchste Pöstchen zu befördern. Von dort aus sollten sie die Welt im Sinne der Aufklärung ummodeln. Das heißt, die Vernunft sollte auf den Königsthron gehoben werden, der primitive Glaube sollte abdanken. Und so entwickelte er die Idee eines Geheimzirkels.

Geheime Botschaften wurden ausgetauscht, niemand durfte ja von dem Plan erfahren.

Um seine Botschaft in die studentischen Köpfe einzuhämmern, wählte Weishaupt die Eule zum Kennzeichen seiner Gesellschaft. Die Eule symbolisierte ja schon im alten Griechenland die griechische Göttin Athene, also Weisheit. Der Professor entwarf sein Erziehungssystem bis ins kleinste Detail, eine ganze Hierarchie entstand. Bei all dem verlangte er absoluten Gehorsam. Ewiges Stillschweigen und Treue mussten geschworen werden. Jeder seiner Jünger musste seine privatesten Verhältnisse und Sünden offenlegen. Die Mitglieder mussten sich Exerzitien und Reinigungsritualen unterziehen und nach Selbstvervollkommnung und Selbstverbesserung streben. Jedes Mitglied erhielt einen Tarnnamen oder Inkognito-Namen, um sich durch Geheimschriften zu verständigen. Selbst verschiedene Ortschaften wurden mit Geheimnamen ausgestattet. München hieß jetzt Athen, im Falle von Frankfurt sprach man von Edessa.[34] Sich selbst gab Weishaupt den Tarnnamen Spartakus, in Anlehnung an den bekannten Sklavenführer im alten Rom, der sich ebenfalls gegen die etablierte Ordnung erhoben hatte.

Und so erkennen wir schnell, dass die Freimaurer-Chiffre noch längst nicht ausgedient hat – ganz davon abgesehen, dass den Freimaurern bis heute vorgeworfen wird, ganze Staaten unterwandern zu wollen (was ihnen nebenbei bemerkt im Falle der Freimaurerloge P2 in Italien fast gelang).

Wenn die Freimaurer-Chiffre also gemischt wird mit anderen Chiffriertechniken, besitzt sie durchaus noch ihren Nutzen. Denn Symbole sind vieldeutig und Tarnnamen kaum zu entziffern, insbesondere wenn sie sogar für Ortschaften und Städte verwendet werden.

Will man die Wahrheit nicht ans Licht kommen lassen, muss man lediglich

- den Ort fälschen,
- den Namen des Drahtziehers und
- idealerweise sogar noch die Zeit.

Und schon kann die Lüge ihre Reise um die Welt antreten, ganz gleich, welches Alphabet, welche Zeichen, Linien und Punkte man benutzt.

10. Geheimschriften im Ersten Weltkrieg

Stellen Sie sich vor, Ihnen werden einige Zettel oder ein ganzer Packen Zettel zugeschickt oder übergeben, die Sie entziffern sollen. Darauf befinden sich kolonnenweise Zahlen, nichts als Zahlen, reine Zahlen. Das sieht dann vielleicht so aus:

12–1-24
18–2-22
14–1-16
…

Und so weiter und so fort.

Immer handelt es sich um drei nebeneinanderstehende Zahlen und Ziffern, die durch Bindestrich voneinander getrennt sind, wie oben dargestellt. Sie setzen sich nach unten schier endlos fort, jedenfalls gibt es Hunderte von diesen drei Zahlen. Offensichtlich handelt es sich um einen Code. Jemand hat also die Zahlen aus bestimmten Gründen so verfasst und untereinandergeschrieben.

Und *Sie* sollen diesen Code knacken!

Wie würden Sie vorgehen?

Was würden Sie vermuten, wenn immer wieder drei Zahlen nebeneinanderstehen? Worauf könnte das hindeuten?

Die Königin der Code-Knacker: Elizebeth Friedman

Einer der begabtesten Kryptoanalytikerin aller Zeiten wurde diese Aufgabe vorgelegt. Es war Elizebeth Friedmann (1892–1980), ein absolutes Ass in der Gilde der Dechiffrierer. Früh hatte sie sich einen beinahe legendären Ruf erworben. Denn angesichts des obigen Codes hatten viele „Experten" bereits das Handtuch geworfen. Überdies war die gesamte Branche der Codierer und Decodierer in Bewegung geraten, Codes wurden immer komplizierter. Ihr also wurde diese Aufgabe im Jahre 1916/1917 zugeteilt, als sich die Welt im furchtbaren Ersten Weltkrieg befand.

Elizebeth, Tochter eines Bankers/Politikers, der den Quäkern angehörte – einer religiösen Gemeinschaft mit christlichen Wurzeln, in der Integrität großgeschrieben wurde –, war von Haus aus Amerikanerin. Die USA standen im Ersten Weltkrieg auf Seiten der Briten. Der Vorname Elizebeth, statt Elizabeth, war ihr mit Bedacht gegeben worden. Ihre Mutter wollte verhindern, dass sie je Eliza genannt würde. Elizebeth studierte Anglistik – nicht etwa Naturwissenschaften oder Mathematik – nein, sie war fasziniert von den Werken Shakespeares, den sie vergötterte. Anfangs arbeitete sie in einer Bibliothek, einer *Research Library*, bis sie der Kaufmann George Fabyan abwarb, der eine private Forschungseinrichtung gegründet hatte – eine Denkfabrik, einen *Think-Tank*, wie das die Amerikaner nennen. Diese Think-Tanks spielen noch heute eine wichtige Rolle in den USA. Sie sind Vorreiter für viele Innovationen und oftmals sogar für hochpolitische Entscheidungen. In diesem Fabyanschen Think-Tank wurde aus unterschiedlichsten Blickwinkeln alles Mögliche erforscht. Hier gab es Ingenieure, Physiker und Sprachwissenschaftler genau wie Chemiker oder Genetiker. Man versuchte, über den unterschiedlichen Wissenschaften zu schweben und sich wechselseitig zu befruchten. Unter anderem forschte man auch intensiv innerhalb eines neuen Fachgebietes: der Kryptologie.

Elizebeths Aufgabe bestand zunächst darin, in Shakespeares Werken nach einem zweiten Autor zu fahnden. Gewisse Kreise vermuteten nämlich, dass Shakespeare die ihm zugeschriebenen Stücke nicht allein verfasst hatte, sondern mindestens ein weiterer Autor am Werk war. Wie im Falle Homers ging man davon aus, dass mehrere Autoren hinter dem Namen „Shakespeare“ standen. Längst wusste man, dass ein Autor auch daran zu erkennen war, dass er sich bestimmter Lieblingsvokabeln bediente, dass er grammatikalische Eigenheiten hatte, dass er sich gern eines bestimmten Satzbaus befleißigte und so fort; selbst die Vorliebe für Adjektive verrieten ihn bisweilen. Letztlich konnte man mit mathematischen Formeln auf einen Stil rückschließen. Auch in den Reihen der Sprachwissenschaftler, zu denen Elizebeth zählte, war eine neue Ära angebrochen.

Nur am Rande: Als man später die älteren Teile der Bibel der gleichen mathematischen Analyse unterzog, stellte man fest, dass sie von mehreren Autoren verfasst worden war, nicht nur von Moses, von Gott inspiriert. Mathematiker (und später Computerexperten) verbannten das Rätselraten aus der Literaturwissenschaft. Und gegen Zahlenlogik konnte man schwer argumentieren.

Es war eine spannende Aufgabe, Shakespeares Stücke mit ganz neuen Techniken zu untersuchen. Vielleicht verbarg sich innerhalb seiner offiziellen Stücke ein weiterer Autor? Hatte möglicherweise der berühmte englische Philosoph, Jurist und Staatsmann Francis Bacon (1561–1626) bei Shakespeares Werken seine Finger im Spiel?

Zur gleichen Zeit wurden allerdings draußen in der Welt Menschen erschossen; sie starben millionenfach, wie die Fliegen. Was konnte wichtiger sein, als sich vorrangig darum zu kümmern?

Die Weltsituation

Die Welt kochte, als Elizebeth zur Kryptologin ausgebildet wurde. Deutschland und Österreich kämpften gemeinsam mit einigen wenigen Verbündeten schier gegen die ganze Welt, jedenfalls gegen Russland, Großbritannien, Frankreich und später die USA.

Der Code, der um jeden Preis entziffert werden musste, stand auf Papieren, die in Indien gefunden worden waren. Sie mussten dringendst dechiffriert werden, denn sogar das entfernt gelegene Indien konnte für den Ausgang des Ersten Weltkrieges eine Rolle spielen.

Inwiefern? Um die Lage zu verstehen, müssen wir in der Zeit zurückgehen. Macht war damals, 1914–1918, als der Erste Weltkrieg tobte, ganz anders verteilt als heute.

Ende des 18. Jahrhunderts, im 19. Jahrhundert und auch noch zu Beginn des 20. Jahrhunderts war Großbritannien Weltmacht Nr. eins. Es beherrschte die Meere und befehligte die weltweit beste Flotte. Die Engländer herrschten über zahlreiche Kolonien in Afrika, in Fernost und im Mittleren Osten. Indien war ebenfalls eine britische Kolonie – heute mit seinen rund 1,4 Milliarden Einwohnern fast unvorstellbar. Indien war nicht einmal selbstständig; noch hatten die Abnabelungsversuche von England nicht begonnen. Selbst die USA waren einst zum Teil britische Kolonie. Die Welt gehörte den Briten, als sie den Deutschen im Ersten Weltkrieg gegenüberstanden.

An zweiter Stelle im Mächtepoker befand sich Deutschland, das einen ungeheuren Aufschwung genommen hatte.

Russland hingegen war relativ schwach, an seiner Spitze stand ein drittklassiger Zar. Die Zustände in Russlands Innerem waren chaotisch, eine Revolution stand vor der Tür.

Mit anderen Worten: Wir müssen völlig umdenken, wollen wir die Situation im Jahre 1916/1917 verstehen.

Da sich der Erste Weltkrieg wie ein Flächenbrand in verschiedenen Ländern ausbreitete, in den entferntesten Winkeln der Erde, wurden zahlreiche Mächte in diesen Krieg hineingezogen. Auch Indien. Und hier hatten die Engländer diese ominösen Zettel mit den unverständlichen Zahlen gefunden, die möglichst rasch entziffert werden mussten. Alles deutete darauf hin, dass es in Indien Bestrebungen gab, die Herrschaft der Briten infrage zu stellen. Die Zeit drängte.

Decodierungs-Versuche

12–1-24
18–2-22
14–1-16
...

Verflixt, worum ging es hier?

Viel, wenn nicht alles, hing von Elizebeth ab, die inzwischen einen geistesverwandten Wissenschaftler geheiratet hatte, der im gleichen Think-Tank arbeitete und wie sie besessen war von der Kryptologie. Sie hatte Karriere gemacht. Eine eigene Denkfabrik für Kryptologen war entstanden.

Später sollte Elizebeth zur US-amerikanischen Küstenwache wechseln, um zahlreichen Alkoholschmugglern auf die Spur zu kommen. Dort entzifferte sie rund 12 000 Funksprüche der Schmuggler und knackte die kompliziertesten Codes. Doch schon jetzt war sie eine Legende. Kein Code war vor ihr sicher. Und so erstaunt es nicht, dass sie später auch von der Armee und der Marine der Vereinigten Staaten von Amerika angeheuert wurde.

Doch bleiben wir der Chronologie treu:

Eines Tages, etwa 1916/1917, legte man ihr diesen unentzifferbaren Code vor, der selbst alte Hasen zur Verzweiflung trieb.

Doch Elizebeth kannte ja die verschiedensten Dechiffriermethoden. Mit Sicherheit wusste sie, dass in jeder Sprache bestimmte Buchstaben häufiger vorkommen. Im Deutschen und Englischen war das E der häufigste Buchstabe, an zweiter Stelle stand im Deutschen das N.

Für die deutsche Sprache generell galt Folgendes:

E	=	17,40 % Häufigkeit innerhalb von 100 %
N	=	9,78 %
I	=	7,55 %
S	=	7,27 %
R	=	7,00 %
A	=	6,51 %
T	=	6,15 %
D	=	5,08 %

Theoretisch konnte es sich bei den Zahlen um eine Substitution handeln, also um einen Ersatz für das Alphabet. Dann musste man nur die häufigsten Zahlen herauspicken und ihnen anhand dieser Analyse die richtigen Buchstaben zuordnen. Ein Kinderspiel! Elizebeth probierte und probierte, auch alle möglichen komplizierteren Varianten, doch selbst sie konnte die Aufgabe nicht lösen.

Auch andere Sprachen, die sie bestimmt ebenfalls austestete, Englisch und Hindi allemal, brachten kein Ergebnis.

Zum Henker! Was war die älteste Dechiffriermethode, mit der ein Zahlencode je geknackt worden war?

Die Inder, die Deutschen und die Engländer

Der politische Hintergrund war leicht zu verstehen: Die Deutschen versuchten möglicherweise, in Indien einen Aufstand anzuzetteln.

Ihre Berechnung war einfach: Wenn sich Großbritannien verzettelte, wenn sich die Engländer in Indien einem Aufstand oder noch besser einer Revolution gegenübersahen, wenn sie befürchten mussten, dass die Melkkuh Indien sich aus ihrer Einflusssphäre löste, ja dann musste es seine Streitkräfte an einer weiteren Front einsetzen. Großbritannien würde seine Kräfte aufsplittern. Das britische Empire konnte unmöglich zulassen, dass sich Indien, das viel zum Reichtum des eigenen Landes beitrug, einfach von ihm lossagte. Schließlich lebten die Briten von ihren Kolonien, ihnen verdankten sie ihre Einkünfte und ihre Weltherrschaft, stets zusammen mit ihrer Flotte.

Die Engländer und die Amerikaner kannten diese Überlegungen der Deutschen, die es ihrerseits nur allzu gern gesehen hätten, dass sich das britische Weltreich hätte an einer weiteren Front in Kämpfe verstricken müssen. Den verdächtigen Code mit den vielen Zahlen hatte man bei zweifelhaften, indischen Personen gefunden; jedenfalls war etwas im Busch. Die Entzifferung des Codes konnte möglicherweise darüber Aufschluss geben, was einige Inder im Schilde führten, vielleicht mithilfe der Deutschen. Ganze Packen dieser Zahlen-Codes hatte man aufgespürt und sichergestellt.

Doch was besagten die Zahlen? Die britischen Dechiffrierer hatten sich bereits die Zähne daran ausgebissen.

Das Problem bestand unter anderem darin, dass die Kryptoanalyse auf einer Seite Quantensprünge gemacht hatte und auf der anderen Seite noch immer mit primitivsten Verschlüsselungen arbeitete.

Die Suche oder die Polybios-Chiffre

12–1-24
18–2-22
14–1-16
…

Zahlen, Zahlen und nochmals Zahlen. Wo sollte Elizebeth ansetzen? Wie ließ sich der verflixte Code knacken? Gab es einen gescheiten Einstiegspunkt? Hatte man erst einmal einen einzigen Stein, einen festen Punkt im All, dann ließ sich das gesamte Gebäude ja recht leicht erstellen. Elizebeth Friedmann zermarterte sich ihr Hirn.

Fest stand: Selbst wenn man alle möglichen mathematischen Formeln benutzte, ergab sich kein Eins-zu-eins-Übersetzungsalphabet. Der Einfache Cäsar und auch seine komplizierteren Variationen zeitigten keinerlei Ergebnis. Die Zahlen schienen völlig willkürlich neben- und untereinandergestellt worden zu sein. Sie gaben nur Rätsel auf. Nicht ein Wort konnte decodiert werden. Nichts machte Sinn.

Elizebeth überlegte, bis ihre Synapsen klapsten, wie das einst ein anderer Dichter, nicht Shakespeare, ausgedrückt hatte. Eigentlich war sie Literaturwissenschaftlerin, keine Mathematikerin. Und jetzt musste sie sich mit diesen mysteriösen Zahlen herumschlagen. Die Herausforderung war riesig.

Aber so schnell konnte sie nicht aufgeben. Sie hatte einen Ruf zu verlieren. Und sie war besessen von den scheinbar unlösbaren Rätseln der Kryptografie. Bisher hatte sie noch vor keinem Code kapituliert.

Wie sah in der Vergangenheit der prominenteste Geheimcode aus, wenn Zahlen, speziell Zahlenpaare, benutzt worden waren? Inzwischen kannte sie sich auch exzellent in der Historie der Kryptografie aus. Ihr fiel die Geheimschrift des Polybios ein.

Polybios? Wer war das noch einmal? Sie erinnerte sich: Polybios (200–120 v. Chr.) war vor allem als griechischer Geschichtsschreiber bekannt, doch an sich ein Politiker und Militär, der als Feldherr von sich reden gemacht hatte, bevor er zur Feder griff und seine Erfahrungen schriftlich festhielt. Polybios war nach Rom deportiert worden, nach einem verlorenen Krieg der Griechen gegen die Römer. Dort hatte man ihn jedoch gut behandelt, weil er als ehemaliger Feldherr zur Prominenz zählte. Die Art seiner Geschichtsschreibung war sehr pragmatisch. Er fühlte sich bloß der Wahrheit verpflichtet. Wie der griechische Historiker Thukydides wollte Polybios belehren und Ursachen von Ereignissen aufspüren; er wollte

Kausalitäten in der Geschichte aufzeigen. Ja, ihm war sogar daran gelegen, durch Geschichte Daten für vernünftiges, künftiges Handeln zu liefern. Er forderte andere Historiker auf, sorgfältig Quellen zu studieren und persönlich Erkundigungen einzuholen. Als ehemaliger Feldherr verlangte er außerdem, stets die örtlichen Begebenheiten zu beschreiben. Historie sollte genau sein, zuverlässig, ohne schmückendes Beiwerk, ohne rhetorischen Schnörkel, glaubwürdig und objektiv.

All das wusste Elizebeth.

Doch sie durfte nicht abschweifen, obwohl manchmal gerade so ein Hintergrundwissen wichtig war. Auch die Chiffriermethode nach Polybios musste sie im Auge behalten, die Polybios-Chiffre, wie man sie später taufte. Wie sah sie aus?

	1	2	3	4	5
1	A	B	C	D	E
2	F	G	H	I	K
3	L	M	N	O	P
4	Q	R	S	T	U
5	W	X	Y	Z	

Abb. 10: Die Polybios-Chiffre. Sie wurde auch in der Neuzeit häufig zur Nachrichtenübermittelung eingesetzt.

Die Polybios-Chiffre konnte per Funk, aber auch zur Übermittlung von optischen Nachrichten eingesetzt werden, und schriftlich natürlich ohnehin. Jedem Buchstaben des Alphabets wurde eine zweiziffrige Zahl zugeordnet. Damit 28 Buchstaben in ein Quadrat passten, wies man den Buchstaben I und J dieselbe Ziffer zu.

Will man in der Polybios-Chiffre also „Hallo“ sagen, dann wählt man für das H die Zahl 23, für das A die Zahl 11, für das L die Zahl 31 und für das O die Zahl 34.

Mit anderen Worten: Das Wort H A L L O sähe innerhalb dieser Chiffre folgendermaßen aus:

23 11 31 31 34.

Das wäre die Polybios-Chiffre.

Und was würde folgendes Wort im Klartext bedeuten?

33 15 24 33

Nun, ganz einfach: N E I N.

J A sähe so aus: 24 11, denn J und I werden ja durch dieselben Ziffern repräsentiert.

Elizebeth Friedmann testete gewiss auch die Polybios-Chiffre, gewissermaßen vorwärts und rückwärts, mit allen möglichen ihr bekannten Varianten. Man konnte einzelnen Zahlen ja ohne Weiteres auch eine andere Bedeutung geben. Das Ergebnis? Nada, niente, nothing, zero. Auch ein komplizierteres, verschobenes Zahlen-Alphabet funktionierte nicht.

Dabei wusste Elizebeth genau, dass noch immer die einfachsten Codierungen benutzt wurden. Das hatte ihre Arbeit mit Gangstern und Ganoven, mit Schmugglern und Kriminellen bewiesen. Das hatte sogar Lenin hinreichend gezeigt, der größte und bekannteste aller Revolutionäre, der den Deutschen ebenfalls geholfen hatte oder gerade dabei war, ihnen zu helfen.

Unvermittelt schweiften ihre Gedanken ab.

Lenins Verschlüsselungsmethode

Dass der „große“ Lenin, der später zu einer Kultfigur aufgebaut wurde, anfänglich ein kleiner Krimineller war, ist weitgehend unbekannt. Doch welchen Code benutzte Lenin, wenn er die Massen zur Revolution aufrief – oder wenn er versuchte, den eigenen Hintern zu retten?

Bekannt ist, dass Lenin in seinen frühen Jahren als Rechtsanwaltsgehilfe in Petersburg arbeitete. Still und heimlich betätigte er sich zur gleichen Zeit auch in illegalen Zirkeln und machte gegen das Zarenregime mobil. Ständig verfolgte ihn deshalb die Geheimpolizei.

Lenin begab sich mehrfach ins Ausland – er reiste nach Deutschland, Frankreich und in die Schweiz – und schloss sich dort mit verschiedenen kommunistischen Gruppierungen kurz. Aber er kehrte immer wieder nach Petersburg zurück, wo er die Marxisten zu einem „Petersburger Kampfbund zur Befreiung der Arbeiterklasse" umfunktionierte.

Dann schlug das Schicksal zu. In der Nacht vom 20. zum 21. Dezember 1895 wurde Lenin verhaftet.

Schon zu diesem Zeitpunkt besaß er zahlreiche Tarnnamen, die er auch in seinen geheimen Schriften verwendete. Eigentlich hieß er Wladimir Iljich, selbst Lenin war nur ein Inkognito-Name, mit dem er ab Dezember 1900 Verfolger in die Irre führen wollte. Ferner nannte er sich auch Iordan K. Iordanov, Mayer oder W. Iljin und Tulin.

Trotzdem kam man ihm auf die Schliche. Lenin wurde verurteilt und schmorte vierzehn Monate in einer Einzelzelle im Gefängnis. Hier lernte er unter anderem, wie man Nachrichten nach draußen schmuggelt. Da ihm Bücher zur Verfügung gestellt wurden, schrieb er mit Milch verschlüsselte Botschaften zwischen verschiedene Zeilen und gab die Bücher danach zurück. In der Folge musste der Empfänger nur die Buchblätter erwärmen, die Milch-Buchstaben erschienen und konnten entziffert werden. Die Milch füllte er zuvor in winzige Tintenfässchen, die er aus Brot geformt hatte. „Erschien ein Aufseher, aß er die Tintenfässchen rasch auf."[35]

Lenin avancierte zu einem Meister der Täuschung. Er war zwar nach Sibirien verbannt worden, doch die Zeit der Verbannung war auszuhalten. Immerhin durfte er lesen, schreiben und spazieren gehen, ja sogar jagen und heiraten. 1900 wurde Lenin entlassen – woraufhin er sich sofort in neue revolutionäre Aktivitäten stürzte.

Nein, selbst Lenin, der Berufsrevolutionär, der Prototyp aller Revolutionäre, half Elizebeth mit seiner Geheimschrift nicht weiter.

Die komplette neuere Geschichte der Kryptografie erstand mit einem Mal vor ihrem inneren Auge.

VERSCHLÜSSELUNGSMETHODEN

Bereits im 9. Jahrhundert nach Christus hatte ein arabischer Codeknacker von sich reden gemacht, und im Jahre 1506 nach Christus tat es ihm der erste große Kryptoanalytiker der Geschichte gleich, ein Geheimsekretär Venedigs. Sein Name ist zwar in Vergessenheit geraten, nicht jedoch seine Taten. Aus ganz Italien sandte man ihm abgefangene Botschaften zu, die er bravourös entschlüsselte. Sogar Papst Clemens VII. bediente sich seiner.

Entschlüsselungen gerieten fast zum Sport in den hohen Zirkeln der Politik, verschiedene Höfe verfügten gar über ihre eigenen kryptografischen Dienste. Selbst die Verschwörung der Maria Stuart, der Königin von Schottland, die gegen ihre Cousine, Königin Elisabeth I. von England (1533–1603) intrigiert hatte, flog auf. Elisabeths I. Geheimdienstchef, Sir Francis Walsingham, hatte den Code eines verräterischen, von Maria Stuart verschickten Briefes geknackt, der enthüllte, dass diese einem Attentat auf Elizabeth I. nicht abgeneigt sei.

Die Geschichte hat nie endgültig geklärt, ob sie tatsächlich in das Komplott verwickelt war oder nicht, doch vieles deutet darauf hin. Die schottische Königin hatte innerhalb des Alphabets die Buchstaben einfach durch andere Zeichen ersetzt, zum Teil willkürliche Zeichen. Das Unendlichkeitszeichen, also die liegende Acht, beispielsweise ersetzte das H, den griechischen Buchstaben Theta benutzte sie für das G und ein Dreieck für das S. Um die Verschlüsselung vollkommen zu machen, wurden Codewörter eingefügt. Vor allem Namen wurden durch willkürliche Zeichen ersetzt. Aber auch normale Vokabeln, wie die englischen Wörter *and, for, with, but* oder *of*, hatte sie durch ein einziges Zeichen substituiert. Das Wörtchen *not* beispielsweise wurde durch ein X repräsentiert.

Dennoch war dieser Code mithilfe der Häufigkeitsanalyse geknackt worden. Er führte zu Maria Stuarts Hinrichtung, immerhin eine Königin.

Eine unzureichende Verschlüsselung änderte also die Geschichte, man muss es sich vorstellen! Wäre Maria Stuarts Anschlag geglückt, hätten sich die (katholische) Religion und damit die Machtverhältnisse in England komplett geändert. Dem Papst in Rom wäre erneut eine Schlüsselstellung in der europäischen Politik zugefallen. Englands Beziehungen zu anderen Ländern hätten sich von Grund auf geändert.

Geheimcodes spielten also längst eine entscheidende Rolle in den höchsten Zirkeln der Politik.

Spätestens seit sich der italienische Mathematiker Leon Battista Alberti (1404–1472) dieses Problems angenommen hatte, war auch die polyalphabetische Verschlüsselung geknackt worden. Das griechische *poly* bedeutet „viel". Bei dieser Verschlüsselungstechnik wurden also vielfache Verschlüsselungs-Alphabete benutzt, sprich mehrere Alphabet-Verschiebungen innerhalb eines Textes. Man schob das Alphabet ständig hin her. Folglich brauchte man einen bestimmten Schlüssel, um dem Rätsel auf die Spur zu kommen. Beispielsweise konnte das A durch ein D ersetzt werden, und an anderer Stelle auch durch ein E, je nachdem, wie oft den einzelnen Buchstaben neue Buchstaben zugewiesen wurden. Es stand einem frei, beliebig oft alle möglichen Zeichen zu verwenden, die ihre Bedeutung allerdings nicht notgedrungen beibehielten. Man konnte wie ein Hase in einem Feld hin- und herspringen und den Decodierer damit in den Wahnsinn treiben.

Damit war der Grundstein für die bekannte Vigenère-Verschlüsselung gelegt. Der Diplomat Blaise de Vigenère (1523–1596) erarbeitete eine Methode, die lange Zeit als unknackbar galt. Er operierte mit mehreren Verschiebungen. Erst 1850, also dreihundert Jahre später, wurde die nach ihm benannte Vigenère-Verschlüsselung vom Mathematiker Charles Babbage entschlüsselt. Ein nur dem Empfänger bekanntes Code- oder Schlüsselwort erlaubte eine neue Methode der Codierung, es verriet die alphabetischen Verschiebungen.

Der ewige Krieg zwischen Codierer und Decodierer nahm eine neue Dimension an. Selbst der Häufigkeitsanalyse, der Vigenère ein Schnippchen geschlagen hatte – zur Erinnerung, im Deutschen ist das E der häufigste Buchstabe –, stellte man eine neue Waffe gegenüber. Das E wurde beispielsweise durch 17 verschiedene Doppelziffern ersetzt. So vermied man das permanente Auftauchen des E; die Existenz des E wurde nicht entdeckt. Noch einmal: Man ersetzte einen Buchstaben des Alphabets nicht nur durch eine unveränderbare Doppelziffer, sondern durch so viele unterschiedliche Doppelziffern, dass die Häufigkeitsanalyse vollständig versagte. Nun stellen Sie sich vor, man macht das mit allen Buchstaben!

Ein Genie schlug das andere.

Damit gab es scheinbar keine Möglichkeit mehr, einzelnen Buchstaben auf die Schliche zu kommen. Scheinbar. Doch Linguisten hatten längst entdeckt, dass es in jeder Sprache bestimmte Buchstaben-Kombinationen gibt. So folgt im Deutschen etwa auf den Buchstaben Q immer ein U. Diese Gesetzmäßigkeit nutzte man jetzt zur Entzifferung. Auch Bi- und Trigramme, also zwei- oder drei aufeinanderfolgende Buchstabenreihen, kommen praktisch in jeder Sprache vor. Im Deutschen beispielsweise ist die Endung -ung besonders häufig. Und diese Spracheigenheiten machte man sich zunutze, um einen Text zu dechiffrieren, trotz aller Gegenanstrengungen.

Elizebeth Friedmann kannte die verschiedenen historischen Entwicklungen, und zog sie in Betracht. Sie testete aus, was sie gelernt hatte.

Mit Sicherheit erinnerte sie sich auch daran, dass in US-Amerika im 17. Jahrhundert kein geringerer als Thomas Jefferson – einer der Väter der Unabhängigkeitserklärung und später der dritte Präsident der Vereinigten Staaten – einen Chiffrierzylinder entwickelt hatte. Im 20. Jahrhundert musste er quasi neu erfunden werden, weil er zwischenzeitlich in Vergessenheit geraten war.

Der Chiffrierzylinder oder die Jefferson-Walze war ein 48 mm dicker und 144 mm langer, drehbarer Zylinder aus Holz. Auf dieser Walze gab es 36 nummerierte Scheiben. Eine einzige Scheibe bot 25 Möglichkeiten zur Verschlüsselung. Eine davon wurde für den Geheimtext ausgewählt und benutzt. Nur der Sender und der Empfänger kannten die richtige Scheibe und Kombination. Der Empfänger stellte seine Walze auf die gleiche Art ein und konnte daraufhin die Buchstabenfolge entziffern und die Geheimbotschaft entschlüsseln. Der uneingeweihte Zeitgenosse hingegen biss sich daran die Zähne aus, denn es gab einfach zu viele Möglichkeiten. Man hätte einen Computer gebraucht, um sie alle auszutesten.

Wir müssen die Funktionsweise der Jefferson-Walze nicht genau verstehen, wir müssen sie nicht im Detail nachvollziehen. Von Bedeutung ist lediglich, dass die Buchstaben so oft und auf so unübersichtliche Weise ineinander verschoben wurden, dass Millionen von Möglichkeiten entstanden.

Im 19. Jahrhundert machte schließlich der US-amerikanische Schriftsteller und bekannte Literat Edgar Allan Poe (1809–1849) von sich reden. Nicht nur in seinen Stücken beschrieb er manchmal die Schlüssel zu geheimnisvollen Chiffres, auch privat war er ein leidenschaftlicher Codeknacker. Er machte sich einen Spaß daraus, seine Leser zu bitten, ihm „unentschlüsselbare" Codes zuzuschicken. Daraufhin dechiffrierte er sie und schickte sie den erstaunten Lesern wieder zurück. Selbst Liebesbotschaften, die romantische Autoren verschlüsselt in der *Times* untergebracht hatten, entzifferte er problemlos.

Und Elizebeth vergaß gewiss auch nicht, dass längst einige neue Methoden in die Verschlüsselung von Worten und Buchstaben Einzug gehalten hatten. Inzwischen gab es das Morse-Alphabet und die Blindenschrift, das Winkeralphabet und Funksprüche.

Seeleute verständigten sich von Schiff zu Schiff, indem sie mit den Armen verschiedene Positionen einnahmen, jede Position repräsentierte einen Buchstaben. Im Winkeralphabet wurde das D durch einen gerade gestreckten, hoch erhobenen Arm angezeigt, das R durch einen gerade nach vorn ausgestreckten Arm. Beim Morse-

Alphabet oder Morsecode ging es um die telegrafische Übermittlung von Buchstaben und Zeichen. Per Ton, als Funksignal, als elektrischer Impuls oder optisch (mit einem blinkenden Licht zum Beispiel) wurde eine Botschaft übertragen. Hier spielte die Zeit die entscheidende Rolle, denn beim Morsen unterscheidet man zwischen kurz und lang – optisch, akustisch oder auch schriftlich. Das E etwa wird durch ein kurzes Signal repräsentiert, das I durch zwei kurze Signale.

Und die Blindenschrift? Nun, hier werden die einzelnen Buchstaben des Alphabets durch sechs erhabene Punkte in verschiedenen Kombinationen erfasst. Und das kann man über den Tastsinn begreifen.

Um all diese Feinheiten wusste Elizebeth Friedmann sicherlich. Aber rein gar nichts lieferte ihr einen Hinweis, wie sie den Code der indischen Rebellen knacken konnte.

Die Deutschen, die Amerikaner und die Mexikaner

Schon nach kurzer Zeit waren die Deutschen im Ersten Weltkrieg in der Bredouille.

Die Fehleinschätzungen ihrer OHL, ihrer Obersten Heeresleitung, waren gewaltig. Also suchte man schon früh verzweifelt nach Auswegen.

Anfänglich waren die Deutschen mit Hurrageschrei in diesen Krieg gezogen. Als die deutschen Soldaten in die Züge nach Frankreich stiegen, um an die Front zu gelangen, prahlten viele: „Auf nach Paris, mir juckt die Säbelspitze.“[36]

Schon bald stellte sich jedoch heraus, dass die Gegner mindestens gleichwertig, wenn nicht sogar überlegen waren – immerhin standen an Frankreichs Seite auch Großbritannien und Russland. Später führte man beinahe gegen die ganze Welt Krieg: Hinter den Kulissen versorgten die Amerikaner die Engländer mit Waffen. Die

USA war anfänglich zwar noch nicht offiziell in den Krieg eingetreten, sympathisierte aber offen mit den Briten.

Also überlegte sich die deutsche OHL, wie sie die Russen, die Amerikaner und die Briten vom Schauplatz des Geschehens in Frankreich fernhalten konnte. Hier hatten sich die feindlichen Armeen schon nach kurzer Zeit in einen furchtbaren Stellungskrieg verbissen.

Großbritannien konnte vielleicht durch eine indische Rebellion abgelenkt werden. Russland durch den infamen Lenin.

Und die USA? Nun, es gab eine sehr interessante Möglichkeit, auch die Amerikaner abzulenken. Immerhin waren die Vereinigten Staaten von Amerika Nachbarn von Mexiko. Und Mexiko war alles andere als gut auf die „Gringos" zu sprechen, wie sie die Amerikaner verächtlich bezeichneten. Der Grund lag auf der Hand. Die USA hatten zuvor Mexiko riesige Gebiete abspenstig gemacht. Texas und Kalifornien beispielsweise hatten einmal zum mexikanischen Staat gehört. Für die Mexikaner waren die USA Diebe. Mehr als ein Krieg war zwischen den USA und Mexiko ausgefochten worden. Mexiko hatte diese Kriege haushoch verloren, allerdings nicht vergessen. Die Wunde schwärte und brannte noch immer.

All das wusste die deutsche Oberste Heeresleitung. Vielleicht konnte man ja in dieser Hinsicht ebenfalls das Feuer schüren. Möglicherweise musste man nur die mexikanische Regierung ermutigen, gegen die USA loszuschlagen. Man musste den Mexikanern zeigen, dass man ihre Position verstand, ja dass man sie unterstützen würde gegen die Gringos. Also sandte man eine verschlüsselte Geheimbotschaft an die mexikanische Regierung, um ihre Politiker aufzuwiegeln und ihnen zu bedeuten, dass man die USA ebenfalls hasste, ja dass man sogar gegen sie losschlagen würde.

Mit anderen Worten: Drei Mächte mussten abgelenkt werden – Großbritannien, Russland und die USA –, wollte man eine Chance haben, den Ersten Weltkrieg in Europa zu gewinnen.

Die Auseinandersetzung lief auf ihren Höhepunkt zu. Und an allen Fronten spielten Geheimtexte und Geheimschriften die entscheidende Rolle.

Der Durchbruch

12–1-24
18–2-22
14–1-16
…??

Der Code ist immer noch nicht geknackt.

Elizebeth lässt sich über verschiedene Spionage-Tätigkeiten aufklären, vielleicht hilft ihr das weiter. Sie muss sich in die Welt der Spitzel und Späher einfühlen, muss sie verstehen, von ihrem innersten Kern her, nur dann kann sie mit diesem mysteriösen Code Erfolg haben. Sie weiß zu diesem Zeitpunkt noch nicht, dass sie später tatsächlich von der Marine als Kryptoanalytikerin angeheuert und an herausragender Stelle für die US-Geheimdienste tätig werden wird. Doch schon jetzt fragt sie sich, was in den Köpfen der Spione vorgehen mag. Sie muss sich diese Frage stellen, um diesen verflixten Code zu knacken.

Die Deutschen sprechen vom Ersten Weltkrieg, die Franzosen nennen ihn *Grande Guerre* und die Amerikaner *Great War*. Elizebeth erfährt zu ihrem Erstaunen, dass die Spionage inzwischen weltweit ein unglaubliches Ausmaß angenommen hat. Fieberhaft sucht man in allen Ländern nach begabten Agenten, nach Codierern und Decodierern. Nur wer über die besten Spione und die hellsten Köpfe verfügt, hat Aussichten, den *Great War* zu gewinnen.

Wie verständigen sich Spione? Wie lassen sie ihre Botschaften dem eigenen Land zukommen?

Die berühmtesten Spione dieser Zeit sind Somerset Maugham, Sidney Reilly und Harry Houdini.

Der englische Schriftsteller Somerset Maugham (1874–1965) arbeitet für den britischen Geheimdienst. Maugham ist in Italien, in der Schweiz, in Russland und in den USA zugange und spioniert gleichzeitig für den amerikanischen Geheimdienst. Maugham versucht, Lenin in Russland die Butter vom Brot zu nehmen.

Sidney Reilly (1873–1925), ein russisch-jüdischer Abenteurer, spioniert ebenfalls für den (Vorläufer) des MI6, aber angeblich auch für drei andere Mächte. Man nennt ihn den „Master Spy", „Super Spy" und das „Ass der Spione". Bekannt ist er durch seine zahlreichen Affären und Ehen. Angeblich spioniert er in Südafrika gegen die Holländer und arbeitet zugleich für die japanische Geheimpolizei. Er versucht Deutschland auszuspähen und bemüht sich, die Bolschewiken und Lenin zu verhindern.

Harry Houdini (1874–1926), ein Ungar und weltberühmter Entfesselungs- und Zauberkünstler, ist „nebenbei" ebenfalls als Spion für die Vereinigten Staaten von Amerika tätig.

Wenn diese Spione ihre Berichte „nach Hause" schicken, benutzen sie geheime Briefkästen und die althergebrachten Verschlüsselungsmethoden. Aber keiner gebraucht den Code, den Elizebeth knacken soll und der ihr ausgerechnet von der besten Polizeiorganisation der Welt, von Scotland Yard, vorgelegt wurde, obwohl der Inhalt hochpolitisch zu sein scheint.

Das Spionagegeschäft nahm jedenfalls einen ungeheuren Aufschwung, und damit auch Geheimschriften und die Kunst der Kryptografie. Spione, einmal entdeckt, werden jedoch sofort erschossen oder erhängt. Sie führen deshalb immer ein tödliches Gift bei sich, gewöhnlich in einer Kapsel an einem Fingerring. Das vorrangige Ziel aller Kundschafter besteht darin, neue technische Errungenschaften des Feindes auszuspionieren. Sie alle bedienen sich bestimmter Geheimschriften.

Ganz Europa befindet sich während des Ersten Weltkriegs im Agentenfieber. Auf beiden Seiten gibt es insgesamt mehrere Tausend Spione, denn schließlich ist die halbe Welt in diesen Krieg verstrickt. Man arbeitet mit Geheimtinten und Geheimcodes. Selbst Brieftauben werden noch für die Beförderung von Geheimbotschaften eingesetzt. Dazu gibt es inzwischen Kameras, die, geschickt an Vogelleibern befestigt, über Feindesland fliegen und automatisch in gewissen Abständen Bilder schießen, sodass man Truppenstärken und Truppenbewegungen erkennen kann.

Hilft Elizebeth ihr Wissen, um den Zahlencode zu entschlüsseln?

Ein wenig. Immerhin kann sie sich mehr und mehr in die Welt der Späher hineindenken.

Stundenlang, tagelang, wochenlang brütet sie vor dem Zahlenwirrwarr. Drei Zahlen nebeneinander. Hmm! Die Zahlen scheinen sie höhnisch anzublicken.

Doch sie hat einen entscheidenden Vorteil: Sie ist Literaturwissenschaftlerin, nicht Mathematikerin oder eines dieser Informatik-Gehirne. Und genau das bringt sie schließlich auf die richtige Spur: Sie beginnt über Bücher nachzudenken.

Und sie hat einen zweiten Vorteil: Trotz ihrer Sachkenntnisse schließt sie ihre Intuition nie aus. Sie kann sich zurücklehnen, sich in einen Geheimtext versenken und förmlich in den Kopf eines Codierers hineinkriechen. Übertrieben ausgedrückt: Sie wandert mental in die Zeit und an den Ort zurück, an dem ein Code ausgeknobelt worden ist. Trotz aller Naturwissenschaft und Mathematik, mit der man sie inzwischen gefüttert hat, hört sie immer auf ihre „innere Stimme".

Verzichten wir darauf, die Decodierung der Zahlen im Einzelnen darzulegen. Nur so viel: Elizebeth teilt die Zettel der indischen Aufrührer und Revolutionäre in drei Häufchen ein. Sie bringt Ordnung in das Chaos und sortiert sie. Sie sucht nach Gemeinsamkeiten. Bei einem Häufchen wiederholt sich immer wieder die mittlere Ziffer, stets handelt es sich um eine Eins oder eine Zwei.

Das ist verräterisch.

Elizebeth lehnt sich wieder einmal zurück und träumt. Sie wandert zwischen den Welten. Dass sich eine Eins und eine Zwei immer wiederholen, liefert ihr endlich den lang ersehnten Fingerzeig. Diese Zahlen, die Eins und die Zwei, weisen auf ein zweispaltiges Lexikon hin, dämmert es ihr, oder ein zweispaltiges Buch. In manchen Büchern, so weiß sie, gibt es auf einer Seite zwei nebeneinanderstehende Spalten.

Ein Buch. Das ist der Schlüssel!

Falls es sich tatsächlich um ein Buch handeln sollte, dann verriete die erste Ziffer die Seite, auf der ein wichtiges Wort steht, ein Wort der Botschaft. Die Eins oder die Zwei gäbe die Spalte preis.

Und die dritte Doppelziffer müsste die Zeile verraten. Erneut betrachte sie die Zahlen:

12–1-24

18–2-22

14–1-16

Ja, so muss es ein. Solch eine Codierung ist nicht unbekannt. Man nimmt ein Buch der gleichen Ausgabe, über das sowohl der Sender als auch der Empfänger verfügen.

12–1-24.

Um eine Nachricht zu übermitteln, wählt man eine Seite aus, Seite 12 zum Beispiel. Dann wählt man die richtige Spalte aus, Spalte 1 etwa. Danach wandert der Finger diese Spalte nach unten, bis man die 24. Zeile erreicht hat.

Der Code heißt also 12–1-24.

Dort, in der 24. Zeile, nimmt man das erste Wort am Zeilenanfang. Nehmen wir an, das Wort dort heißt AUFSTAND, um ein beliebiges Exempel zu wählen.

Dann wählt man das nächste Wort aus, auf einer anderen Seite, in der Spalte 2 etwa, sowie der Zeile, in der das nächste Wort zu finden ist, das übermittelt werden soll.

18–2-22.

VORANTREIBEN heißt vielleicht das zweite Wort der Geheimbotschaft.

Das dritte Wort mag man mit DELHi entziffern, das man auf Seite 14 findet, in der ersten Spalte, am Anfang der Zeile 16.

14–1-16

Die Botschaft heißt dann im Klartext:

AUFSTAND VORANTREIBEN DELHI

Die Rebellion, der Aufstand soll in Delhi vorangetrieben werden.

Mit weiteren Zahlen kann man alle möglichen Details mitteilen. Wann und wo der Aufstand stattfinden soll, auf welche Art und in welcher Größenordnung – was auch immer. Man muss lediglich die richtigen Wörter zusammenstellen. Und diese findet man in einem bestimmten Buch, auf der richtigen Seite, in der richtigen Spalte und in der richtigen Zeile. Genau dort muss man nach den korrekten Wörtern fischen. Und schon wird die Botschaft auf wunderbare Weise sichtbar.

Elizebeth ist glücklich. Sie klatscht in die Hände vor Freude. Mit Feuereifer macht sie sich daran, über Bücher nachzudenken, die sowohl in Indien als auch in den USA und in Großbritannien gelesen werden und die in beiden Kulturen vorhanden sind. Die Empfänger der Geheimnachrichten sitzen in ihrem Fall in den USA und in Großbritannien. Falls die Deutschen hinter dem Komplott stecken, kooperieren sie mit aufständischen, illoyalen Indern in Amerika und in England.

Welches Buch, welches Buch? Hektisch holt Elizebeth weitere Informationen ein. Jeder kennt natürlich die Bibel, das Buch der Bücher. Welche Ausgaben werden in Indien benutzt? Oder gibt es noch andere Bücher, die auf beiden Kontinenten berühmt sind und gelesen werden? Sie stürzt in mehrere Bibliotheken und erkundigt sich gleichzeitig bei amerikanischen und englischen Kollegen, die in Indien stationiert sind. Welche prominenten englischen Bücher werden in Indien gelesen?

Schließlich stößt sie auf eine Goldader. Es ist nicht überliefert, um welches Buch es sich handelt, denn noch heute sind Ereignisse aus den Jahren des Ersten Weltkrieges zum Teil *confidential, secret* oder topsecret. Noch heute, im Jahre 2022, tauchen Dokumente über den *Great War* auf, die bislang nicht einmal Historiker kennen, man muss es sich vorstellen! Fest steht nur: Elizebeth findet das Buch, das zur Codierung und Decodierung dient, schließlich hat sie Jahrzehnte in Bibliotheken verbracht. Noch ist der erfolgreichste Kryptoanalytiker nicht notwendigerweise ein Informatiker wie in späteren Zeiten.

In der Folge entziffert Elizebeth beinahe alle Texte. Sie schwebt auf Wolke sieben. Sie hat den Code geknackt. Sie kennt das Buch, das von Sendern und Empfängern benutzt worden ist. Damit fliegt alles auf. Die Zahlenreihen ergeben plötzlich einen Sinn. Alle möglichen Botschaften liegen mit einem Schlag offen zutage.

Die amerikanischen Geheimdienstler tanzen auf den Tischen vor Freude.

Außerdem entdeckt Elizebeth, dass bei einem der Stapel manches „Wort verschlüsselt, andere [Wörter] jedoch ausgeschrieben [worden sind.]"[37] Einige Satzteile lassen sich manchmal mit ein wenig Logik ergänzen, andere Worte lassen sich durch geschicktes Kombinieren erraten. Schließlich gelingt es Elizebeth, neunzig Prozent der Texte lesbar zu machen – eine unglaubliche Leistung.

Sie untersucht auch mathematische Beziehungen und Wiederholungen von Zahlen in den Texten. Nicht ein Buch allein verrät den Code zur Gänze, das muss man der Wahrheit halber hinzufügen. Aber als sie die grundsätzliche Chiffriermethode durchschaut, gelingt ihr der Durchbruch.

Stecken tatsächlich die Deutschen hinter dem Aufstand, der da angezettelt werden soll?

Diese Frage lässt sich bis heute nicht eindeutig beantworten. Möglicherweise, muss man lakonisch sagen. Fest steht nur, dass in diesem Zeitabschnitt einige Inder in den USA, in England sowie in Indien hart daran arbeiten, eine Rebellion gegen Großbritannien anzuzetteln. Die Hindus sollten den Aufstand proben. Vieles davon ist bis heute nicht vollständig geklärt.

Ob die Deutschen im Hintergrund die Strippen zogen, ist allerdings auch nicht wichtig. Wichtig ist nur, dass Großbritannien entscheidend geschwächt worden wäre, falls sich die indische Kolonie, ihre beste Melkkuh, damals losgelöst hätte, falls in diesem Riesenreich ein Aufstand nach dem anderen ausgebrochen wäre.

Mit Sicherheit wissen wir heute lediglich, *dass* es zwischen 1914 und 1917 eine indisch-deutsche Verschwörung gab. Ein gezielter Aufstand ganz Indiens gegen die Herrschaft des britischen Empires wäre auch in Europa zu spüren gewesen.

Was wissen wir weiter mit Gewissheit?

Indiens grosses Spiel

Wir erkennen sehr rasch, welch wichtige Rolle Geheimschriften im Ersten Weltkrieg spielten.

Doch es interessiert uns auch der Ausgang der Verschwörung brennend. Was geschah in Mexiko? Was in Russland? Und vor allem, was geschah in Indien?

Es gab wie gesagt eine indisch-deutsche Verschwörung; doch ob die verschlüsselten Texte, die Elizebeth Friedman entziffern sollte, damit zu tun hatten, bleibt bis heute reine Spekulation. Wir können es nur mutmaßen, wie wir auch ihre Gedankengänge selbstverständlich bloß konstruiert haben. Bis heute sind viele geheimdienstliche Aktivitäten aus dieser Zeit topsecret.

So viel steht zumindest fest: Die deutsch-indische Verschwörung wurde vom damaligen deutschen Außenministerium und dem deutschen Konsulat in San Francisco vorangetrieben. Die Türken leisteten Schützenhilfe: Sie kämpften auf Deutschlands Seite – mit dem Ziel, in Indien systematisch Unruhen zu schüren und dadurch Großbritannien zu schwächen.

Aber britische Geheimdienstler durchkreuzten das Ganze. Sie infiltrierten aufständische Bewegungen, verhafteten ihre Anführer und verhinderten Meutereien. Selbst ein Subversions-Versuch der indischen Armee misslang.

Andererseits mobilisierten die Briten während des Ersten Weltkrieges zwischen 1 und 2,7 Millionen indische Soldaten, die an ihrer Seite in den *Great War* zogen. Einige indische Truppen kämpften in Frankreich, andere indisch-britische Truppen gegen die Türken und auf einigen Inseln, die sich in britischem Besitz befanden. Die Briten bemühten sich nach Kräften, immer wieder die enge Waffenbrüderschaft zwischen den Indern und Engländern zu beschwören – was natürlich reine Propaganda war. Doch der springende Punkt ist: Sie vermochten es, die Inder an ihrer Seite zu halten.

Erst viel später sollte es Mahatma Gandhi gelingen, Indien von Großbritannien zu lösen. Während des Ersten Weltkrieges klappte dieser Coup nicht.

Dass die Deutschen in Indien gegen die Engländer hetzten, steht jedoch zweifelsfrei fest. Kaiser Wilhelm II. beispielsweise hielt folgende Rede:

„Jetzt muss ... ihm [= England] öffentlich die Maske christlicher Friedfertigkeit in der Öffentlichkeit schroff abgerissen werden und die Pharisäische Friedensheuchelei an den Pranger gestellt werden! Und unsere Konsuln in Türkei und Indien, Agenten etc. müssen die ganze Mohammed-Welt gegen dieses verhasste, verlogene, gewissenlose Krämervolk zum wilden Aufstande entflammen; denn wenn wir uns verbluten sollen, dann soll England wenigstens Indien verlieren.“[38]

Mit anderen Worten: Die deutsche Agententätigkeit in Indien war nur allzu real. Sie existierte. Doch die britischen Geheimdienste überwachten diese Anstrengungen, in die auch Iren verwickelt waren – die alten Feinde der Engländer. Tatsächlich gab es zahlreiche Verschwörungen in Indien. Die indische Unabhängigkeitsbestrebung jedoch wurde im Ersten Weltkrieg von den Briten erfolgreich unterdrückt. Die Verschwörer gelangten nicht an ihr Ziel.

Ganz anders sah es im Falle Russlands aus.

Russlands grosses Spiel

Erinnern wir uns: Die Deutschen wollen/müssen sich an der Ostfront entlasten. Die OHL, die Oberste Heeresleitung, sieht sich in einen Zweifrontenkrieg verwickelt: Im Westen kämpft man gegen Franzosen und Engländer und im Osten gegen Russen. Wenn es also gelingt, im Osten Entlastung zu schaffen, wenn Russland aufhört, gegen Deutschland zu kämpfen, kann man vielleicht, vielleicht den Ersten Weltkrieg gewinnen. Doch *wie* könnte man das einfädeln? *Wie* könnte man sich den russischen Bären von der Pelle halten?

Ganz einfach! Indem man den russischen Zaren in andere Probleme verstrickt. Man muss ihn beschäftig halten. Zum Beispiel mit einer kleinen Revolution im eigenen Land. Dann wird er sich den Teufel um Deutschland scheren können. Dann muss er erst einmal seinen eigenen Stall ausmisten.

Und wer kommt für die Revolution infrage? Eigentlich nur einer: Lenin, der Berufsrevolutionär. Im Moment sitzt er in der Schweiz fest.

Also helfen ihm die Deutschen. Sie sorgen dafür, dass er in einem geschützten Eisenbahnwaggon ausreisen und über Deutschland und Finnland nach Russland reisen kann.

Lenin reist bei Nacht und Nebel aus. Eile tut Not. Er arrangiert sich hinter den Kulissen, unbemerkt von allen, mit dem deutschen Generalstab. Ein Sonderwagen befördert ihn und andere Revolutionäre durch Deutschland. Die Deutschen stellen den Kommunisten sogar Geld zur Verfügung. Ja, ja und dreimal ja. Sie müssen den Berufsrevolutionär Lenin dazu benutzen, dem Zaren in Russland Schwierigkeiten zu machen und ihn wenn möglich sogar zu stürzen. Lenin nimmt die Hilfe der Deutschen nur allzu bereitwillig an, schließlich geht es hier um höhere Dinge als nur um einen dummen Krieg, es geht um die Weltrevolution; sie steht auf Messers Schneide, glaubt Lenin. In einem abgeschlossenen, plombierten Eisenbahnwagen gelangt er in einer hochgeheimen Aktion über Finnland nach Russland.

Dort wird er triumphal empfangen. Begeisterte Massen warten bereits auf seine Führung. Sofort sagt Lenin der Regierung den Kampf an und ruft die „Sozialistische Weltrevolution" aus. Er erklärt den bürgerlich-demokratischen Kräften in Russland den Krieg, genau wie den gemäßigten Sozialisten. Er schlägt vor, den Staatsapparat zu zerschlagen, die Polizei und das Heer. Lenin ruft zu Gewalt auf.

Die Ereignisse überschlagen sich. Die Bolschewiken, seine Partei, erfahren einen ungeheuren Zulauf. Schon bald gibt es über 80 000 Parteimitglieder.

Auf der anderen Seite steht der starke Mann Alexander Kerenski, der Ministerpräsident der vom Zar eingesetzten Provisorischen Regierung. Kerenski will Russland vor einer Revolution bewahren. Die Bolschewiki dagegen schüren die Konfusion und setzen auf Massendemonstrationen. Sie stiften Unruhe.

Ein Haftbefehl gegen Lenin wird erlassen. Doch selbst das nützt ihm, es führt zu Empörung. Die Deutschen jubeln still hinter den Kulissen. Ja, das ist ihr Mann!

Die Zarenpartei schlägt zurück. Gerüchten zufolge ist Lenin ein deutscher Spion. Alles nützt nichts. Im Gegenteil: Seine Partei wächst auf über 240 000 Mitglieder an. Lenin ist in seinem Element. Er stachelt die Massen noch weiter an und agitiert. Da wird ihm der Boden unter den Füßen zu heiß, die zaristische Geheimpolizei ist ihm auf den Fersen. Erneut muss er fliehen – rasch begibt er sich nach Finnland. Er rasiert sich den Bart ab und setzt eine Perücke auf, um die verräterische Glatze zu verbergen. Als Heizer/Arbeiter namens Konstantin Petrowitsch Iwanow fährt er in einer Lokomotive über die finnische Grenze.

Die Revolution in Russland allerdings ist nicht mehr aufzuhalten. Der Umsturz wird nun planmäßig vorbereitet. Der Kopf ist nach wie vor Lenin. Heimlich kehrt er verkleidet nach Russland zurück. Schließlich schlägt er zu. Die Kommandostellen der Flotte und der Truppen werden seinem Befehl zufolge „ohne Rücksicht auf die Höhe der Verluste“ besetzt. Gewehre und Handgranaten werden ausgegeben. Lenin ordnet an, Offiziersschulen anzugreifen und zu besetzen sowie Telegrafen- und Telefonämter. Er weiß, Kommunikation ist alles. „Lieber allesamt zugrunde gehen als den Feind gewinnen lassen.“, lautet Lenins Parole.

Überall wird gekämpft. Schließlich siegen die Bolschewiken in der berühmten Oktober-Revolution von 1917.

Unverzüglich wird Lenin zum Vorsitzenden des Rats der Volkskommissare gewählt, sprich zum Regierungschef. Damit hält er die Zügel in der Hand. Von einem Tag auf den andern ist er einer der mächtigsten Männer der Welt.

Er weiß, dass das alles erst der Anfang ist. Und noch einmal steigert sich die Geschwindigkeit. Der alte Fuchs weiß genau, dass es leichter ist, die Macht zu erringen als sie zu erhalten. Also schwört er seine Parteigänger auf seine neuen Strategien ein. Aufrufe erscheinen. Ein ganzer Staat muss neu organisiert werden – eine Herkulesaufgabe. Der Grundbesitz soll den alten, fetten, schmarotzenden Aristokraten entrissen und den Bauern zurückgegeben werden. „Friede den Hütten, Krieg den Palästen", lautet die Parole. Die Arbeiter sollen die Kontrolle über die Produktion erhalten.

„Es lebe die Revolution der Soldaten, der Arbeiter und Bauern!", tönt Lenin.

Eilig schließt er mit Deutschland einen Separatfrieden ab, denn er muss erst seine Macht in Moskau festigen. Dieser Frieden gibt den Deutschen eine Zeit lang die Illusion, sie könnten den Ersten Weltkrieg doch noch gewinnen.

Russland muss riesige Gebiete abtreten. Lenin zieht triumphierend in den Kreml in Moskau ein und dirigiert von hier aus die Staatsgeschäfte.[39]

Halten wir an dieser Stelle der Geschichte inne und holen Atem.

Wie sind diese Ereignisse zu beurteilen? Nun, der russische Coup glückt den Deutschen. Beinahe wird das Rad der Geschichte tatsächlich in letzter Sekunde herumgerissen.

Und wie geht die Intrige bei den Mexikaner aus?

Das grosse Spiel in Mexiko

Hinter dem Rücken der Vereinigten Staaten von Amerika, die offiziell zwar erst 1917 in den *Great War* eingreifen, inoffiziell die Engländer aber längst in allen Belangen unterstützen, versucht Deutschland, die Mexikaner gegen die Amerikaner aufzuwiegeln. Die Amerikaner müssen unter allen Umständen vom Schauplatz des Geschehens, von den europäischen Fronten, ferngehalten werden. Es gilt, einen Keil zwischen die USA und Mexiko zu treiben.

Die sogenannte Zimmermann-Depesche, ein verschlüsseltes Telegramm – benannt nach Arthur Zimmermann, einem deutschen Staatssekretär des Auswärtigen Amtes –, wird am 19. Januar 1917 über die deutsche Botschaft in Washington D. C. an den deutschen Gesandten in Mexiko geschickt. Im (ergänzten) Wortlaut klingt die Depesche etwa wie folgt:

„Streng geheim
Beginn des uneingeschränkten U-Boot-Krieges auf den ersten Februar festgesetzt stop Bemühen uns trotzdem die Vereinigten Staaten neutral zu halten stop Sollte das nicht [gelingen] … So machen wir […] einen Bündnisvorschlag auf folgender Basis: [Wir] schlagen Mexiko auf folgender Grundlage ein Bündnis vor stop Gemeinsame Kriegsführung. Gemeinsamer Friedensschluss. Reichlich finanzielle Unterstützung und Einverständnis unsererseits, dass Mexiko in Texas, Neu Mexico, Arizona früher verlorenes Gebiet zurückerobert stop […]. Euer Hochwohlgeboren wollen Vorstehendes Präsidenten streng geheim eröffnen, sobald Kriegsausbruch mit Vereinigten Staaten feststeht, und Anregung hinzufügen …
Zimmermann“[40]

Die Intrige ist nicht schlecht eingefädelt, allerdings können britische Decodierer, konkret der britische Marinegeheimdienst, die Depesche abfangen und entziffern.

Das Zimmermann-Telegramm ist mithilfe eines Codebuches verschlüsselt, das vorsieht, bestimmten Wörtern bestimmte Zahlen zuzuordnen. Der Begriff Bodenventil, so empfiehlt das Codebuch, ist durch die Zahl 53432 zu ersetzen, der Begriff Bohrer durch 53442, um nur zwei Beispiele zu nennen.

Aber die Zimmermann-Depesche wird entschlüsselt. Unverzüglich gelangt sie in die Hände des US-amerikanischen Präsidenten Woodrow Wilson. Dieser schäumt. Was für ein hinterhältiges Pack die Deutschen sind! Er spielt die Depesche der größten US-amerikanischen Zeitung zu, der *New York Times*, die sie veröffentlicht. Das Telegramm trägt zum offiziellen Kriegseintritt der USA bei und dazu, dass sich die US-amerikanische Bevölkerung endgültig hinter das Kriegs-Engagement stellt, von dem sie sich zuvor in weiten Teilen distanziert hatte.

Historische Erkenntnisse

Auch im Verhältnis zwischen Mexiko und USA spielten Geheimtexte und Geheimschriften eine Rolle, vielleicht sogar die entscheidende Rolle.

Der intrigante Versuch der Deutschen, Mexiko gegen die Vereinigten Staaten von Amerika aufzuwiegeln, war jedoch eine gigantische Fehlkalkulation, ein Schlag ins Wasser. In der Folge trat der gegenteilige Effekt ein: Die Mexikaner machten nicht nur nicht gegen die Amerikaner mobil, sondern dieses Telegramm motivierte die Amerikaner sogar noch, endgültig und offen in den Krieg gegen Deutschland einzutreten.

Das alles geschah, weil ein Geheimtext nicht hinreichend verschlüsselt worden war.

Die Intrige in Russland gelang, die Intrigen in Indien und Mexiko schlugen dagegen fehl. Sie fielen sogar böse auf den Urheber Deutschland zurück.

Die Zimmermann-Depesche verdeutlicht weiter, wie relativ simpel, um nicht zu sagen primitiv, die Verschlüsselungen zu dieser Zeit noch waren. Codebücher verrieten die Verschlüsselungs-Systeme, aber Codebücher konnten gestohlen, fotografiert oder abgeschrieben werden, und sie konnten verlorengehen. Auf allen deutschen Kriegsschiffen gab es solche Codebücher. War ihr Inhalt bekannt, konnten ganze Befehlsketten vom Feind entschlüsselt werden. Zwar gab es die Anweisung, Codebücher im Falle einer Gefahr zu verbrennen oder über Bord zu werfen, aber das war eine ziemlich unsichere Sache. Dechiffrierungsspezialisten lauerten überall. Als bei einem Unfall eines deutschen Schiffes nicht alle Codebücher verloren gingen, versuchten feindliche Taucher, sie in dem Wrack aufzuspüren und zu bergen. Ihre Bemühungen waren von Erfolg gekrönt. So gelangten die Bücher in britische Hände, ohne das Wissen der Deutschen. Eine kryptologische Abteilung in England konnte daraufhin die deutschen Funksprüche mühelos entziffern.

Die Briten heuerten immer mehr Kryptologen und Funker an, waren dadurch den Deutschen nach einiger Zeit meilenweit voraus und kannten all ihre Absichten. Die deutsche Seite wusste lange nicht, dass sie längst kompromittiert war. Die berühmtesten britischen Codebreaker hießen Nigel de Grey, Dilly Knox und William Montgomery. Sie avancierten hinter den Kulissen und unbemerkt von den Deutschen zu regelrechten Stars der Szene.

Nigel de Grey (1886–1951) wurde schon früh in den berühmten sogenannten Room 40 versetzt, in dem eine nachrichtendienstliche Abteilung der britischen Marine aufgebaut worden war, die Tag und Nacht daran arbeitete, den Aktionen der Deutschen auf die Schliche zu kommen. Unter anderem entzifferte de Grey dort auch das Zimmermann-Telegramm, zusammen mit anderen britischen Kryptologen.

Später sollte de Grey sogar mithelfen, die Codes der berühmten Enigma-Maschine zu knacken, die im Zweiten Weltkrieg von größter Wichtigkeit war.

Dazu in einem späteren Kapitel mehr.

Bleiben wir noch einen Moment beim Ersten Weltkrieg.

Die Vorfälle lassen mindestens vier Schlussfolgerungen zu:

1. Die Bedeutung des Spionagegeschäftes nahm aufgrund des *Great War* schlagartig zu.
2. Es wurde ein neuer Spionen-Typus geboren: der Kryptologe, der Texte geschickt verschlüsseln und codierte Texte mühelos entziffern konnte. Die hellsten, die begabtesten Köpfe wurden engagiert, um diesen Job zu erledigen.
3. Wieder einmal wurde das „Gehirn" wichtiger als die „Faust"; die grauen Zellen eines Decodierers waren von ungleich größerer Bedeutung als das Schwert, die Kugel, ja manchmal als ganze Zerstörer oder ein U-Boot.
4. Die Seite, die es versäumte, der Kryptologie und politischen, diplomatischen oder militärischen Geheimtexten die erforderliche Beachtung zu schenken oder die in dieser Beziehung ins Hintertreffen geriet, verlor die Schlachten und den Krieg.

Eine neue Ära der Kriegsführung war geboren. Kommunikation geriet zum alles entscheidenden Faktor.

Belassen wir es bei diesen grundsätzlichen Erkenntnissen.

Fragen wir uns zuletzt nur: Was geschah mit unserer ungekrönten amerikanischen Königin der Decodierung? Was geschah mit Elizebeth Friedman?

Ansehen und Erfolg

Kurz gesagt entwickelte sich Elizebeths Leben zu einem rauschenden Erfolg. Niemand in den Vereinigten Staaten von Amerika konnte Papierschnipsel, Zahlen, Satzfetzen, Wörter, Buchstabenkombinationen oder mysteriöse Botschaften schneller entziffern als sie. Sie geriet in den Geruch eines Genies. Nach dem Ersten Weltkrieg, schon im Jahre 1929, wurde Elizebeth nach Texas beordert, wo sie in einem einzigen Monat 24 Verschlüsselungen knackte und 650 Nachrichten decodierte. In den folgenden beiden Jahren entschlüsselte sie gar 25 000 Nachrichten.

Alkoholschmugglern kam sie ebenso auf die Spur wie anderen Gesetzesbrechern.[41] Ganzen Banden von Kriminellen legte sie das Handwerk.

Doch ihr wahrer Wert bestand in ihrer Arbeit für die US-amerikanischen Geheimdienste, die sie schließlich engagierten. Sie machte eine atemberaubende Karriere. 1941 wurde Elizebeth für die „Strategischen Dienste" rekrutiert. Die kryptologische Abteilung, die sie leitete, wurde sofort vergrößert. Nach einer Weile rekrutierte sie selbst junge, vielversprechende, hochintelligente Leute und schulte sie in den verschiedensten Decodiertechniken. Ihre Arbeit blieb streng geheim, und so wissen wir – abgesehen von einigen äußeren Stationen – bis heute wenig über ihre konkreten Aktionen.

Die Zahl der Mitarbeiter ihrer Abteilung jedenfalls „stieg von rund 300 … auf über 10 000 Männer und Frauen."[42] Ganze Trainingscamps wurden eingerichtet, um den amerikanischen Nachrichtendienst schlagkräftiger zu machen.

Die Anforderungen an die Mitarbeit waren hoch: Gefragt waren mathematisches Verständnis, Sprachkenntnisse, ein tadelloser Charakter und volle Loyalität gegenüber dem Staat. Weiter durften keine Beziehungen zu Ausländern bestehen.

In der Folge wurden zahlreiche Spione enttarnt und noch mehr Geheimpapiere entziffert.

Auch deshalb waren die Amerikaner die großen Gewinner des Ersten Weltkrieges und später auch des Zweiten Weltkrieges. Denn auch im Zweiten Weltkrieg mischte Elizebeth an vorderste Front mit.

Danach arbeitete sie für den Internationalen Währungsfond ein Verschlüsselungssystem aus. Höher konnte man die Karriereleiter nicht hinaufsteigen.

Wir wundern uns heute, wie elektronische Zahlungsanweisungen hundertprozentig abgesichert sind. Nun, Menschen wie Elizebeth Friedman trugen dazu bei. Die heutigen Security-Systeme sind ohne Kryptologie nicht denkbar, die überall Einzug hielt – im Geschäftswesen und bei Banken, im Militär und bei den Geheimdiensten.

Hat Elizebeth Friedman den Ausgang des Ersten Weltkrieges mitentschieden?

So weit können wir in unserem Urteil sicher nicht gehen. Doch zweifelsfrei müssen wir britische und US-amerikanische Kryptologen und generell Spione nennen. Der Zweite Weltkrieg, auf den wir gleich zu sprechen kommen, erhärtet diese Beurteilung.

Als Elizabeth Friedman in den Ruhestand ging, widmete sie sich wieder ihrem Lieblingsprojekt – Shakespeare – und dem Problem, das sie einst zu lösen versprochen hatte, bevor sie von wichtigeren Aufgaben abgelenkt worden war: Verbarg sich hinter dem Namen „Shakespeare" ein zweiter Autor? Am Ende veröffentlichte sie ein Buch mit dem Titel *Shakespearean Ciphers Examined*. Entgegen allen Mutmaßungen kam sie zu dem Schluss, es gebe keinen zweiten oder dritten Autor, der sich hinter Shakespeares Namen verstecke. Elizebeth endete dort, wo sie begonnen hatte, ihr gelang sogar noch ein krönender Abschluss ihres Lebenswerkes.

11. Geheimschriften im zweiten Weltkrieg oder die Enigma-Story

Enigma? Das griechische Wort *ainigma* bedeutet „Rätsel".

Kein Name könnte zutreffender sein. Denn die Enigma-Maschine, das berühmteste Codiergerät der Welt, gab allen Rätsel auf. Sie glich einer klobigen, unhandlichen, schwarzen elektrischen Schreibmaschine und war mit geheimnisvollen zusätzlichen Ausbuchtungen und Lämpchen versehen. Der Buchstabensalat, den sie nach einer Codierung ausspuckte, konnte unmöglich entziffert werden.

Die Deutschen waren sehr stolz auf diese Maschine, ja, sie platzten fast vor Selbstbewusstsein. Glaubten sie doch, mit diesem fantastischen Gerät in Sachen Codierung endgültig alle zu übertreffen. Sie verwendeten ihre Enigma-Maschine im Zweiten Weltkrieg pausenlos beim Militär und ihren Geheimdiensten, bei der Polizei und in der Diplomatie, ja sogar bei der Reichspost und der Reichsbahn. Eine intelligente Codiermaschine, das war doch endlich einmal etwas! War das nicht eine Wundermaschine, die ständig verbessert wurde?

Enigma schien unüberwindbar zu sein. Und so viel stimmt: Die Geheimschrift, die sie produzierte, war auf den ersten Blick so kompliziert, so verwirrend und produzierte ein solch konfuses Buchstabenchaos, dass es nur ein Wahnsinniger wagen konnte, diese Maschine zu verstehen und ihre Texte zu entziffern.

Wie sollte man Millionen von Möglichkeiten, die ein Geheimtext dem Auge darbot, auf die Spur kommen? Es war unmöglich!

DIE ZEITLÄUFTE

Nach dem Ersten Weltkrieg fiel Deutschland zunächst in tiefste Tiefen. Nichts ist für ein Volk furchtbarer als ein verlorener Krieg. Schon bald wurde bekannt, dass die militärischen und diplomatischen Codes von den Briten und Amerikanern während des Krieges geknackt worden waren, was so manche verlorene Schlacht erklärte. Selbst von der blamablen Dechiffrierung der Zimmermann-Depesche erfuhr die Öffentlichkeit.

Deshalb suchten deutsche Militärs schon früh und fieberhaft nach einer Alternative zur handschriftlichen Codierung. Es musste den in puncto Elektrotechnik und Ingenieurwesen so hochbegabten Deutschen doch gelingen, eine Codierung zu entwickeln, die allen künftigen Entschlüsselungsversuchen standhalten würde!

Ein findiger Kopf namens Arthur Scherbius (1878–1929), von Hause aus Elektroingenieur, tüftele die erste Enigma-Version aus – eine Codiermaschine der Spitzenklasse.

Die im Ersten Weltkrieg verwendeten Ver- und Entschlüsselungsmethoden hatten zu viel Zeit verschlungen. Sie waren nicht nur denkbar umständlich, sondern offenbar auch mühelos zu knacken. Also musste eine maschinelle Verschlüsselung her, die schneller Resultate brachte und auch noch bombensicher war. Maschinen, so überlegten die deutschen Ingenieure, waren menschlichen Gehirnen insofern überlegen, als dass sie in kürzester Zeit Millionen von (Text-)Kombinationen ausspucken konnten; es gab Millionen möglicher Lösungen. Damit war das grundlegende Konzept geboren. Eine Maschine sollte alles richten.

Es gab ja bereits die elektrische Schreibmaschine. Hierbei verwendete man eine Tastatur, die auch für eine Chiffriermaschine benutzt werden konnte.

Die Überlegung der Deutschen war logisch, maschinen-logisch: Während Geheimschriften und Geheimbefehle in früheren Zeiten relativ einfach entschlüsselt werden konnten, läutete die intelligente Maschine ein neues Codier-Zeitalter ein. Mit einer Maschine ließ sich ein Text oder ein Funkspruch so kompliziert verschlüsseln, dass es unmöglich schien, ihm auf die Spur zu kommen. Das glaubte man zumindest im ersten enthusiastischen Chiffrier-Rausch. Die Maschine an sich wurde zu einem Wunderwerk erklärt, sie geriet zu einem Götzen.

Die Bestandteile des Rätsels

Die technischen Details der Enigma-Maschine genau zu beschreiben bringt wenig. Man müsste sie dreidimensional darstellen und selbst ausprobieren, um eine konkrete Vorstellung von ihr zu erhalten. Beschreibt man ihre exakte Funktionsweise, verliert man sich schnell in mechanischen, technischen und elektrotechnischen Fachausdrücken.

Trotz ihrer Fähigkeit, Texte in nie gekanntem Ausmaß zu verschlüsseln, lässt sich das zugrundeliegende Prinzip der Maschine relativ leicht verstehen. Wie bei der elektrischen Schreibmaschine gab es eine Tastatur, mit der man die Buchstaben nacheinander in die Maschine tippte. Es gab zusätzlich auch eine Batterie. Damit ließ sich die Enigma-Maschine auch im Feld einsetzen oder an Plätzen ohne Stromanschluss.

Man musste nicht mehr umständlich mit Bleistift und Papier hantieren oder einen neuen, schwierig zu knackenden Code austüfteln, bevor man die Wundermaschine benutzte. Über die Tastatur oder das Keyboard wurden die einzelnen Buchstaben zu verschiedenen (mit Alphabeten versehenen) Walzen geleitet, anfänglich zu dreien, später zu fünf und mehr. Die Walzen drehten sich und verwandelten einen eingegebenen Buchstaben in einen chiffrierten Buchstaben. Der Clou: Diese Umwandlung geschah *nach jedem einzelnen Buchstaben.* Mit anderen Worten: Der Code wurde ständig gewechselt.

Cäsar hätte gestaunt.

Dazu gab es verschiedene Steckverbindungen, die das Entschlüsseln für den Decodierer noch schwieriger und unübersichtlicher gestalteten. Auf einem Steckbrett ließen sich bestimmte elektronische Bauteile mechanisch befestigen und Schaltungen verbinden. Ein Lampenfeld zeigte an, wie die Ausgabebuchstaben aussahen.

Prinzipiell war die Enigma-Maschine nicht so kompliziert.

Früh bot der Erfinder Scherbius sie der deutschen Kaiserlichen Marine an; doch erst, als sich die Wirtschaft für sie zu interessieren begann und immer bekannter wurde, was im Ersten Weltkrieg alles entziffert worden war, wurde man auch in militärischen Kreisen hellhörig. 1926 übernahm die deutsche Marine endgültig die Chiffriermaschine, zwei Jahre später das Heer. Im Laufe der Zeit gab es verschiedene Varianten mit immer höheren Sicherheitsvorrichtungen. Selbst 1965, lange nach dem Zweiten Weltkrieg, kamen noch Enigma-Geräte zum Einsatz, unter anderem im Koreakrieg.

Die rotierenden Walzen innerhalb der Maschine verschoben das Alphabet nach jedem einzelnen Buchstaben – und das gleich mehrfach. Die exakten Rotations-Einstellungen der Walzen gehörten zur Chiffre. Ständig änderte man sie. In dem Wort BOB beispielsweise wurde das erste B anders verschlüsselt als das letzte B, damit man einem Text nicht mithilfe der Häufigkeitsanalyse auf die Spur kommen konnte. Die drehbaren Walzen waren der ausschlaggebende Punkt. Weder der Funker noch der Codierer mussten per Hand verschiedene Alphabete umständlich neben- oder untereinanderstellen, nein, das erledigte die Maschine. Die Walzen nahmen unterschiedliche Positionen ein, sogar wenn die Stromzufuhr geändert wurde.

Der Empfänger hatte das gleiche Gerät. Man informierte ihn über die verschiedenen Schlüssel, mit denen eine Nachricht dechiffriert werden konnte, und schon war der Drops gelutscht. Als zusätzliche Vorsichtsmaßnahme änderte man den Schlüssel ständig. Walzenstellungen, die an einem bestimmten Monatstag benutzt worden waren – zum Beispiel am 14. April –, durften sich nicht am gleichen

Monatstag wiederholen, also nicht am 14. Mai. Ferner war man gehalten, nie zwei im Alphabet aufeinanderfolgende Buchstaben zur Codierung zu verwenden, sprich, das A durfte beispielsweise nicht durch das B ersetzt werden, das B nicht durch das C und so fort. Um es abzukürzen: Die Verschlüsselungen und ständigen Verschiebungen plus weitere Vorsichtsmaßnahmen waren zahlreich. Satzzeichen, über die die Maschine nicht verfügte, wurden durch ein X ersetzt. Eigennamen schrieb man zweimal aus und schloss sie zwischen den Buchstaben X ein. Zahlen schrieb man in Buchstabenform aus, denn die Maschine besaß keine Zahlentastatur. In Eigennamen ersetzte man das CH und CK durch den Buchstaben Q.

Dann wurde der verschlüsselte Geheimtext im Morsealphabet zum Empfänger gefunkt. Der Empfänger empfing zeitgleich den Tagesschlüssel. Er stellte seine Enigma-Maschine entsprechend ein und entzifferte daraufhin den Text. Die Geschwindigkeit der Codierung und Decodierung erhöhte sich beträchtlich.

Zugegeben, es war eine höchst komplizierte Verschlüsselung, es gab wie gesagt Millionen von Kombinationsmöglichkeiten. Anfangs vermochte niemand den Buchstabensalat zu übersetzen, erst recht nicht, wenn er keine Enigma-Maschine hatte und den Tagescode nicht kannte. Niemand konnte einen Enigma-Funkspruch dechiffrieren.

Die Deutschen glaubten, endlich den Stein der Weisen gefunden zu haben.

Nicht gerechnet hatten sie damit, dass der menschliche Geist der Maschine *immer* überlegen ist. Und sie hatten nicht mit einem Polen namens Marian Rejewski gerechnet.

Der Überfall auf Polen

Wir alle wissen, wie der Zweite Weltkrieg begann. Ein Geisteskranker mit dem Namen Adolf Hitler überfiel 1939 aus heiterem Himmel Polen. Er belog die gesamte Welt, indem er lauthals verkündete, die Polen hätten ihrerseits Deutschland überfallen – in Wahrheit hatte er einige Deutsche in polnische Uniformen stecken lassen, die den Überfall auf Deutschland vortäuschten.

„Ab heute wird zurückgeschossen!", tönte Adolf Hitler. Doch niemand glaubte ihm, alle durchschauten die billige Propaganda. Vor allem ein alter Fuchs namens Winston Churchill, der schon bald zum neuen britischen Premierminister aufsteigen sollte, ließ sich nicht an der Nase herumführen.

Es ist absolut sicher, dass bereits im Polenfeldzug Enigma-Maschinen zum Einsatz kamen. Hitler operierte ständig mit Geheimbefehlen, während er seine Propaganda lauthals in die Mikrofone schrie.

Wir brauchen die entsetzlichen Gräueltaten der Nazis gegen die Polen nicht noch einmal aufzuarbeiten. Der Überfall kostete allein im Herbst 1939 bis zu zwanzigtausend Mitgliedern der politischen und geistigen Elite Polens das Leben. Gleichzeitig zwangen die Nationalsozialisten die Menschen in Polen zur Umsiedlung. Juden wurden einfach erschossen und umgebracht – manchmal über den Umweg eines Arbeits- oder Konzentrationslagers.

Am 28. September 1939 kapitulierten die letzten polnischen Einheiten. Daraufhin teilten Deutschland und die Sowjetunion Polen unter sich auf. Stalin stand damals noch an Deutschlands Seite.

Ein gewisser Marian Rejewski konnte das schreiende Unrecht in Polen nicht ertragen. Er war einer der intelligentesten Köpfe im Kreis der Kryptografen.

Marian Rejewski

Bei Rejewski (1905–1980) handelte es sich nicht nur um eine integre Persönlichkeit, sondern darüber hinaus um einen äußerst brillanten Kopf. Er war von Haus aus Mathematiker und Statistiker und befasste sich früh mit der relativ jungen Wissenschaft der Kryptologie. Der Pole wusste, dass Funksprüche mit der deutschen Schlüsselmaschine Enigma chiffriert und dechiffriert wurden. Alle deutschen Militärbefehle unterlagen der Geheimhaltung, sie mussten über Enigma verschlüsselt werden.

Rejewski beschäftigte sich zunächst im universitären Umfeld mit der Kryptologie. Dazu gab es in Posen bereits vor dem Zweiten Weltkrieg ein Chiffrenbüro, genau wie in Warschau. Dessen Chef rekrutierte Rejewski im Jahre 1932.

Ganz grundsätzlich konnte Rejewski nicht akzeptieren, dass eine Maschine dem menschlichen Geist überlegen sein sollte. Tag und Nacht sann er darüber nach, wie er Enigma beikommen könnte. Schließlich kam er zu folgender Einsicht: Wenn eine Maschine in Nullkommanichts Millionen von möglichen Kombinationen zur Verfügung stellen konnte, dann konnte eine andere, eine zweite Maschine diese Millionen von möglichen Kombinationen auch in kürzester Zeit durchtesten.

Mit anderen Worten: Man musste eine Maschine mit einer anderen Maschine besiegen. Heute würde man sagen, man musste einen Computer durch einen anderen Computer schlagen. Der menschliche Geist hatte eine Maschine erfunden, also konnte er auch ein Gerät entwickeln, das der Maschine überlegen war. Über allem stand der menschliche Geist mit seinem grenzenlosen Erfindungsreichtum.

Rejewski versuchte also, eine Enigma-Maschine nachzubauen und einen Apparat zu entwickeln, mit dem man dem Rätsel auf die Schliche kommen konnte. Bald schon stellten sich die ersten zarten Erfolge ein. Seine Maschine, die dem Enigma-Gerät das Fürchten lehren sollte, taufte er *Bomba*, ein (polnischer) Spitzname, der „Bombe“ bedeutet. Vielleicht wählte Rejewski diesen Namen, weil er gerade eine Eis-Bombe verspeist hatte, als ihm der rettende Einfall kam, Maschine gegen Maschine antreten zu lassen.

Es gelang ihm jedenfalls, mithilfe seiner Bomba herauszutüfteln, wie man in wenigen Stunden den Enigma-Schlüssel finden konnte, der von den Deutschen bis zum Jahre 1936 nur quartalsweise ausgetauscht worden war. Später änderte ihn die deutsche Wehrmacht täglich.

Erste weitere kleine Erfolge ermutigten den polnischen Mathematiker, mit seinen Forschungen fortzufahren. Hoffnung machte sich breit, dass die Codes der scheinbar unbesiegbaren Enigma-Maschine doch geknackt werden könnten. Je intensiver er forschte, desto mehr Risse zeigten sich in diesem Verschlüsselungssystem.

Schon 1939, in dem Jahr, da die Deutschen Polen überfielen, gab er die ersten vielversprechenden Ergebnisse an die Franzosen und Engländer weiter. Im Juli 1939 fand ein hochgeheimes Treffen von Codeknackern in Warschau statt, wo sich englische und französische Kryptologen mit Rejewski trafen. Die intelligentesten Köpfe ihrer Zeit debattierten. Rejewski stellte seine Bomba vor. Er verriet den Franzosen und Engländern, wie sie damit die Maschine der Deutschen enträtseln konnten.

Speziell die Briten reagierten wie elektrisiert. Falls es ihnen tatsächlich gelang, Enigma-Codes zu enträtseln, dann waren sie in allen Auseinandersetzungen im Zweiten Weltkrieg die berühmte Nasenlänge voraus.

MILITÄRGESCHICHTE

Es ist hinreichend bekannt, dass Hitler eine kriegerische Handlung nach der anderen anbefahl, obwohl er dem britischen Premierminister Chamberlain noch 1938/39 die heiligsten Versprechungen gemacht und ihm die Ohren vollgelogen hatte. Doch jetzt war in Großbritannien Winston Churchill am Ruder. Er war aus einem anderen Holz geschnitzt. Churchill war ein alter Kriegsveteran, der das Geschwätz und die Phrasen des „Führers“ frühzeitig durchschaute.

In groben Zügen und unzulässig vereinfacht gesprochen geschah Folgendes: Nach dem Überfall auf Polen wandte sich Hitler gegen Frankreich. Er siegte und ließ den Norden Frankreichs besetzen. Anschließend versuchte er eine Invasion auf der englischen Insel. Danach befahl er den Angriff auf die Sowjetunion.

Vergessen wir im Moment die Zwischenstationen, wir haben sie absichtlich ausgelassen.

Überall kam Enigma zum Einsatz, die Codiermaschine wurde massenhaft hergestellt und eingesetzt, denn die Militärs und Geheimdienste mussten sich ja untereinander verständigen. Heutigen Schätzungen zufolge wurden rund 40 000 Enigma-Maschinen produziert, ein norwegischer Historiker und Kryptologe nennt die präzise Zahl von 35 636 Stück.[43] In deutschen Militärkreisen, in der Wehrmacht, in Geheimdiensten, in der SS und anderen NS-Organisationen war ihr Gebrauch also weit verbreitet.

Auf amerikanischer Seite setzte man eine Maschine mit dem Kürzel M-209 ein, von der rund 140 000 Stück produziert wurden und die ihren schwedischen Erfinder zum Millionär machten. Die M-209 verkaufte unser Schwede sowohl den Franzosen als auch den Amerikanern. 1941 benutzte sogar die italienische Marine eine Variante davon.

Aber bleiben wir bei Enigma.

Ultrageheim

Während Hitler seine Blitzkriege führte und zunächst einen Sieg nach dem anderen errang, bildete sich hinter den Kulissen eine Opposition, die sich gewaschen hatte. Sie kämpfte mit dem Verstand und nicht mit dem Gewehr.

Die Franzosen und die Briten waren sprachlos, als sie von Rejewskis ersten Resultaten erfuhren. In ihren Reihen machte sich Begeisterung breit. Schon 1939 hielten sie das hochbrisante Entschlüsselungs-Know-how zumindest ansatzweise in ihren Händen. Als Hitler dann den Norden Frankreichs einkassierte, stand fest, dass der Widerstand von England ausgehen musste. Im Bletchley Park, einem scheinbar verschlafenen Landsitz und streng geheimen Anwesen siebzig Kilometer nordwestlich von London, stampften die Engländer eine elitäre Denk-Kampftruppe aus dem Boden. Sie avancierte zu der wichtigsten Truppe im Zweiten Weltkrieg und trug entscheidend zu den Siegen der Briten und Amerikaner bei.

Im Rahmen dieser Elite-Truppe wurde ausschließlich an der Decodierung der deutschen Funksprüche gearbeitet.

Gehen wir noch einmal einen Schritt zurück: Rejewski begab sich 1939 zuerst nach Frankreich, um von hier aus den Nazis die Suppe zu versalzen. Als die deutsche Wehrmacht die Franzosen allerdings besiegte, floh Rejewski erst in den Süden Frankreichs und, als ihm auch dort der Boden zu heiß wurde, in den hohen Norden nach Großbritannien.

Auch er fand sich im Bletchley Park ein. Hier hatten sich inzwischen die weltweit besten Kryptologen versammelt. Wissenschaftler aus den feinsten britischen Hochschulen waren dort. Die renommiertesten Universitäten, wie Oxford und Cambridge, hatten ihre hellsten Köpfe geschickt. Alles geschah unter größter Geheimhaltung. Spitzenmathematiker, Historiker, Sprachwissenschaftler, Linguisten der Extraklasse und sogar Schachmeister weilten in Bletchley Park. Wer auf diesem Gebiet Rang und Namen hatte, war mit von der Partie.

Über eine Antenne wurden deutsche Funksprüche abgefangen, der Landsitz hingegen war gut geschützt und sah selbst aus der Luft „langweilig" aus. Zudem lag er abgelegen „in der Heide". Gordon Welchman leitete die Truppe dieser Genies. Die Codebreaker krempelten die Ärmel hoch und stürzten sich in die Arbeit.

Es galt, die deutsche Wehrmacht unter allen Umständen aufzuhalten. Rejewski hatte hervorragende Vorarbeit geleistet, gemeinsam mit zwei anderen Polen. Die britischen Codebreaker hatten damit ein erstklassiges Fundament.

Bis ins letzte Detail war alles durchorganisiert. Es gab eine italienische und eine japanische Sektion, eine Abteilung, in der nur die Seesprache der Deutschen gelehrt wurde, und Sektionen, die nur für die deutsche Marine, das deutsche Heer oder die deutsche Luftwaffe zuständig waren. Sowohl die Armeen, die Marine und die Luftwaffe der Deutschen als auch die Heere der Japaner wurden gewissermaßen eins zu eins abgebildet und an diesem Ort ausgespäht.

All das wäre nicht möglich gewesen ohne Marian Rejewski. Und so entwickelten die Briten 1943 sogar einen riesenhaften Computer

(„Colossus“) oder zumindest den Vorläufer eines Computers, der ihnen half, die Funksprüche der Deutschen immer schneller und besser zu decodieren.

Aber bleiben wir noch einen Moment im Jahre 1941. Das Projekt trug den Tarnnamen „Ultra“. Das bedeutete im Klartext, dass die gewonnenen Informationen topsecret waren. Ultra? Wörtlich bedeutet das Lateinische *ultra* „jenseits“, im übertragenen Sinne jedoch war es eine Abkürzung für ultra-geheim. Man könnte das Kürzel auch mit „äußerst wichtig“ übersetzen. Diese Informationen mussten unter allen Umständen geheim gehalten werden, sie wurden noch über der höchsten Geheimhaltungsstufe angesiedelt, die damals existierte – *most secret* (streng geheim).

Jedenfalls arbeiteten jetzt im Rahmen von Ultra zahlreiche Intelligenzbestien hart und hingebungsvoll daran, die Codes der Enigma-Maschine zu knacken. Die besten Codeknacker waren sicher, dass sie die Mitteilungen, Funksprüche und Befehle der Nazis entziffern würden.

Der Weitere Kriegsverlauf

Bis heute ist kaum ansatzweise bekannt – jedenfalls wird in vielen Geschichtsbüchern nicht darauf hingewiesen –, in welchem Umfang die britischen Codebreaker für den Sieg gegen Hitler verantwortlich waren.

Hitler setzte stur seine kriegerischen Wahnsinns-Unternehmungen fort. Spätestens seine Entscheidung, gegen die Sowjetunion Krieg zu führen, ganz abgesehen von dem Krieg gegen die USA, zeugte von Megalomanie, von Größenwahn; das brach ihm das Genick.

Selbst die raffiniertesten deutschen Schlachtpläne wurden ausgespäht. Die Nazis hatten in ihrem Übermut vergessen, dass klügere Maschinen andere Maschinen ohne Weiteres besiegen können. Zudem hatten sie verdrängt, dass sie einen ungerechten Krieg führten, den Krieg eines Großverbrechers.

Das Märchen von der Unbesiegbarkeit der Deutschen wurde bereits in der legendären Luftschlacht um England in den Bereich der Lüge verwiesen.

Schon in dieser Luftschlacht konnten wichtige Funksprüche der Deutschen entziffert werden. Die englischen Piloten kannten den Standort und die Stärke der deutschen Flieger. Die Teufelskerle der legendären Royal Air Force hatten jedenfalls genügend Hinweise, um den Feinden die Hölle heiß zu machen. Britische Jagdgeschwader verbuchten zahlreiche Erfolge – allerdings erst, nachdem der deutsche Funkverkehr in Bletchley Park abgehört und entschlüsselt worden war. Der Niedergang der Nazis setzte mit dem Krieg gegen Großbritannien ein.

Rejewski und andere britische Codebreaker waren damit ganz zweifellos mitverantwortlich für den Ausgang des Zweiten Weltkrieges.

Enigma, das gelöste Rätsel

Rejewski stand seinen britischen Kollegen rund um die Uhr mit Rat und Tat zur Seite. Als erster Mann, der es mit der sagenhaften Maschine aufgenommen hatte, genoss er früh den Ruf, ein Supergehirn zu sein. Seine Erkenntnisse wurden ständig genutzt. Neue Einsichten seiner begabten britischen Kollegen kamen hinzu. Und so wurden selbst die schwierigsten chiffrierten Nachrichten entziffert. Es handelte sich nahezu um einen intellektuellen Sport, in dem sich Kryptologen in England maßen – im Bletchley Park, im Rahmen des Projektes Ultra. Die gescheitesten Köpfe boten Enigma Tag für Tag die Stirn. Im Laufe des Krieges änderten sich die Codes nämlich nicht mehr nur quartalsweise, sondern täglich. Auch die Briten erkannten: Maschinen sind, bei allem Respekt, im Grunde genommen … dumm, sie können immer nur das ausspucken, was ihnen eingegeben wurde.

Im englischen Entschlüsselungszentrum hat man während des Zweiten Weltkrieges mehr als zwei Millionen Funksprüche entschlüsselt. Unglaublich. Hier wurden „Helden" geschaffen, deren Arbeit wichtiger war als der Sturmangriff von zehntausend Soldaten. Später wurden die Codeknacker zu regelrechten Legenden hochstilisiert.

Verschiedene Umstände ermöglichten überhaupt erst die Entschlüsselung Enigmas:

Erstens gab es mehrere Dechiffrierabteilungen, jede war für nur eine genau definierte Zielgruppe zuständig, wie beispielsweise für die Marine. Das „Marinedeutsch" und die „Seemannssprache" brauchten eigene Decodierer, da die Seeleute sich ihrer eigenen Ausdrucksweise bedienten.

Zweitens wurden immer mehr Denker hinzugezogen: Die Anzahl der Mitarbeiter wuchs von 200 auf über 7000 Kryptoanalysten.

Drittens wurden ständig zusätzliche Computer eingesetzt – oder Vorläufer von Computern, wie wir sie heute kennen. Dadurch konnten Decodierungsmöglichkeiten blitzschnell ausgetestet werden.

Viertens konnte man mit ein wenig Glück Sillies decodieren. Unter *sillies*, wörtlich übersetzt „Dummchen" oder „Tölpeleien", verstand man einfache Tastenkombinationen, wie etwa 1, 2, 3, 4, die hintereinander vorkamen und die Zusammenhänge erhellten. Manchmal konnte man damit einfache Meldungen schon halb decodieren.

Fünftens organisierte der legendäre Kryptologe Alan Tuning, der Kopf aller Decodierer, die Bande der Superhirne professionell und koordinierte höchst effektiv den Einsatz aller Männer und Frauen.

Sechstens hatte Enigma eine Schwachstelle: Das Gerät erlaubte es nicht, den Buchstaben A durch den Buchstaben A zu chiffrieren, den Buchstaben B durch den Buchstaben B und so weiter. Selbst diese winzige Eigenheit machten sich die Decodierer zunutze.

Siebtens stellte der Funkverkehr an sich automatisch gewisse Ausdrücke bereit. In einem Wetterbericht beispielsweise kam ganz sicher das Wort Wetter vor. Im Schiffsverkehr wiederholten sich ebenfalls bestimmte Begriffe. Auch die Grußformel „Heil Hitler" wiederholte sich – alles glückliche Umstände und Anhaltspunkte, die man verwenden konnte.

Gelegentlich entdeckte man achtens sogar bestimmte Klartextausdrücke, die nicht von den Deutschen chiffriert worden waren.

Von entscheidender Bedeutung war neuntens schließlich der Umstand, dass man mit Bomba zahlreiche Übersetzungsversionen austesten konnte.

1941 waren bereits fünfzehn Entschlüsselungs-Maschinen im Einsatz. Gegen Ende des Krieges decodierte man innerhalb von nur einer Stunde mehrere verschlüsselte Texte – die Geschwindigkeit nahm zu. Zum Schluss arbeiteten zweihundert „Bomben“ an den Decodierungen.

Zehntens erbeutete man einige Codebücher der deutschen Marine, die zum Teil noch benutzt wurden und zusätzliche Informationen lieferten.

Das alles führte zum größten Decodierungserfolg aller Zeiten.

Nur nebenbei bemerkt: Die Methode zur Entzifferung von Enigma im Bletchley Park blieb auch noch lange nach dem Krieg hochgeheim.[44]

Spektakuläre Erfolge

Die Erfolge dank der Kryptoanalysten in Bletchley Park waren atemberaubend.

1940 konnten die Briten wie schon ausgeführt die Luftschlacht um England für sich entscheiden. Ihre Decodierer wussten in vielen Fällen genau, was die deutschen Luftwaffenverbände im Schilde führten.

Die Piloten der britische Royal Air Force konnten punktgenau zuschlagen. Dadurch bekam Hitlers Selbstvertrauen zum ersten Mal einen Knacks.

Wenig später wurde in Afrika das deutsche Afrikakorps abgehört und genau lokalisiert. Daraufhin schnitt man die deutschen Nachschublinien im Mittelmeer ab, sodass die Deutschen auch an dieser Front „seltsamerweise“ einen Rückzieher machen mussten.

In der Atlantikschlacht im Jahre 1942, in der deutsche Schiffe mit US-amerikanischen und britischen Schiffen zusammenprallten, zogen die Deutschen ebenfalls den Kürzeren. Der Grund: Ihr Funkverkehr war zuvor abgehört und entschlüsselt worden. Gleichzeitig verbesserte sich die U-Boot-Abwehr der Briten und Amerikaner, sie verbuchten „eigenartigerweise“ einen Erfolg nach dem andern. Die deutschen U-Boote konnten lokalisiert, effizient verfolgt und versenkt werden.

Die Decodierung der Enigma-Funksprüche verriet den Amerikanern 1944 sogar, dass die Deutschen nicht wussten, wo die Landung der US-Streitmacht stattfinden würde. Hitler rechnete nicht damit, dass die Amerikaner in der Normandie anlanden würden. Er glaubte vielmehr, die Amerikaner würden von England aus nach Belgien übersetzen. Um die Deutschen noch weiter in die Irre zu führen, erfand man in Großbritannien sogar aufblasbare Gummipanzer. Die deutsche Luftspionage ließ sich täuschen, sie konnte von oben nicht erkennen, dass es sich nur scheinbar um echte Panzer handelte. Und so verlegten die Deutschen den Großteil ihrer Soldaten an den falschen Ort, während die Amerikaner in Frankreich in der Normandie landeten.

Ohne die Decodierung der deutschen Funksprüche wäre dieses Unternehmen chaotisch verlaufen, vielleicht sogar gescheitert.

Die Briten gaben zudem bestimmte Informationen an Stalin weiter, um ihm zu helfen, Hitler an der Ostfront niederzuringen. Das plötzlich ausbleibende „Schlachtenglück“ der Deutschen an der Ostfront ist also ebenfalls zum Teil auf die genialen Dechiffrierer in Bletchley Park zurückzuführen.

Um zu verbergen, dass sie durch Rejewskis Hilfe Enigma geknackt hatten, spielten die Briten ihre Ostfront-Informationen zunächst dem Schweizer Geheimdienst zu, der die Informationen über zwei weitere Umwege nach Moskau weiterleitete. So kamen auch die Sowjets in den Besitz wertvoller Erkenntnisse über die deutschen Angriffspläne.

Weil es einen Rejewski gab und die britischen Kryptoanalytiker, gewannen an allen Fronten … die Amerikaner, die Engländer und die Russen.[45] Und so wurden Hitler und mit ihm die Nazis besiegt, die sonst vielleicht den Zweiten Weltkrieg gewonnen hätten. Möglicherweise nahm die Weltgeschichte an sich durch die Brillanz der britischen Kryptologen und eines Polen einen anderen Verlauf. Sie alle waren einsichtig genug, menschliche Intelligenz über Maschinen-Intelligenz zu stellen. Auf jeden Fall kürzten sie den Zweiten Weltkrieg ab, falls sie nicht letztlich sogar für den Sieg verantwortlich sind.

Genau dieser bemerkenswerte Umstand führt uns zu einigen bemerkenswerten Einsichten die es verdienen, in Stein gemeißelt zu werden.

Bemerkenswerte Erkenntnisse

Erlauben wir uns eine fast stenografische, jedenfalls formelhafte Sprache. Was lehrt uns Enigma? Nun, Folgendes:

- Maschine lässt sich mit Maschine besiegen.
- Menschliche Intelligenz ist immer Maschinen-Intelligenz überlegen.

Schlussfolgerung 1: Menschliche Intelligenz ist jeder Roboter- und Computer-Intelligenz überlegen.

Schlussfolgerung 2: Selbst künstliche Intelligenz (KI) wird nie an menschliche Intelligenz heranreichen.

- Im Krieg ist Intelligenz weitaus wichtiger als rohe Gewalt.
- Der erfahrene Stratege setzt im Krieg vorrangig auf brillante Spionage-Aktivitäten.

Und so können wir einen ganzen Sack voller Erkenntnisse nach Hause tragen, wenn wir das Enigma-Kabinettstückchen ganz zu Ende denken, wenn wir uns die Mühe machen, zu abstrahieren und aus den Fakten Schlussfolgerungen zu ziehen. Letztlich besiegte ein einzelner Mann, Rejewski, tausend Panzer und hundert Heere, metaphorisch gesprochen. Bei Licht betrachtet gibt es kein größeres Kompliment für den menschlichen Geist.

Vielleicht müssten Historiker umdenken und den Zweiten Weltkrieg unter modifizierten Gesichtspunkten betrachten.

12. Codierungen und Decodierungen im Kalten Krieg

Das Thema Geheimschriften hat in den meisten Fällen etwas mit Spionage zu tun – ein Thema, das uns erregt und Spannung verspricht. In keinem anderen Gebiet wird so umfangreich verschlüsselt und entschlüsselt wie bei den Nachrichtendiensten.

Das wechselseitige Ausspähen nahm nach dem Zweiten Weltkrieg in einem Umfang zu, der bis heute nicht komplett ausgelotet worden ist – sowohl in Hinblick auf die Mitarbeiter innerhalb der Geheimdienste als auch auf die Menge der verschlüsselten Nachrichten. Allein in den USA existieren inzwischen siebzehn Nachrichtendienste! Allein die NSA, die National Security Agency, der größte Auslandsgeheimdienst der Vereinigten Staaten von Amerika, verfügt über mehr als 40 000 Mitarbeiter und über ein Budget von zehn Milliarden Dollar, sofern wir den offiziellen Zahlen Glauben schenken; wahrscheinlich wurden sie nach unten korrigiert, alles ist ja streng geheim.

Chiffriert und dechiffriert wird rund um den Globus in allen Ländern der Welt, millionenfach, zehnmillionenfach, täglich.

Exemplarisch für all diese Spionage-Aktivitäten sei das Schicksal eines einzigen Agenten berichtet, der während des Kalten Krieges für einige Zeit die Schlagzeilen beherrschte. Wir sprechen von John Anthony Walker Jr. (1937–2014), einem Offizier der US-amerikanischen Marine, der in den Vereinigten Staaten von Amerika für die

Sowjetunion spionierte und so umfangreich Geheimnisse, Codes und Schlüssel verriet, dass danach das US-amerikanische Security-System komplett neu geordnet werden musste. Zudem verbarg er seine Identität so raffiniert, dass viele Fallen gestellt werden mussten, um ihm überhaupt auf die Schliche zu kommen und ihn zu enttarnen.

Doch zunächst ein paar Takte zu dem ominösen Begriff des Kalten Krieges.

Der Kalte Krieg

Üblicherweise ist damit eine Periode zwischen 1947 und 1990 gemeint, also die Zeit nach dem Zweiten Weltkrieg bis zum Fall der Sowjetunion.

Dieser Kalte Krieg wurde nicht in erster Linie mit Waffen geführt, sondern mit den Instrumenten der Public Relations und der Spionage. Auf der einen Seite standen die USA und ihre Verbündeten, zu denen die meisten europäischen Staaten zählten, einschließlich Deutschland, Frankreich, Großbritannien und Italien. Außerdem neigte die gesamte „freie Welt" und ihre Demokratien diesem Block zu, sprich Australien, Indien, die meisten südamerikanischen Staaten, Kanada und so fort.

Der unumstrittene Führer waren die USA.

Auf der anderen Seite standen Russland und seine Satellitenstaaten sowie fast alle osteuropäischen Staaten, die stramm am Gängelband geführt wurden. Auch hier gab es genügend sympathisierende Länder, zu denen etwa China und Kuba gehörten.

Dieser Block wurde von der Sowjetunion beherrscht.

Es gab keine direkten militärischen Auseinandersetzungen beider Blöcke, aber Stellvertreterkriege in Vietnam, Korea und Afghanistan.

Zwei völlig verschiedene Weltanschauungen, einschließlich andersartiger politischer und wirtschaftlicher Glaubensbekenntnisse, prallten mit voller Wucht aufeinander. Auf der Seite der USA favorisierte man eine freiheitliche politische Ordnung und die Demokratie, abgestützt durch eine Verfassung mit Menschenrechten und der freien Marktwirtschaft; auf der Seite der Sowjetunion redete man der Diktatur und dem Kommunismus das Wort mit seiner (staatlich gelenkten) Planwirtschaft und der rigorosen Kontrolle der Bevölkerung.

Auf beiden Seiten versuchte man mit allen Mitteln, rund um den Globus immer stärkeren Einfluss zu gewinnen; man wollte die Welt im eigenen Sinne umgestalten. Der Kapitalismus trat an gegen den Kommunismus, wie die Schlagworte hießen, in Wahrheit ging es um Freiheit und Unfreiheit.

Der Kalte Krieg wurde mit Zähnen und Klauen ausgefochten auf wirtschaftlichem, diplomatischem, technologischem und kulturellem Parkett, ja sogar auf sportlichem Gebiet.

Die Anzahl der Geheimschriften, Geheimdokumente und Geheimtexte in dieser Periode lässt sich nicht seriös schätzen. Fest steht nur, dass man sich in praktisch allen Ländern der Erde alter und neuer Verschlüsselungsverfahren bediente.

Neuartige Codierungen

Nach wie vor wurden geheime Botschaften, manchmal nur notdürftig verschlüsselt, über sogenannte tote Briefkästen vom Sender zum Empfänger weitergeleitet. Im Gegensatz zu einem normalen Briefkasten handelt es sich dabei um ein Versteck, das ausschließlich Sender und Empfänger kennen. Der Spion verbirgt eine (manchmal zusätzlich verschlüsselte) Geheimnachricht beispielsweise auf der Rückseite eines Bilderrahmens, in einem Koffer mit doppeltem Boden oder auf der Unterseite eines echten Briefkastens, auf die er mit Tesafilm seine Nachricht klebt. Auch Baumstümpfe oder Steine, innen hohl, dienten manchmal als tote Briefkästen. Der Fantasie waren keine Grenzen gesetzt.

Doch in dieser Zeit entwickelten sich noch raffiniertere Methoden, eine Botschaft erst zu verschlüsseln und dann zu übermitteln, man denke nur an bestimmte, wechselnde Radiofrequenzen, Infrarotaufnahmen, Satelliten oder Mikropunkte.

Mikropunkte? Damit betreten wir das Gebiet der

STEGANOGRAFIE

Im Griechischen bedeutet *steganos* „verborgen" oder „bedeckt" und *graphein* „schreiben". Steganografie meint die Kunst des bedeckten oder geheimen Schreibens, bei dem der Ort der Nachricht unbekannt ist. In diesem Fall werden Informationen über ein Trägermedium (Container genannt) übermittelt, das Dritte nicht als Trägermedium erkennen.

Beispielsweise könnte man durch bestimmte technische Tricks zusätzliche Bilder oder Botschaften in ein Bild (= Container) einfügen, die dem normalen Auge verborgen bleiben. Der nicht eingeweihte Beobachter erkennt in diesem Fall die (verborgene) Botschaft nicht. Auch innerhalb eines scheinbar belanglosen, unauffälligen Briefes ließe sich eine (verborgene) Botschaft einschmuggeln. Sie könnte nur von dem Empfänger entziffert werden, der weiß, dass beispielsweise die Anfangsbuchstaben jedes Wortes dieses Briefes zusammengesetzt eine bestimmte Botschaft ergeben. Setzt er diese Anfangsbuchstaben hintereinander zusammen, erscheint – Simsalabim! – die wahre Botschaft des Briefes. Nur der Sender und der Empfänger kennen den richtigen Schlüssel – in diesem Fall die Anfangsbuchstaben.

Nehmen wir an, ein Agent möchte einem anderen Agenten mitteilen, dass er sofort fliehen muss, dass er sofort untertauchen soll, weil vielleicht sein Cover, sprich seine falsche, seine angenommene Identität, aufgeflogen ist. Er will ihm mitteilen:

FLIEHE SOFORT, MIT GRUSS H

Das Herz-Zeichen ♥ wurde für das Wort sofort vereinbart, H. ist der Tarnname, die Tarnabkürzung für den Sender, MG wurde nicht verschlüsselt und bedeutet „mit Gruß".

Dann schreibt er vielleicht:

FÜR LEO! ICH ENTBIETE HEUTE ERST ♥ MEINEN GRUSS: HAHA:

Die Anfangsbuchstaben ergeben jedoch einen völlig anderen Sinn.

F L I E H E S Ö F O R T M I T G R U S S H. lautet die Nachricht im Klartext.

Theoretisch könnte man auch die letzten Buchstaben eines jeden Wortes für eine Botschaft nutzen oder jeden dritten Buchstaben eines jeden Substantivs. Der Ort der Botschaft ist unbekannt.

Bekannte Beispiele aus der Geschichte für diese Art von Geheimschrift bieten Wachstafeln. Hier wurde die eigentliche Botschaft ins Holz geritzt, danach mit Wachs übergossen, sodass die Botschaft dem Auge verborgen blieb. Daraufhin schrieb man zur Tarnung eine unverfängliche, unverdächtige Botschaft auf das Wachs.

Noch einmal: Der Ort der Nachricht ist in diesen Fällen unbekannt.

Während des Kalten Krieges benutzte man immer ausgefeiltere Methoden. Man hinterließ etwa im Papier unsichtbare Zeichen, die nur mit dem entsprechenden technischen Zubehör sichtbar gemacht werden konnten. Außerdem verwendete man alle möglichen Arten von Geheimtinten – nicht nur das bekannte Zitronenwasser wie im Falle Lenins. Man benutzte doppelte Böden in Paketen, Koffern und Taschen, ferner hohe, hohle Absätze an Schuhen; vor allem aber setzte man Elektronik ein, die ganz neue Möglichkeiten eröffnete.

Alles, was sich unterhalb der normalen Wahrnehmungsschwelle des Homo sapiens befand, fiel in das Fachgebiet der Steganografie, das man als Teilgebiet der Kryptografie bezeichnen könnte.

Dazu gehörten unter anderem auch Mikropunkte. Hierbei schoss man im ersten Schritt mit einer speziellen Kamera ein Foto vom Geheimtext. Im zweiten Schritt verkleinerte man das Foto bis auf die Größe eines Punktes, der im Durchmesser vielleicht nur einen Quadratmillimeter groß war. In der Folge spaltete man beispielsweise die Ecke einer Postkarte mit einer Rasierklinge auf, schob den Punkt mit der Geheimnachricht hinein und verklebte die Postkarte wieder.

Der Empfänger erhielt die Postkarte, öffnete sie an der Ecke, holte mit einer Pinzette den Punkt heraus, vergrößerte ihn und las die Geheimnachricht. Tatsächlich lernte man, eine ganze Seite bis auf einen unauffälligen I-Punkt zu verkleinern – vielleicht sollte man besser i-Punkt schreiben, obwohl das grammatikalisch unkorrekt ist. Denn in der Folge wurde dieser Punkt möglicherweise über ein i gesetzt, über dem sich ohnehin schon ein Punkt befand. Damit blieb der Ort der Nachricht gleich doppelt verborgen.

Natürlich konnte die Geheimbotschaft in Form eines Punktes auch an vielen anderen Stellen platziert werden. In einem Brief gibt es ja genügend unauffällige Stellen.

Die Stasi der ehemaligen DDR liebte diese Form der Steganografie besonders, obwohl sie schon von den Nazis benutzt worden war.

Der winzige Punkt hieß in der Fachsprache „Mikrat". Ein Mikrat ließ sich überall verstecken. Selbst ein scheinbarer Tintenklecks in einem Brief oder ein Tintenspritzer mochte seine Dienste tun.

Im Altertum beschrieb man Seidenstoffe, tauchte sie in Wachs und formte daraus kleine Kügelchen. Diese Wachskügelchen wurden geschluckt und wieder ausgeschieden. Auf diese Weise konnte man Geheimnachrichten von einem Ort zum anderen transportieren – ganz genauso wie es heute noch Mules tun, „Maultiere" wörtlich übersetzt, sprich Drogen-Transporteure, die etwa Kokain in Kondome packen, sie schlucken und später wieder ausscheiden, nachdem sie eine Grenze überquert haben. Der menschliche Körper, inklusive aller Haare und Hautteile, sowie jedes Kleidungsstück und jedwedes Accessoires können für die Steganografie benutzt werden.

Im Altertum zum Beispiel beschrieb man auch Schweineblasen, verfrachtete sie samt ihrer Nachricht in Flaschen und füllte daraufhin die Flaschen mit Wein ab.[46] Immer ging es darum, den Ort einer geheimen Nachricht zu verbergen.

Mikropunkte zu benutzen wurde erst möglich, nachdem spezielle Fotoapparate und Mikroskope erfunden worden waren. Die grundsätzliche Art der Vertuschung änderte sich nicht, lediglich die Mittel und die Möglichkeiten potenzierten sich.

Die Steganografie erlebte eine Renaissance und kam zu neuen Ehren.

Alte Geheimdienst-Methoden

… waren also immer noch im Einsatz, doch das Geheimdienst-Repertoire passte sich der neuen Zeit und den technischen Möglichkeiten an. Im Falle der toten Briefkästen musste sich der Agent nicht mehr unbedingt um Dokumente kümmern, die er in einem Versteck hinterlegte. Er versandte seine Nachrichten jetzt auch elektronisch. Ein zweiter Agent, der Führungsoffizier oder der Verbindungsmann am anderen Ende, holte die Informationen mit seinem Gerät ab, mit einem Radio beispielsweise – auf einer bestimmten Frequenz eines bestimmten Senders oder mit mehreren Frequenzen, falls das vereinbart worden war –, später mit seinem Computer. Nachrichten wurden in dieser Phase gern über Kurzwelle verschickt, manchmal nutzte man dabei zusätzlich einen Zahlencode oder eine andere Verschlüsselungstechnik. Die übermittelten Informationen wurden vom Empfänger einfach abgehört und entschlüsselt.

Der DDR-Agent Günter Guillaume (1927–1995) – ein Karrierespion, über den sogar ein deutscher Bundeskanzler, nämlich Willy Brandt, stolperte – flog eines Tages auf, weil seine verschlüsselten Radionachrichten längst dechiffriert worden waren.

Spionage-Organisationen

Während des Kalten Krieges baute man auf beiden Seiten gewaltige Agentenorganisationen auf und stattete sie mit horrenden Geldern aus. Im Osten gab es den KGB, im Westen die CIA, in Deutschlands Westen den BND, den Bundesnachrichtendienst, in Deutschlands Osten die Stasi, den Staatssicherheitsdienst.

Einer von Hitlers Meisterspionen, Reinhard Gehlen, gründete mit dem Rückenwind der CIA zahlreiche BND-General- und Bezirksvertretungen, Unterabteilungen und Filialen in der gesamten Bundesrepublik. In der sogenannten DDR überholte ihn jedoch die Stasi auf der linken Spur, da sie so umfangreich spionierte, wie man es zuvor noch nie gesehen hatte.

Die BND-Filialen im Westen firmierten oft als Wirtschaftsunternehmen. Kaum ein braver bundesdeutscher Bürger wusste, dass hinter so mancher „Handelsgesellschaft" der BND steckte. Besonders gern bediente man sich des Covers eines Versicherungsunternehmens. Aber auch Jalousienfabriken, Sektfirmen, technische Dienste und andere Firmenbezeichnungen wurden verwendet. Wenn Informationen weitergereicht wurden, so geschah das zum Teil noch immer mit Geheimtinten, Geheimpapieren und toter Briefkästen, wie in den guten alten Zeiten. Zusätzlich wurden jetzt Mikrofone in Steckdosen eingebaut und kleine Kameras in Thermosflaschen.

Wie in Spionage-Organisationen üblich, dienten auch Damen dazu, an bestimmte Informationen heranzukommen. Die „Schwalbe" oder die „Honigfalle" existierte sowohl im BND/in der CIA als auch innerhalb der Stasi/des KGB.

Nach einer Weile blühte die Spionage nicht nur in der DDR, sondern auch in Polen, der Tschechoslowakei, in Ungarn und später sogar in Rumänien, Jugoslawien und praktisch in allen anderen Ländern. Man spähte jeden Staat aus, der eine wirtschaftliche oder militärische Bedeutung besaß. Überall war die CIA zu finden und ihr Gegenstück, der KGB.

Sowjetsoldaten beispielsweise wurden gern mit leichten Mädchen geködert, die ihnen Westwaren oder Sex anboten – im Gegenzug für Informationen. Manchmal konnte man russische Soldaten sogar umdrehen. Schweizer Uhren, Luxuswaren, aber auch Füller und Kugelschreiber waren bei den Russen besonders beliebt.

Umgekehrt spionierte der Osten natürlich auch den Westen aus und bot die eigenen Damen an. Das Zeitalter der weltweiten Spionage brach an.[47]

Das Gebiet der Kryptografie gewann mehr und mehr an Bedeutung, man schaukelte sich wechselseitig hoch. Alles und jeder wurden ausgehorcht und ausgespäht: Pazifisten, übereifrige Sozialisten, politische Gegner, Schriftsteller und Priester. Die Gesinnungsschnüffelei hielt Einzug in die Gesellschaft, in der DDR wie in der BRD, in der Sowjetunion wie in den USA.

Fortan wurden Politiker der obersten Ränge und Top-Journalisten observiert. Der BND/die CIA schnüffelten Firmen, Parteien und gesellschaftlich wichtige Institutionen aus, genau wie die Stasi/der KGB.

Während die DDR von Heerscharen von Stasi-Spitzeln überflutet wurde, die jedes antikommunistische Gebaren ahndeten, wurde in der BRD und in den USA jedes prokommunistische Gedankengut verfolgt.

Man könnte von einer Komödie sprechen, wäre das Spiel nicht so lebensgefährlich gewesen.

John Anthony Walker

Kommen wir nun auf unseren Superspion John Anthony Walker Jr. zu sprechen, der sich mit Codes, Geheimschriften und Geheimdokumenten eine goldene Nase verdiente, tatsächlich über eine Million US-Dollar.

Walker war eine eher unauffällige Erscheinung mit seiner Halbglatze, seiner Brille und seinem Allerweltsgesicht, das er halb hinter einem ordentlich gepflegten Zehntagebart versteckte. Er war kein unbeschriebenes Blatt, als er 1955 in die Marine der Vereinigten Staaten von Amerika eintrat. Er war nämlich zuvor straffällig geworden. Nach einem Einbruch wurde er vor die Wahl gestellt, entweder als Soldat zu dienen oder ins Gefängnis zu wandern. Walker entschied sich für die Navy. Dort absolvierte er eine Ausbildung als Marinefunker, wo er erstmalig in Kontakt mit verschiedenen Geheimcodes kam. Kurse an einer U-Boot-Akademie vervollständigten sein Wissen rund um die Kryptografie, ja, ihm wurde nach einigen psychologischen Tests sogar beschieden, in Bezug auf Nuklearwaffen „zuverlässig" zu sein – was auch ein schlechtes Licht auf die Qualitäten der Psychologie wirft.

Seine große Stunde schlug, als er 1967 unangemeldet in die Sowjetische Botschaft in Washington marschierte und dem „Feind" ohne die geringsten Gewissensbisse eine Funk-Chiffrier-Karte (*radio cipher card*) verkaufte. Dank dieser Karte konnten die Sowjets nun alle möglichen US-Funkgespräche abhören und entziffern. Es war geglückt, in das Allerheiligste der USA, ins Militär, ja sogar in die Marine, einzudringen. Als die Sowjets entdeckten, dass Walker vor allem an Geld interessiert war, kauften sie ihn gleich mit Haut und Haaren ein. Jede Woche erhielt er nun ein „Gehalt". Dafür musste er ständig neue Informationen liefern. Walker war der ideale Kandidat, denn es verlangte ihn ständig nach noch mehr Geld.

In der Folge verriet er auch Einzelheiten über eine neue US-amerikanische Chiffriermaschine. Sie trug die Bezeichnung KL-7. Ihre Decknamen waren „Pollux", wenn sie über acht Rotoren verfügte, und „Adonis", sofern zwölf Rotoren eine Nachricht verschlüsselten. Sie wurde sogar innerhalb der NATO benutzt.

Damit waren die Sowjets in der Lage, wichtige Befehlskanäle der Marine und der NATO auszuspionieren, es kam der Entschlüsselung von Zehntausenden von Dokumenten gleich.

Walker zahlte seine Schulden, die er angehäuft hatte, besorgte sich eine noblere Unterkunft und tätigte einige Investitionen. Gleichzeitig fiel er immer weiter die Karriereleiter hinauf – bis zum Deputy Director der Radioman School im Naval Training Center in San Diego, Kalifornien. Auf dem Höhepunkt seiner Karriere überwachte Walker das Kommunikationszentrum für alle US-U-Boote.

Was für ein Festtagsbraten für die Sowjets!

Die Schwachstelle von Geheimschriften wurde überdeutlich sichtbar: Wenn sich in den eigenen Reihen ein Verräter oder ein Maulwurf befindet, so nutzt das intelligenteste Codierungsverfahren … rein gar nichts.

Walker blühte auf. Da er nun regelmäßig riesige Summen kassierte, pflegte er den Lifestyle eines Playboys und gewöhnte sich daran, die Taschen voller Geld zu haben. Die Gewöhnung fiel leicht. In der Folge baute er einen ganzen Spionage-Ring auf, wie man ihn zuvor kaum gekannt hatte. Da er mit seinem Vorgesetzten Jerry Alfred Whitworth, dem Senior Chief Radioman und Communications Officer der Navy, gut befreundet war, überredete er ihn, sich ebenfalls an dem lukrativen Geschäft zu beteiligen. Von da an kam er an noch heißere Informationen. Whitworth machte er weis, dass er lediglich für die Israelis spioniere, was ihm dieser zunächst auch abkaufte. Da die Israelis Verbündete der USA waren, wog das in seinen Augen nicht so schwer. Als Whitworth später jedoch herausfand, dass die Materialien den Sowjets zugespielt wurden, machte er auch keinen Rückzieher – vielleicht weil er bereits zu tief in den Verrat verstrickt war oder sich ebenfalls an das Geld gewöhnt hatte, das nun auch in seine Taschen floss.

1984 rekrutierte Walker seinen älteren Bruder, immerhin einen Lieutenant Commander der Navy, woraufhin ihm erneut wertvolle Dokumente und Codes in die Hände fielen. Selbst seinen Sohn Michael sprach er an, bei diesem Spiel mit von der Partie zu sein. Nur bei einer seiner Töchter stieß er auf taube Ohren.

Gehen wir chronologisch noch einmal einen Schritt zurück: Schon 1976 nahm Walker seinen Abschied von der Navy und eröffnete ein Detektivbüro. Dadurch wurde er in die letzten Kniffe der Spionage-Arbeit eingeweiht. Walker sorgte persönlich dafür, dass sein Sohn bei der Navy Karriere machte. Und da nun sein ehemaliger Vorgesetzter und gleich zwei Familienmitglieder an den Dreh- und Angelpunkten saßen, konnte er nahtlos weiter für die Sowjets spionieren. Jetzt wurden ihm Geheimdokumente von seinem älteren Bruder zugespielt, von Jerry Whitworth und von seinem Sohn. Alle waren Codespezialisten. Selbst sein Sohn stieg zum Offizier auf, zum Schluss tat er Dienst auf einem nuklearbetriebenen Flugzeugträger. Schließlich spionierte ein ganzer Clan für die Russen. Der „amerikanische Traum" wurde wahr, sarkastisch gesprochen, es regnete Dollarscheine.

Doch sogar Walker, der sich für so ungeheuer gerissen hielt, unterschätzte die Achillesferse des Spionagegeschäftes: das Individuum. Computer und Maschinen mögen zu hundert Prozent richtige Resultate liefern, das Individuum dagegen ist nicht berechenbar.

Zwar hatte sich John Anthony Walker rechts und links die Taschen mit Dollarscheinen gefüllt, dabei aber seine Ehefrau vergessen, von der er sich inzwischen hatte scheiden lassen. Wie viele törichte, finanziell gut gestellte, erfolgreiche Männer hatte er anderen Frauen nicht widerstehen können. Seine geschiedene Frau, inzwischen eine halbe Alkoholikerin und vielleicht von Rachegefühlen getrieben, schwärzte ihren Mann beim FBI und dem NCIS an, dem Naval Criminal Investigation Service.

Die denkbar wildeste Enttarnungs-Story folgte.

Schon vorher war ihm seine Ex auf die Schliche gekommen, denn sie hatte in seinem Schreibtisch herumgewühlt und dabei Unterlagen und Geräte gefunden, die in ihr den Verdacht weckten, ihr Mann sei ein Spion.

Zunächst wollte sie nur dafür sorgen, dass ihre gemeinsamen Kinder nicht in den Spionagering hineingezogen wurden, nichtwissend, dass ihr Ex längst die Weichen gestellt hatte. Zeitgleich sprach sie mehr und mehr dem Alkohol zu. Sie kontaktierte das FBI und machte das Büro auf den Verrat aufmerksam. Ihre alkoholisierte Stimme diskreditierte sie jedoch, niemand hörte ihr zu, und ihre Aussage wurde nicht ernst genommen. Immer wieder versuchte sie mit dem Büro Kontakt aufzunehmen, manchmal beendete sie den Anruf im letzten Moment, bevor sie ihren Ex-Mann belasten konnte. Doch eines Tages fand sie Gehör. Wieder einmal betrunken erzählte sie einem aufmerksamen FBI-Mann, dass Walker für die Sowjets spioniere. Endlich wurde das Federal Bureau of Investigation hellhörig. Man interviewte sie persönlich, immer noch mit einiger Skepsis. Vielleicht war sie doch nur eine alkoholabhängige Ex-Frau, die sich an ihrem früheren Ehemann rächen wollte.

Schließlich entschied das FBI, eine kleine, unauffällige, diskrete Investigation in die Wege zu leiten. Zunächst befragte man vorsichtig die Tochter, die die Aussage ihrer Mutter bestätigte: Ja, ihr Vater sei ein sowjetischer Spion, verriet sie. Polygraftests bestätigten die Aussagen der beiden.

Wie in einem Bienenstock schwärmten nun die Beamten aus. Umgehend wurde Walkers elektronische Überwachung angeordnet. Ab dem Jahre 1985 tat er keinen Schritt mehr, ohne überwacht zu werden. Letztlich entdeckte man eines Tages, wie er ein Päckchen in einem toten Briefkasten deponierte. Noch bevor das Päckchen in die Hände des Empfängers gelangen konnte, schnappte sich das FBI das Ding. Es enthielt Papiere, die die Aussagen der Tochter und der Ex-Frau endgültig bestätigten. Der Meisterspion war überführt.

Jetzt ging es darum, den kompletten Spionagering auffliegen zu lassen und hieb- und stichfest nachzuweisen, was passiert war.

Walker wurde umgehend gefangengenommen und von einem ganzen Team von FBI-Agenten verhört. Wer sich ein wenig mit diesen Verhören auskennt, weiß, dass sie die Hölle sind. Das Ergebnis: Walker redete, er gestand. Als die Sachlage feststand, verstaute man die Peitsche wieder und holte das Zuckerbrot hervor. Schließlich erklärte sich Walker bereit, im Gegenzug für eine milde Bestrafung seines Sohnes ein vollständiges Geständnis abzulegen, mit allen Details. Solche Deals waren und sind beim FBI gang und gäbe. Daraufhin packte er vollständig aus.

Unmittelbar danach setzte man auch die anderen Mitglieder des Rings gefangen. Bei allen wurden Beweise für den Verrat gefunden.

Der effektivste Spionagering, den die Sowjets je besaßen, war aufgeflogen.

Verurteilung

Der Prozess erregte erneut die Gemüter. Nachdem alles Material gesichtet war, verurteilte man Walker zu dreimal lebenslänglich.

Whitworth, sein Vorgesetzter, wurde zu 365 Jahren Gefängnis verurteilt und zu einer Strafe von rund einer halben Million US-Dollar.

Walkers älterer Bruder erhielt ebenfalls dreimal lebenslänglich plus 40 Jahre.

Sein Sohn wurde „nur“ zu einer Gefängnisstrafe von 25 Jahren verdonnert – das FBI stand zu seinem Deal – er wurde im Jahr 2000 vorzeitig auf Bewährung aus der Haft entlassen.

Walker starb im Jahre 2014 mit 77 Jahren im Gefängnis.

Nur ganz allmählich gelangten die wahren Schäden ans Licht der Öffentlichkeit, teilweise mit beträchtlicher Verzögerung. Vielleicht hatte kein anderer Spion je einen größeren Schaden angerichtet.

Fazit

Der Fall ging als eine der unglaublichsten Spionage-Aktivitäten des Kalten Krieges in die Geschichte ein. Es war tatsächlich kaum zu fassen, dass den Sowjets mehr als *eine Million* verschlüsselter Nachrichten in die Hände gespielt worden waren.[48] Die *New York Times* nannte die Walkers „the *most damaging Soviet spy ring*“, der je im Laufe der Geschichte aktiv gewesen war.

Tatsächlich befanden sich die Sowjets eine Weile im Besitz aller Taktiken und Strategien der Marine, ja eines großen Teils der Pläne und Befehlskanäle des US-Verteidigungsministeriums. Sie wussten alles über die Luftwaffe auf den Flugzeugträgern und über die US-U-Boote. Wäre Krieg zwischen den US und der Sowjetunion ausgebrochen, hätten Millionen von US-Bürgern mit dem Leben bezahlt. Das komplette *Naval communication system*, mit all seinen Codes und Geheimnachrichten, befand sich im Besitz der Sowjets, einige Verschlüsselungs-Maschinen hatten die Sowjets sogar nachgebaut. Mithilfe dieser Repliken war es ein Kinderspiel, die Amerikaner zu belauschen.

In den USA mussten alle geheimen Codes über Bord geworfen werden sowie alle Verschlüsselungsmaschinen, ja, selbst alle geheimen Pläne waren mit einem Mal Makulatur. Der Erzfeind, die Sowjets, kannte sie.

Falls ein Detail fehlte, unternahmen die Sowjets abenteuerliche Aktionen. So arrangierten sie einmal sogar mithilfe der Nordkoreaner die Entführung eines US-Schiffes, der USS Pueblo, da sie wussten, dass sich dort weitere Chiffriermaschinen befanden, an die ihr Superspion mit seinem Ring nicht herangekommen war.

Die Sowjetunion war über den Gegner, die USA, zeitweise besser informiert als die höchsten Geheimnisträger in den Vereinigten Staaten von Amerika.

Im Vietnamkrieg blieben die Amerikaner auch deshalb so glücklos, weil die Russen über wichtige Insider-Informationen verfügten.

In der Folge mussten in den USA völlig neue Technologien entwickelt werden, um die Security-Untiefen in Zukunft wieder umschiffen zu können.

Das System eines relativen Gleichgewichts zwischen den beiden Supermächten geriet ins Wanken.

Zwischen 1970 und 1985, also in der Zeit des Verrats und der Präsidenten Nixon, Ford und Carter, bis hin zu Reagan, war der Faktor „Macht" hinter den Kulissen ganz anders, als es in den Medien kolportiert wurde. Die Vereinigten Staaten waren denkbar geschwächt. Erst in der zweiten Halbzeit seiner Regierung riss Reagan das Ruder wieder herum.

Und so sehen wir, dass wir Politik und Gegenwartsgeschichte kaum mehr richtig verstehen und beurteilen können, ohne die Agentenszene zu kennen. Sie stellt sich völlig anders dar, als wir glauben und als uns durch die tägliche Berieselung via Fernsehschirme suggeriert wird.

Es waren zuhauf „Geheimschriften" entziffert worden. Dadurch verschob sich das militärische Gleichgewicht eine Zeit lang völlig.

Damit verstehen wir auch die ungeheure Dreistigkeit und Unverschämtheit der Sowjets in dieser Zeit, unter den Generalsekretären Breschnew und Andropow. Sie amüsierten sich sicher insgeheim über die „dumme" USA. Ja, der Kapitalismus besaß eine Achillesferse, auf die sie schon immer hingewiesen hatten: die Geldgier seiner eigenen Bürger. Die törichten „Imperialisten“ beteten den Dollar an und scheuten sich nicht, ihr Land zu verraten.

Nixon, Ford und Carter taumelten während ihrer Präsidentschaft in völliger Unwissenheit über den Verrat dahin.

Dass die Sowjetunion selbst von innen hohl und ausgelaugt war, gab erst viel später Gorbatschow zu. Ende 1989, am Ende des Kalten Krieges, fiel das kommunistische Riesenreich auseinander. Die Sowjets hatten den unverzeihlichen Fehler begangen, fast all ihre Staatseinnahmen – die Gas- und Ölproduktion spielten die größte Rolle – in ihr Militär und in ihre Geheimdienste zu stecken.

Die Dummheit des Kommunismus stellte die Dummheit des Kapitalismus weit in den Schatten.

Doch wie schrieb sich der Politkrimi fort?

13. Die Weiterentwicklung der Kryptografie

Natürlich war es nicht damit getan, nur ein neues Geheimhaltungs-System im militärisch-geheimdienstlichen Raum zu entwickeln, obwohl in dieser Richtung fieberhaft geforscht und gearbeitet wurde.

Es galt auch, jene Teile innerhalb eines Landes mit neuen Security-Maßnahmen auszustatten, die in einem möglichen Krieg besonders verletzlich waren. Es ging darum, ein neues Plateau zu erklimmen.

Der Wettlauf zwischen Ost und West hatte gerade erst begonnen.

Das Bankensystem musste „abgesichert" werden, dazu überlebensnotwendige Einrichtungen wie die Wasser- oder die Energieversorgung. Akribisch nahm man alle Bereiche unter die Lupe, mit deren Hilfe sich ein Land lahmlegen ließ.

Auch zwischen 1990 und 2022 spielten Geheimdienste und Militärs die entscheidende Rolle in diesem Wettlauf – und mit ihnen ihre Obsession, alles zu verschlüsseln und topsecret zu halten.

Zu keiner Zeit war das Thema Geheimschriften aktueller.

Politisch setzte sich das alte zweipolige Blockdenken fort: Auf der einen Seite standen wie ehedem Russland, jetzt an der Seite eines erstarkten China, sowie Kuba, Venezuela, Nordkorea und der Iran, den die CIA als den größten Terrorexporteur der Welt identifizierte.

Auf der anderen Seite befanden sich die Vereinigten Staaten von Amerika, Europa, jetzt inklusive der osteuropäischen Länder, sowie Australien – und mit Abstrichen Indien, das seine Waffen jedoch in

Russland einkaufte und sich deshalb bemühte, den Russen nicht zu stark auf die Zehen zu treten.

Die letzte und endgültige Auseinandersetzung zwischen Kommunismus/Diktatur auf der einen Seite und Kapitalismus/Demokratie auf der anderen Seite war nur aufgeschoben, nicht aufgehoben.

Die wichtigste Frage lautete: Wie konnte man frühzeitig die wahren Absichten des Gegners auskundschaften? Und wie zugleich die eigenen sensiblen Informationen schützen?

Die Kryptologie schlug Purzelbäume und erklomm neue Höhen.

Forschungsaktivitäten

Heerscharen von Informatikern und Mathematikern stürzten sich auf dieses Fachgebiet. Mit immer leistungsstärkeren Computern traten die beiden Blöcke gegeneinander an, mit immer mehr Mitarbeitern, aber auch mit anderen neuartigen, zeitgemäßen Techniken. Die althergebrachten Methoden der Spionage und der Verschlüsselung verschwanden zwar nie ganz von der Bildfläche, doch die Entwicklungen erforderten neue Denkgewohnheiten.

Das Internet und die Social Media begannen eine immer größere Rolle zu spielen, nicht nur in Sachen Agentengeschäft, sondern auch bei Codierungen und Decodierungen, angefangen bei Twitter und Facebook bis hin zu LinkedIn und Instagram.

Auf all diesen Foren fanden Geheimaktivitäten statt. Gönnen wir uns nur ein einziges spektakuläres Beispiel.

Die Chinesen und die Deutschen

Mehr und mehr geriet Chinas Agententätigkeit unter Beobachtung. China hatte in wirtschaftlicher Hinsicht einen unglaublichen Aufschwung genommen, nicht zuletzt, weil es wiederkehrend die neuesten Technologien stahl, die in US-Amerika oder Europa entwickelt worden waren.

Einige Methoden waren ganz offensichtlich: Die Chinesen kontaktierten Entscheidungsträger und Forscher und versuchten, sie auf die eigene Seite zu ziehen, ohne sich zunächst als Rekrutierer einer Agentenorganisation zu erkennen zu geben.

Das sah dann folgendermaßen aus: Die chinesischen Geheimdienste nutzten die sozialen Netzwerke, vor allem Facebook und LinkedIn, um zunächst einen „harmlos" erscheinenden Kontakt herzustellen.

SCHRITT 1: Über Fake-Profile stellte sich der Agent aus Fernost mit einer falschen Identität in den Netzwerken vor, manchmal kombiniert mit dem gefälschten Bild einer hübschen Chinesin. Häufig benutzte Fake-Profile waren Berater aller Art, Denkfabrik-Experten, Wissenschaftler, Headhunter und Jobvermittler.

SCHRITT 2: Nachdem ein Kontakt aufgebaut war, nahm der chinesische Agent gezielt Meinungsführer aufs Korn. Dazu zählten unter anderen Diplomaten, Bundeswehroffiziere, Wissenschaftler, Bankiers, Politiker, Politikberater, Behördenchefs, Unternehmer, Verleger oder bekannte Autoren. Genau wie ältere Herrschaften, die einst einen wichtigen Job bekleidet hatten und sich jetzt im Ruhestand befanden, oder Studenten, die eines Tages voraussichtlich in hohen Positionen landen würden.

SCHRITT 3: Nun ging der chinesische Agent der deutschen Zielperson zunächst um den Bart, er seifte sie mit Komplimenten ein. Scheinbar entspann sich ein interessanter Austausch. Manchmal wurden gute Verdienstmöglichkeiten in Aussicht gestellt. In Wahrheit wurde der potenzielle Kandidat jedoch daraufhin abgetastet, ob er dazu taugte, „gemolken" zu werden, wie der Fachausdruck lautete.

SCHRITT 4: Die Zielperson wurde nach China eingeladen, den Flug und den Aufenthalt bezahlte der Vertreter des Fake-Profils, letztlich also das chinesische Ministerium für Staatssicherheit. Oberflächlich betrachtet ging es um „kulturellen Austausch". Angeblich wollte man wechselseitig voneinander „lernen".

SCHRITT 5: Den entscheidenden Schritt bildete die Rekrutierung in China selbst, sofern es sich herausstellte, dass es sich lohne, eine Person „abzuschöpfen", wie ein anderer Fachausdruck lautete.

SCHRITT 6: Erst danach kam das Thema Geheimschriften auf den Tisch. Schließlich galt es, Informationen von Deutschland nach China zu übermitteln.

Mit Absicht haben wir die Schritte 1–6 im Imperfekt geschrieben, in Wahrheit geht man bis zum heutigen Tag genauso vor.

Und wenn man kryptografische Entwicklungen in der Gegenwart verfolgt, sieht man sehr schnell, dass das überlieferte, scheinbar veraltete Know-how der Spionage-Szene nach wie vor angewendet wurde und wird.

Werfen wir deshalb einen weiteren Blick darauf, es ist hochbrisant.

Agententechniken

Das zum Teil mehr als 2 500 Jahre alte Know-how der chinesischen Spionage, also das Anwerben neuer Agenten, nahm vor allem Personen aufs Korn, die nicht nur einflussreich, sondern auch leicht zugänglich waren. Schon der chinesische General Sun Tsu (auch Sunzi, Sun-Tse), der um 544–496 vor Christus lebte, wies in seinem Werk *Die Kunst des Krieges* darauf hin, dass man fremde Spione zunächst durch „freundliche Behandlung" gewinnen müsse.[49] Dazu gehörte es auch, sogenannte Schwalben (= weibliche Lockvögel) einzusetzen. Dass bis heute einige Rekrutierer regelrecht darauf trainiert werden, auch den Sexus als Anwerbemethode zu verwenden, ist weitgehend unbekannt. Frauen (und sogar Männer) werden regelrecht darin ausgebildet, ihr gutes Aussehen und ihren Charme einzusetzen, um einen künftigen Spion um den Finger zu wickeln und ins eigene Lager zu ziehen. Laut einiger Autoren wird Frauen manchmal sogar beigebracht, auf die geheimen, unerfüllten sexuellen Wünsche der Männer punktgenau einzugehen. Für diese „Schwalben“ gibt es laut dem Autor G. E. Thaller eigene Ausbildungslager, in denen ihnen beigebracht wird, wie man einen Herrn im Bett hervorragend bedient.[50]

So viel ist unzweifelhaft wahr: In den USA gelang es einer ausnehmend hübschen chinesischen Spionin namens Fang Fang, in den Jahren 2016 bis 2021 mit mindestens zwei US-amerikanischen Bürgermeistern das Kopfkissen zu teilen, ferner mit mehreren US-Kongressabgeordneten, unter anderem mit dem kalifornischen Abgeordneten Eric Swalwell, der einst als Präsidentschaftskandidat nach dem höchsten Staatsamt in den Vereinigten Staaten gestrebt hatte.

Laut einigen Lehrbüchern über das Rekrutieren von Agenten sollen vor allem hässliche Menschen oder Menschen, die von der Natur auf irgendeine Art und Weise benachteiligt sind, ins Visier genommen werden. Sie sind oft enttäuscht vom Leben und suchen Bestätigung oder Rache.

Außerdem taugen ältliche, verblühte Damen, für den „Feind“ tätig zu werden, sofern sie sich in der Nähe der Macht befinden. Kanzleramtspion Guillaume, über den Willy Brandt stolperte, ist das beste Beispiel dafür. Nachweislich säuselte er nicht eben wenigen einflussreichen älteren Sekretärinnen Liebesschwüre ins Ohr, wodurch er an wichtige Informationen kam.[51]

Besonders anfällig sind zudem Menschen, die sich in finanziellen Nöten befinden und Schulden haben. Oder Personen mit Minderwertigkeitskomplexen. Gelingt es einer Person nicht, im eigenen Land so hoch aufzusteigen, wie sie es ihrer Meinung nach verdient hätte, können die Rekrutierer dort gezielt ansetzen.

Hervorragend geeignet sind ferner Menschen, die in der Vergangenheit durch gesetzwidriges Verhalten aufgefallen sind; das qualifiziert eine Person zum Spion, weil die persönliche Hemmschwelle niedriger liegt und Skrupel bereits über Bord geworfen wurden.

Längst gibt es ein ausgefeiltes Wissen, *wie* man am effektivsten rekrutiert, und *wen* man aufs Korn nimmt. Und natürlich wenden nicht nur chinesische Geheimdienste dieses Know-how an, sondern praktisch alle Geheimdienste der Welt.

Doch verweilen wir noch einen Moment lang im Reich der Mitte.

Das chinesische Ministerium für Staatssicherheit interessiert besonders Themen, die für das eigene Land von besonderer Brisanz sind. Die Autonomie Tibets, die Demokratiebewegung in Hongkong, Religionen, die dem Kommunismus gefährlich werden könnten (Islam, Christentum, Taoismus, Geheimsekten) oder die Eigenstaatlichkeit Taiwans sind Reizvokabeln für die Chinesen.

Inzwischen gibt es auch in Deutschland die ersten Enttarnungsstorys. Allein über die Plattform LinkedIn erhielten nachweislich über 10 000 deutsche Staatsbürger entsprechende Rekrutierungs-Kontaktanfragen, wie der deutsche Verfassungsschutz und das *Handelsblatt* verlautbarten.[52]

Da laut statistischen Untersuchungen von hundert Spionen nur drei Prozent enttarnt werden, kann man an fünf Fingern abzählen, welchen Umfang entsprechende Aktivitäten inzwischen angenommen haben – nicht nur in Deutschland.

Microsoft zog bereits Konsequenzen: In China schloss LinkedIn seine Pforten.

Hinzu kamen chinesische Spionage-Aktivitäten von Hackern und Cyber-Attacken. In diesem Fall befinden sich besonders IT-Dienstleister im Visier.

Nicht berichtet haben wir von der Methode der direkten und indirekten Bestechung. Selbst Söhne von US-amerikanischen Präsidenten schienen gegen chinesische Zuwendungen nicht gefeit zu sein. Wie der Fall Hunter Biden beweist, der von den Chinesen viele Millionen Dollar erhielt – angeblich für eine Investmentfirma, aller Wahrscheinlichkeit nach aber nur aus einem Grund, nämlich den Zugang zu seinem Vater Joe Biden sicherzustellen – zum damaligen Zeitpunkt Vizepräsident der Vereinigten Staaten von Amerika. Fragwürdige Auslandsgeschäfte von Hunter Biden in China, Russland und der Ukraine zwischen 2014 und 2019 sind noch immer Ziel offizieller und inoffizieller Untersuchungen in den USA.[53]

Quantensprünge der Kryptografie

Wird ein „Interessenvertreter" aus einem anderen Land gewonnen, dann braucht es eine Geheimschrift.

Nach wie vor sind alle möglichen einfache Verschlüsselungen in Gebrauch, doch längst existieren auch kompliziertere Codierungen. Beliebt ist immer noch die „Methode Rothschild": Füllt man nur zehn bis zwanzig Vokabeln mit anderen Inhalten, kann ein Geheimtext kaum entziffert werden, sofern man den Schlüssel nicht kennt.

Bis etwa zum Jahr 1975 war die „Kryptologie eine Geheimwissenschaft", stellten Autoren wie Christof Paar und Jan Pelzi fest.[54] Erst danach bemächtigten sich zahlreiche öffentliche Institute und Firmen dieses Fachgebietes. Es explodierte förmlich. Die Kryptologie entwickelte sich zu einer eigenständigen, technisch-wissenschaftlichen Disziplin, die zum Teil an Hochschulen gelehrt wurde und in die Industrie einging. Vorher weitgehend eine Domäne der Geheimdienste und des Militärs, mauserte sie sich zu einem anerkannten Fachgebiet, das man studieren konnte.

Um das Jahr 1990 herum machte die Kryptologie einen weiteren Quantensprung, und 1999 abermals. Heute (2023) ist sie wieder in Bewegung geraten. Inzwischen visioniert man schon die nächste Generation von Computern, dank derer in relativ kurzer Zeit hochkomplizierte Geheimschriften entziffert werden können. Dafür hätte man vorher Jahrzehnte gebraucht.

Die Kryptologie ist heutzutage allgegenwärtig – in Banken und Geldinstituten, im Internet, in der Forschung und nach wie vor bei den zahlreichen Geheimdiensten.

Geheimschriften und Geheimcodes umspannen inzwischen unser ganzes Leben, Tag für Tag, ob wir uns dessen bewusst sind oder nicht.

Fachsprache und Sicherheitsstandards

Innerhalb der Kryptologie entwickelte sich eine eigene Fachsprache, deren mathematischen Arm inzwischen nur noch Eingeweihte verstehen. Sorgfältig unterschied man beispielsweise zwischen symmetrischen und asymmetrischen Algorithmen.

Was hat es damit auf sich?

Nun, ein Algorithmus bezeichnet eine mathematische Operation. In genau definierten Einzelschritten wird eine eindeutige Handlungsvorschrift zur Lösung eines Problems vorgestellt. Algorithmen beschreiben einen Rechenvorgang nach einer bestimmten, sich wiederholenden Art.

Spricht man von einem symmetrischen Algorithmus, dann weist man in der Kryptologie auf zwei Parteien, die sich im Besitz einer Chiffre befinden, auf die sie sich verständigt haben. Diese Chiffre wird zur Ver- und Entschlüsselung verwendet. In unserem früheren Beispiel würde der chinesische Agent dem angeworbenen deutschen Spion die Chiffre mitteilen, sicherheitshalber persönlich und im Reich der Mitte, nicht über das Internet. Im gesamten Altertum, im Mittelalter und in der Neuzeit bis zum Jahre 1976 existierten praktisch nur symmetrische Algorithmen in Sachen Geheimschriften.

Im Falle des asymmetrischen Algorithmus benutzt man zwei Schlüssel (= *keys*). Es gibt einen Private- und einen Public-Key. Der Public-Key ist öffentlich. Einen gemeinsamen geheimen Schlüssel gibt es nicht. Jeder Benutzer besitzt sein eigenes Schlüsselpaar, das aus einem geheimen und einem nicht geheimen Teil besteht.

Eine Analogie der Autoren Paar/Pelzi: Jeder kann einen Brief in einen Briefkasten einwerfen, aber nur der Postbeamte, der über den zugehörigen geheimen Schlüssel verfügt, kann den Brief wieder herausholen.

Wir brauchen uns nicht in den Tiefen des Fachvokabulars zu verstricken. Ohne in technischen Details zu versinken, kann man Folgendes festhalten: Der asymmetrische Algorithmus ermöglicht es, digitale Signaturen zu überprüfen und eine Person zu authentifizieren. Im heutigen E-Mail-Verkehr spielen asymmetrische Algorithmen eine Rolle, genau wie bei Geheimprotokollen und zur sichereren Abwicklung von Geschäften.

Auf verschiedenen Gebieten entwickelten sich zudem spezielle technisch-kryptologische Standards – Mindest-Sicherheitsstandards – die eingehalten werden mussten. Dadurch entstanden direkt oder indirekt auch Geheimschriften. Stets war ja ein Schlüssel notwendig, um zu bestimmten Texten Zugang zu finden.

Über die Standards in den USA wacht das sogenannte National Institute of Standards and Technology (NIST) – eine Bundesbehörde an der Ostküste der Vereinigten Staaten, die zum Handelsministerium gehört. Die Aufgabe der Behörde besteht unter anderem darin, im Bereich der Kryptologie bestimmte Verschlüsselungs-Algorithmen und Verschlüsselungs-Standards einzufordern und durchzusetzen. Behörden und Banken erhalten durch sie bestimmte Auflagen. Die NIST kooperiert mit IBM-Experten. Bestimmte Standards, wie der DES, der Data Encryption Standard, galten bis 1999 und wurden abgelöst von dem fortgeschrittenen, höheren Standard (AES =Advanced Encryption Standard), während sich die Experten schon um den nächsten, noch komplizierteren Standard bemühten. Immer galt es, noch bessere Chiffren vorzustellen und sich wiederholende Eigenschaften eines Textes zu verbergen, damit er schwieriger zu entschlüsseln wäre. Doch künftige Computer werden auch allen scheinbar unüberwindlichen Standards zu Leibe rücken.

In diesem Sinne ließen sich über den Schutz der E-Mail-Systeme, der Mobiltelefone und der Softwares mehrere Bände verfassen.

Je höher die Geheimhaltungsstufe, umso komplizierter die Schlüssel.

Immer steht im Mittelpunkt der Überlegungen die Schlüsselvereinbarung, der Schlüsseltransport – welches Medium man benutzt, um einen Schlüssel mitzuteilen – und die Schlüssel-Aktualisierung.

Wie hinfällig all diese Geheimhaltungs-Manie ist, steht indes auf einem anderen Blatt.

Kaum sind einige Sicherheitsstandards halbwegs akzeptiert, festgeklopft und implementiert, treten Heerscharen von Hackern und Computerfreaks auf den Plan, die selbst die schwierigsten Codes knacken. Das macht ständig neue Sicherheitsstandards notwendig.

Den alten Traum des Militärs, es könne eines Tages eine Waffe geben, die unbesiegbar sei, träumen auch die IT-Fachleute, die Mathematiker und Informatiker beim Thema Sicherheit. Die Realität beweist allerdings immer wieder, dass es kein absolut sicheres System gibt. Längst existieren Computerprogramme, die sich mit nichts anderem beschäftigen als mit der Schlüsselsuche.

Die Schlüsselsuche bei symmetrischen Algorithmen ist verhältnismäßig einfach: Man verwendet die Häufigkeitsanalyse, sucht nach Buchstabenpaaren, die wiederholt auftreten, und nach Buchstaben-Dreiergruppen am Wortanfang und Wortende oder überhaupt nach Worten, die aus drei Buchstaben bestehen. Die Vokabeln „der“, „die“, „das“ oder „und“ im Deutschen sind in diesem Sinne verräterisch.

Asymmetrische Algorithmen sind dagegen schwieriger zu knacken.

Die bestehenden Sicherheitssysteme schrauben sich also unaufhörlich weiter nach oben.

Vergessen wird bei diesem „ewigen Krieg“, dass ein einziger Spion reicht, um die intelligentesten Sicherheitsmaßnahmen in kürzester Zeit zunichtezumachen. Mit anderen Worten: Das „alte“ überlieferte Know-how, die Absichten des Gegners mittels eines Agenten in Erfahrung zu bringen, ist dem „neuen“ Know-how noch immer in vielen Belangen überlegen und kann es aushebeln.

Diese Bemerkung führt uns übergangslos zum Fall

Edward Snowden

Bis heute streiten sich die Geister, ob Edward Snowden der Menschheit einen Dienst erwies oder als Verräter eingestuft werden sollte. Ed Snowden (geb. 1983) ist ein ehemaliger CIA/NSA-Mitarbeiter und US-Whistleblower, ein „Hinweisgeber", wie die wörtliche Übersetzung lautet. Er machte erstmals auf die ausufernden, weltweiten Überwachungs- und Spionagepraktiken der britischen und der US-amerikanischen Geheimdienste aufmerksam. Im Jahre 2013 erfuhr die Öffentlichkeit, in welch unglaublichem Ausmaß jeder, auch der „normale" Bürger, abgehört und ausgespäht werden kann – über das Internet, sein Handy und alle möglichen anderen Geräte und Kanäle. Snowden gab außerdem noch hochgeheime Spionage Methoden preis, die im In und Ausland Anwendung fanden.

Der Skandal war perfekt. Die US-Geheimdienste kochten vor Wut. Snowden musste fliehen. Überhastet verschwand er und suchte nach einem Asyl.

Geheimcodes flogen auf. Und so mancher gutgläubige, naive Bürger wurde in Sachen Möglichkeiten der Nachrichtendienste entjungfert.

Eine Strafanzeige des FBI gegen Snowden folgte auf dem Fuß, ein Haftbefehl erging. In der Folge wurde Snowden gesucht und gejagt. Schließlich gewährten ihm die Russen Asyl. Manche öffentliche Kommentatoren lobten indes seinen Mut oder priesen ihn als Vorkämpfer der Menschenrechte.

Snowden bemühte sich auch in anderen Ländern um Asyl. Die öffentliche Meinung über ihn aber blieb gespalten. Geheimdienstler bezeichneten seine Aktion als Hochverrat und forderten seine Hinrichtung. Julian Assange, der (Mit-)Begründer der Internetplattform Wikileaks, der sich selbst in der Bredouille und in einer ähnlichen Situation befand, nannte ihn natürlich einen Helden. Jedenfalls waren zahlreiche Codes und Geheimdokumente mit einem Mal hinfällig, Schäden in Milliardenhöhe entstanden, von dem Imageverlust der Nachrichtendienste ganz zu schweigen.

Wie sollen wir urteilen? So objektiv wie möglich? Nun, Snowdens Kritik war nicht ganz aus der Luft gegriffen oder ungerechtfertigt. Denn viele unserer heutigen Überwachungsprogramme sind wahrscheinlich wirklich zu viel des Guten. Einen Staat, der alle Menschen lückenlos überwachen kann, wünscht sich niemand.

Der Streit um Snowden ist immer noch nicht beigelegt, und wir können davon ausgehen, dass er nie geschlichtet werden wird. Die weltanschaulichen, politischen Meinungen, die hier aufeinanderprallen, sind einfach zu gegensätzlich.

Für unser Thema ist auch nur der Umstand von Bedeutung, dass eine einzige Person tausende Codes, Schlüssel und Dokumente auffliegen ließ. Dieser Umstand offenbart erneut die Achillesferse selbst der geschicktesten Chiffriermethoden: Ein schwaches (humanes) Glied in der Kette der Geheimnisträger lässt jeden Kryptologen … nutzlos erscheinen. Der Mensch bleibt der nichtberechenbare Faktor in der Gleichung.

Gleiches gilt auch für die organisierte Kriminalität, die sich ebenfalls verschiedener Verschlüsselungsverfahren und geheimer Botschaften bediente und noch immer bedient.

14. Methoden und Geheimschriften von Gesetzesbrechern

Wir alle kennen die kriminellen Telefonanrufe, die etwa so lauten:

„Guten Tag, hier ist die IT-Abteilung von Microsoft. Wegen eines dringenden Sicherheits-Updates müssen wir eine neue Security-Einrichtung installieren. Dazu brauchen wir Ihr Passwort Ihrer Bankverbindung und ...“

Sie verstehen?

Per Telefon oder per E-Mail werden wir heute mit dubiosen Kontaktversuchen bombardiert.

Hier ein Original einer solchen E-Mail:

First Capital Bank.
7575 Poplar Avenue Germantown, TN 38138,
United States of America.

Date: 15 th April, 2022.

From the desk of: Mr. Greg Wingo
Executive Vice President / Senior Lender,
First Capital Bank, Germantown TN – United States.

A t t n:
This is to officially inform you that we have concluded as promised, regarding your fund as instructed, in order to release your funds immediately as already approved, well note that your funds have been approved for immediate release via online, soon we hear from you we will provide you with the online details for instant access.

As a matter of urgency, we urgently need you to reconfirm the below details while you attach scan copy of your identity for final documentations which is the final stage of your fund transfer as your online account details will be provided to you.

F u l l Name:
Address:
P h o n e:
Date of Birth:
Scan Copy of your valid I d e n t i t y:
Your f u l l Bank D e t a i l s:

Thank you for choosing to bank in your best interest while in anticipation of your response, soon we hear from you, we will update you with the next procedure since all the legal documentations have been properly documented.
Yours in service,
Mr. Greg Wingo

Wir brauchen diese E-Mail nicht zu übersetzen. Sowohl der Name Greg Wingo als auch seine angebliche Verbindung zu einer renommierten Bank und sein Titel Executive Vice President sind falsch.

Man arbeitet mit allen möglichen Tricks wie rührseligen Geschichten von reichen Witwen, deren Ehemann angeblich unter bemitleidenswerten Umständen kürzlich dahingeschieden ist und die jetzt einen zuverlässigen Menschen suchen, dem sie Millionen von Dollars überweisen, anvertrauen und halb schenken können.

Security-Experten nennen das ...

Phishing

Fishing im Englischen bedeutet „angeln". *Password harvesting* heißt in der Übersetzung so viel wie „Passwörter ernten" – das P und das h werden ausgeborgt. So entstand der Begriff Phishing.

Der Betrüger versucht, sich über gefälschte Websites, E-Mails oder Kurznachrichten als vertrauenswürdige Person auszugeben und an geheime Code-Wörter und vor allem Bankverbindungen heranzukommen. Fällt man darauf herein, werden Konten geplündert und Identitäten gestohlen – was sich ja ebenfalls zu Geld machen lässt. Es gibt inzwischen eine ganze Betrugsindustrie, die Milliarden abgreift. Experten zufolge sitzt ein Großteil der Drahtzieher vermutlich in Russland, in armen, afrikanischen und asiatischen Ländern oder in einem der Staaten, die dem kommunistischen Block zuzurechnen sind oder in denen Diktaturen herrschen. Es gibt Staaten, in denen Recht und Gesetz mit Füßen getreten werden, ja, in denen solche Phishing-Aktivitäten sogar halboffiziell gefördert werden. Die Phishing-Betrüger stehlen Firmenlogos, ahmen Layouts nach, kurz, sie tricksen mit allen Mitteln herum, um ein Konto zu plündern.

Die Betrüger können sehr überzeugend wirken.

Mittlerweile sind raffinierte Phishing-Strategien im Umlauf, die beispielsweise einen Virus in den Computer des Empfängers einpflanzen, woraufhin dessen gesamte Daten, Downloads, Skripte und PDFs verschwinden – was natürlich sofort in Ordnung gebracht werden kann, wenn, ja wenn … man nur seine Bankdaten preisgibt.

Auch Dating-Websites und hübsche Damen- oder Herren-Fotos dienen als Köder, um einen Fisch an Land zu ziehen.

Manchmal werden sogar Drohungen und Erpressungen eingesetzt. Der Betrüger schreibt eine E-Mail und droht, den Adressaten überall im Internet zu blamieren und zu diskreditieren. Er wisse, dass der Adressat regelmäßig masturbiere und werde das allerorten bekannt machen, mit einem Beweis-Foto sogar. Falls der Adressat das verhindern wolle, müsse er nur auf ein bestimmtes Bitcoin-Konto die Summe XY einzahlen …

Dieses relativ prominente Beispiel erreichte zahlreiche Adressaten.

Ständig lassen sich die Betrüger neue Ansprachen, Geschichten, Märchen und Tricks einfallen. Auch hier tobt ein ewiger Krieg – zwischen Security-Maßnahmen und Gesetzesbrechern.

Mittlerweile kümmern sich schon ganze Firmen mit Milliardenumsätzen darum, solchen Betrügern und Erpressern das Handwerk zu legen.

Wir können davon ausgehen, dass dieser Krieg ebenfalls gerade erst begonnen hat und weiter variiert werden wird.

Kriminelle Geheimsprachen und Geheimschriften

Bei Phishing-E-Mails handelt es sich nur im weitesten Sinne um Geheimschriften – nämlich insofern dass der Absender falsch, der Inhalt getürkt und jedes Wort gelogen ist. Auch der Ort, von dem solche E-Mails angeblich abgeschickt worden sind, ist falsch. Die Betrüger möchten an geheime Codes herankommen, was auch nur im weitesten Sinne dem Thema Geheimsprachen/Geheimschriften zuzuordnen ist.

De facto um Geheimsprachen und Geheimschriften handelt es sich jedoch bei allen sogenannten Gaunersprachen, wie das der Linguist nennt. Sie operieren mit eigenen Geheimzeichen und Symbolen, die nur der Eingeweihte versteht.

Wir können nicht einmal im Ansatz seriös einschätzen, wie viele Gaunersprachen es auf der ganzen Welt gibt. Jede von Millionen Menschen gesprochene Sprache entwickelte mit der Zeit auch ihre eigene Gaunersprache, ja oft sogar mehrere Gaunersprachen. Allein im Französischen gibt es vier bekannte Gaunersprachen, im Spanischen zwei, im Deutschen vier, im Englischen mindestens zwei und im Polnischen und Russischen je wenigstens eine. Und da es weltweit zwischen 6000 und 8000 Sprachen gibt, die allerdings nicht alle von Millionen gesprochen werden, kann man sich leicht ausrechnen, dass Hunderte, wenn nicht Tausende von Gaunersprachen/Geheimschriften existieren. Theoretisch müsste man auch die Geschichte einer Sprache miteinbeziehen.

Als geheime Gaunersprache galt in Frankreich beispielsweise lange das „Argot". So hieß die Sprache der Bettler und Gauner im Mittelalter, die noch in der Neuzeit Verwendung fand und findet. Sie war nicht nur eine derbe Variation der französischen Umgangssprache, sondern eine echte Geheimsprache und wich in zahlreichen Punkten von der Standardsprache ab. Es wurden neue Begriffe geprägt, Wörter verkürzt oder verdoppelt, Wörter abgeändert oder ersetzt, sodass nur ein anderer Gauner eine Botschaft verstehen konnte.

Möglicherweise leitet sich das Wort Argot von den Begriffen *Art* und *Gotique* her, von „Kunst" und „Gotik" also, was zusammengesetzt *Argot* ergibt. Allerdings gibt es auch andere Herleitungen. Vielleicht wollte man mit dem Begriff Argot auf eine (1) künstlerische und gleichzeitig (2) altertümliche Sprache deuten.

Selbst renommierte Schriftsteller wie Victor Hugo (1802–1885) verwendeten das Argot in ihren Romanen. Wurden seine Bücher in andere Sprachen übertragen, galten deshalb einige seiner im Argot formulierten Ausdrücke als unübersetzbar.

Das Argot verunmöglichte das Verständnis.

Im Argot und in anderen Gaunersprachen wurden und werden manche Silben in bekannten Wörtern ausgelassen, wieder andere Silben mit neuen Silben versehen, Anfangskonsonanten beiseitegeschoben und durch andere Buchstaben ersetzt, Wortenden mit weiteren, ungewöhnlichen Endungen versehen, Abkürzungen aus anderen Sprachen entlehnt und allerlei Späße mehr. Für das Wort Geld (frz. = *argent*) kennt das Argot über fünfzig alternative Ausdrücke, für das Wort Polizist (frz. = policier) mindestens zwanzig

Synonyme, wie etwa *flic* oder *poulet* – beides Begriffe, die heute noch gebräuchlich sind. *Poulet* bedeutet wörtlich übersetzt „Huhn"; gezielt wird damit die französische Polizei abgewertet und lächerlich gemacht. Auch die Ausdrücke *pouleman* oder *poulardin* sind in Gebrauch.

Vor allem mündlich, aber auch schriftlich wurde und wird diese Geheimsprache und Geheimschrift gelegentlich noch immer verwendet.

Generell gilt: Je unverständlicher eine Sprache scheint, umso effektiver kann man sich mit ihr vor Nicht-Eingeweihten schützen, vor allem vor der Polizei, also den *flics* oder den *poulets.*

Rotwelsch

In deutschen Landen galt das sogenannte Rotwelsch lange als Gaunersprache und unterlag ursprünglich einer gewissen Geheimhaltung.

Woher stammt der Ausdruck?

Viele Jahrhunderte lang wurde damit die Sprache der Bettler, des fahrenden Volkes und der Kriminellen bezeichnet. Das Wort lässt sich vielleicht von *walsch* und *rot* ableiten. *Walsch* oder *welsch* deutet auf das Italienische und das Französische hin und bedeutet „fremdartig" und „unverständlich". Wir finden es noch heute in dem Begriff Kauderwelsch. *Rot* verweist auf Bettler, auf die *Rotte* – was im Niederländischen so viel wie „Bande" bedeutet; dort wird *rot* auch mit „faul" und „schmutzig" gleichgesetzt.

Oft ist das Gaunerrotwelsch mit hebräischen Ausdrücken durchsetzt. Rotwelsch ist damit zweifelsfrei eine Art Geheimsprache, die nur von Ganoven gesprochen, geschrieben und verstanden wird.

Später gingen viele Ausdrücke in den normalen Sprachgebrauch, in die deutsche Umgangssprache ein. Deshalb sind uns heute zahlreiche Ausdrücke geläufig – vor ein paar Jahrhunderten war das noch nicht der Fall.

Eine kleine Auswahl:

- ausbaldowern = auskundschaften
- Bock = Hunger, Gier
- Bulle oder Polente = Polizist
- Kohldampf = Hunger
- mosern = sich beschweren
- Schmiere stehen = Wache halten
- Stuss = dummes Gerede

Alles lupenreine Rotwelsch-Ausdrücke!

Andere Begriffe hingegen sind eher unbekannt, wie beispielsweise das Wort Wolkenschieber – auf Rotwelsch ein Faulpelz oder bettelnder Handwerker.

Im Rotwelsch wurden auch neue Zeichen erfunden:

- Ein unauffällig auf eine Gebäudewand gezeichnetes Kreuz verriet: An diesem Ort ist es opportun, sich fromm zu gebärden.
- Ein leerer Kreis verriet dem „Bruder“: Hier ist nichts zu holen.
- Eine Axt zeigte an, dass man in einem Gehöft Lohn erwarten konnte, wenn man dafür zu arbeiten bereit war.
- Eine stilisierte Katze machte anderen „Brüdern“ klar: Es schadet nichts, als Bettler hartnäckig und aufdringlich aufzutreten.
- Ein Kreis mit einem Kreuz darin bedeutete, dass man bei den Besitzern dieses Hauses Essen erwarten konnte.

Diese Zeichen oder Botschaften wurden unauffällig in Baumstämme in der Nähe eingeritzt, auf Scheunenwände gekritzelt oder auf die Erde gezeichnet, sodass der nächste Bettler oder Gauner wusste, wie er sich benehmen sollte.

Einige dieser Zeichen retteten sich hinüber bis in die Gegenwart, andere erfuhren geringe Abänderungen, wieder andere erfand man neu.

Hier eine kleine aktuelle Auswahl und ihre Bedeutungen:

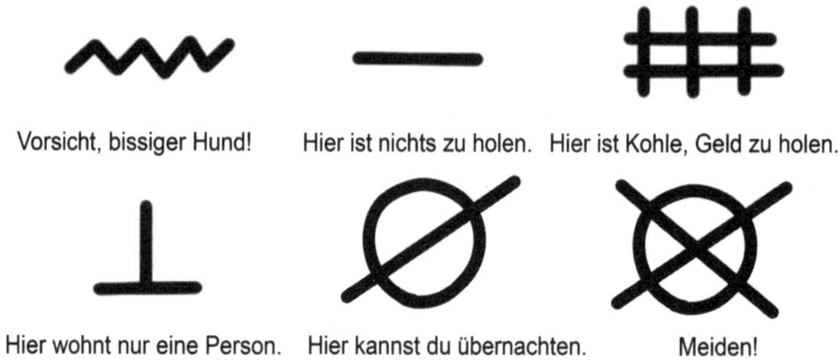

Abb. 11: Aktuelle Zinken / Rotwelsch

Zinken

Bei den obigen Symbolen spricht man auch von „Zinken" – ein Ausdruck, der erst im 18. Jahrhundert aufkam.

Darunter versteht und verstand man die geheime Verständigung von zweifelhaften, fahrenden Gesellen oder zwielichtigem Gesindel durch Laute, Gestik, Mimik oder grafische Zeichen. Auf dem Zinkerplatz trafen sich die Diebe, gezinkte Karten hatten ein geheimes Erkennungsmuster, sodass man falschspielen und unrechtmäßig Geld verdienen konnte. Wir entdecken darin das lateinische Wort *signum* = Zeichen.

Bandenmitglieder erkannten sich gegenseitig an bestimmten Zinken und informierten sich untereinander mittels dieser Geheimschrift.

So erfuhren sie zum Beispiel, wo und wann ein Gebäude am besten überfallen und ausgeraubt werden konnte. Bettler, Hausierer, Wanderarbeiter, Landstreicher und gesetzlose Gesellen aller Art verständigten sich auf diese Weise.

Zinken wurden an möglichst unauffälligen Stellen angebracht – etwa in Toiletten in Wirtshäusern, an Schilder an Ortseingängen oder an Kirchen- und Klostermauern. Alles Mögliche wurde mit Zinken angezeigt: günstige Gelegenheiten, eine kostenlose Mahlzeit, Informationen über Schlafplätze oder Ratschläge, ob man sich fromm oder frech gebärden sollte. Wohnte ein Polizist in einem bestimmten Gebäude, wurde das ebenfalls durch den entsprechenden Zinken kundgetan. Nachrichten über Fluchtmöglichkeiten aus dem Gefängnis oder dem Schuldturm wurden gleichfalls über Zinken preisgegeben.

Viele Zinken sind noch heute in Gebrauch.

Sogar ein eigenes Fingeralphabet existierte unter den Brüdern: Hier wurden für jeden einzelnen Buchstaben bestimmte Fingerstellungen benutzt. Allerdings war es so umständlich, dass es kaum zu schriftlichen Geheimkommunikationen benutzt wurde. Aber manchmal schrieb man mit diesem Fingeralphabet auch die Zeichen in die Luft oder in die Handfläche eines „Bruders“. Bettelei und Diebstähle konnten auf diese Weise effizienter inszeniert werden.[55]

Moderne Gaunersprachen

Auch innerhalb der Organisierten Kriminalität werden zahlreiche Gaunersprachen und Geheimschriften benutzt. Gewöhnlich sind diese Sprachen nicht besonders kompliziert, aber auf ihren Verrat steht der Tod.

Manchmal bedient sich die Mafia dabei ganz außergewöhnlicher Methoden: So wird etwa bei der russischen Mafia, aber auch bei südamerikanischen Kriminellen, nicht selten die Tätowier-Sprache als Verständigungsmittel und „Informations-Brett“ benutzt. Anhand bestimmter Symbole identifizieren sich die Gangster nicht nur, sie teilen dem geschulten Auge sogar mit, wen die anderen vor sich haben. In bestimmten Kreisen repräsentiert wie bereits erwähnt die Anzahl der Tränen unter einem Auge die Anzahl der begangenen Morde; das qualifiziert sofort zu weiteren Mordaufträgen.

An einigen Tätowierungen kann ein erfahrener Decodierer viel ablesen: die Herkunft, die Orte, an denen der Tätowierte tätig war, die Zugehörigkeit zu bestimmten kriminellen Vereinigungen, ja sogar die Spezialisierung auf ein bestimmtes (ungesetzliches) Gebiet. Tattoos erzählen ganze Geschichten.

Außerdem bevorzugen kriminelle Kreise gewisse Wörter und Redewendungen. Diego Gambetta (geb. 1952), Professor an der Universität von Florenz, schrieb ein ganzes Buch über Zeichen und Signale innerhalb der Mafia.[56]

Zum Teil „unterhalten" sich Mafiosi sogar mithilfe einer bestimmten Filmsprache – mit berühmten, bekannten Sätzen aus Mafia-Filmen, wie *Der Pate* mit Marlon Brando, *Casino* mit Robert de Niro oder *Scarface* mit Al Pacino. Bestimmte Filme schätzen Mafiosi so hoch, dass sie sich aus ihnen gestohlener Redewendungen bedienen.

Nennen wir als Beispiel einen berühmten Satz, mit dem der „Pate" dem Killer, dem Hitman, nennen wir ihn Guiseppe, einen Mordauftrag erteilt; das heißt, er soll XY umbringen. Dann lautet der Satz: „Guiseppe, mir gefällt der Anzug von XY nicht." Mehr wird nicht gesagt. Das meint im Klartext, der Anzug solle mit einem Totenhemd ausgewechselt werden.

Ein stinkender Fisch, eine tote, blutbesudelte Katze oder ein abgetrennter Pferdekopf, den oder die eine Person in ihrem Bett vorfindet, sprechen ebenfalls eine deutliche Sprache. Es besagt: „Wir können dich jederzeit ausknipsen; deshalb spurst du besser." All das sind Symbole einer mafiösen Geheimsprache.

Um sich zu identifizieren und zu profilieren, kleiden sich Mafiosi sogar manchmal wie ihre filmischen „Vorbilder", sprich wie die Stars in berühmten Leinwandproduktionen.

Und so erkennen wir sehr rasch, dass sich Gaunersprachen und Geheimschriften in kriminellen Kreisen teils aus abenteuerlichen

Quellen speisen. Sie ändern sich kontinuierlich und passen sich bestimmten geografischen und regionalen Gegebenheiten an.

All das gehört zum Thema Gaunersprachen und Geheimschriften.

15. Geheimschriften und Kryptologie: die zukünftige Entwicklung

Geheimschriften sind ein immer währendes Thema, eine unendliche Geschichte. Ständig entstehen neue Projekte, wie beispielsweise spannende, geheime Forschungsprojekte beim Militär. Streng vertrauliche Mitteilungen von Nachrichtendienstlern reißen ebenfalls nie ab, im Gegenteil, sie werden umfangreicher. Und es wird immer Kriminelle geben, die ihre Untaten oder Vorhaben verbergen wollen.

Dabei haben wir noch nicht einmal auf brisante wirtschaftliche Unternehmungen verwiesen, wir haben die Finanzindustrie nicht eigens erwähnt oder die medizinische Versorgung.

Dechiffrierer scheitern manchmal bei ihren Bemühungen, einen Text zu decodieren. Doch versucht man, die Zukunft der Kryptologie vorherzusehen, so springt der Klartext problemlos ins Auge: Das Thema Geheimschriften wird unaufhörlich fortgeschrieben werden, es wird sich sogar potenzieren.

Im Moment macht die Kryptologie erneut Quantensprünge. Alles ist in Bewegung, alles ist im Fluss. Ständig versucht man, noch höhere Plateaus zu erklimmen, sowohl in Bezug auf die Codierung als auch auf die Decodierung. Man schwärmt von der KI, der Künstlichen Intelligenz, die eines Tages angeblich unknackbare Verschlüsselungsverfahren und völlig neuartige Codes erfinden wird.

Auf der anderen Seite stehen jedoch bereits die Hacker in den Startlöchern, die nur darauf warten, mit dem letzten Schrei der

Computerszene – mit Quantencomputern – auch die unmöglichsten Codes zu knacken, für deren Entzifferung man im Moment noch 10 000 Jahre brauchen würde; auch in diesen Zirkeln schwärmt man von der KI.

Tatsächlich erwarten Insider der Szene, dass beispielsweise der Quantencomputer um das Jahr 2030 herum ganz neue Dimensionen und Möglichkeiten innerhalb der Kryptologie bieten wird, mit denen man selbst den schwierigsten Codes zu Leibe rücken kann. Mit dem Quantencomputer, eine der Schlüsseltechnologien des kommenden Jahrzehnts, wird man tatsächlich sehr viel schneller und effizienter potenzielle Codes knacken können. In dieser Szene geht man auch davon aus, dass man mit dem Quantencomputer sogar Probleme der Biotechnologie effektiver lösen kann, wo ebenfalls noch viel „entziffert" werden muss. Alle Aufgaben, die eine noch höhere Rechenkapazität einfordern, wird man immer schneller lösen können.

Auf der Suche nach neuen Mitteln und Werkzeugen wird man mit dem Quantencomputer innerhalb der Kryptologie einen gewaltigen Sprung nach vorn machen. Ein Ergebnis steht jetzt schon fest: Die Berechnungszeiten werden sich drastisch verkürzen. Das aber bedeutet, dass sich umgekehrt die Codierer neuen Herausforderungen gegenübersehen werden.

Die Karten werden neu gemischt werden, und die Joker werden sich mal auf der Seite der Codierer, mal auf der Seite der Decodierer befinden.

Es wird einen neuen Wettlauf zwischen diesen beiden Polen geben, aber aller Voraussicht nach wird keine Seite je den endgültigen Sieg davontragen.

Schon jetzt beherrscht die Kryptologie, gesehen oder ungesehen, unser aller Leben: Die Stichworte dazu lauten: Online Banking, E-Mails, Webshops, Smartphones, elektronische Autoschlüssel, selbstfahrende Autos, Kryptowährungen und vollautomatische Häuser.

Vollautomatische Gebäude lassen sich, wenn man von der Arbeit oder einem Ausflug in sein Heim zurückkehrt, schon aus beträchtlicher Entfernung bestimmte Dinge befehlen. Man kann zum Beispiel dafür sorgen, dass das Wasser in die Badewanne eingelassen oder der Kaffee gekocht wird. Oder man erteilt den elektronischen Befehl, dass die richtige Musik im Wohnzimmer erklingt, sobald man über die Schwelle tritt. All das wird bestimmte Codes einfordern.

In allen wichtigen Gebieten wird die Kryptologie Eingang finden. Von besonderer Bedeutung werden elektronische, neue Währungen sein sowie völlig neue Bezahlsysteme, die alle abgesichert werden müssen. Sie könnten tatsächlich den Geldfluss rund um den Globus verändern und neue Machtstrukturen definieren.

Teilweise hat die Revolution ja bereits begonnen.

Der Fortschritt in der Kryptologie ist jedenfalls nicht aufzuhalten.

Alle möglichen Alltagsgeräte werden mit geheimen Codes in Betrieb gesetzt werden können, es wird intelligente, sorgfältig codierte Fabriken geben und sogar codierte Kleidungsstücke.

Selbst der Schutz *vor* dem Abhören wird nur mithilfe neuer kryptologischer Systeme möglich sein, woraufhin die Geheimdienste ihrerseits sofort modernere Methoden entwickeln werden, um diese Schutzmaßnahmen außer Gefecht zu setzen.

Die Vernetzung medizinischer Informationen wird die Kryptologie ebenfalls herausfordern, teilweise ist sie schon Realität.

Man wird neue Chiffren erfinden, die mit der Stromzufuhr und vielleicht dem richtigen Lichteinfall zu tun haben, jedenfalls wird es völlig neue Variablen geben. Man wird weitere binäre Verschlüsselungsmethoden entwickeln und immer mehr in Richtung vollautomatisierter Systeme wandern; doch jedes System muss codiert werden.

Zudem werden neue Geheimsprachen das Licht der Welt erblicken, unabhängig von der Mathematik und der Informatik. Allen Codierungen werden jedoch über kurz oder lang gleichwertige oder gar überlegene Schlüsselentzifferungsmaschinen gegenüberstehen. Nicht nur ein Nachrichtendienst bastelt längst an Schlüsselsuchmaschinen, die angeblich alles knacken können.

Die Kosten für Computer werden weiter sinken, selbst für Hochleistungscomputer und Quantencomputer. Heute schon existieren

Maschinen wie COPACOBANA, eine Abkürzung für **Co**st-Optimized **Pa**rallel **Co**de-**B**reaker, die an der Christian-Albrecht-Universität in Bochum entwickelt wurden. Sie beweisen, dass selbst schwer knackbare Codes in kürzester Zeit zuverlässig entziffert werden können.

Zahlreiche Angriffe von Hackern und Geheimdienstlern werden mathematische Schwächen von angeblich sicheren Codiermaschinen aufdecken und weitere Forschungen, Erfindungen und Entwicklungen nach sich ziehen.

Es wäre jedoch ein Fehler, beim Thema Geheimschriften nur auf Programmierer, IT-Experten und Mathematiker zu deuten. Der Sieg über Enigma beweist, dass stets auch Literaturwissenschaftler, Linguisten, Historiker und alle möglichen Genieköpfe mit von der Partie waren, wenn es um eine besondere Herausforderung ging. Forscher verschiedener Fachgebiete werden gefragt sein und überhaupt findige Köpfe aller erdenklicher Provenienz. Erinnern wir uns in diesem Zusammenhang getrost noch einmal an die geniale Decodierungs-Agentin Elizebeth Friedmann.

Doch allein schon ein Ort kann offenbaren, ob es sich um einen Geheimtext und eine Geheimschrift handelt oder nicht.

Das alte Ägypten mag hier in Erinnerung gerufen werden sowie die Methode, einen (Geheim-)Text in einem toten Briefkasten zu verstecken. Man wird deshalb nie auf Agenten verzichten können, denn das Individuum ist als Einziges nicht ersetzbar.

Gleichzeitig bleibt das Individuum stets die unberechenbare Unbekannte in der Gleichung. Rufen wir dafür noch einmal den Verräter John Anthony Walker in den Zeugenstand, der dem Feind über eine Million Geheimtexte zuspielte.

Die Mathematik und die Informatik werden zusammen mit der Linguistik die drei wichtigsten Fachrichtungen in der Kryptologie darstellen – von Agenten immer abgesehen. Der Linguist ist insofern unverzichtbar, weil es Tausende von Sprachen gibt, die zunächst einmal beobachtet, eingeschätzt und eingeordnet werden müssen.

Vergessen wir außerdem nicht, dass es auch zum Thema Sprache gehört, sich mittels Morsezeichen zu verständigen oder durch Feuer-

oder Rauchsignale. Das war im Altertum beispielsweise bei den Griechen der Fall und ist in der relativen Gegenwart bei verschiedenen Indianerstämmen zu beobachten. In Afrika informiert man sich zum Teil immer noch via Buschtrommeln. Es gibt eine Sprache für Gehörlose, eine Blindenschrift und Hunderte von Zeichensprachen, die nur mit Gesten ausgeführt werden. Einige Zeitgenossen unterscheiden „Wörter" tatsächlich nur, indem sie die zehn Finger einer Hand verschiedene Positionen einnehmen lassen; so war es auch schon im (französischen) Kloster Cluny, wo man im Mittelalter diverse Brotarten nur mit unterschiedlichen Fingerzeichen auseinanderhielt, weil man ein Schweigegelübde abgelegt hatte. Und es lässt sich heute im Rotwelsch beobachten.

Weiter müssen wir uns darauf einstellen, dass die Zukunft neue Sprachen hervorbringen wird, die wir uns momentan nicht einmal vorstellen können. Alte Sprachen, die nur von kleinen Gruppierungen gesprochen werden, sterben am laufenden Band, während ständig neue Sprachen erblühen.

Es werden zweifelsfrei auch Verständigungsmöglichkeiten ausschließlich im Zusammenhang mit dem Computer, der Informatik und der Mathematik entstehen. Man denke nur daran, dass wir schon heute ein Produkt, das über zahlreiche Eigenschaften verfügt – wie ein Weihnachtsengel etwa, der goldene Haare besitzt, ein zartes, weißsilbernes Kleidchen trägt, eine genaue Größe hat und der aus einem bestimmten Material hergestellt ist – mit einer simplen (Produkt-)Nummer, etwa 00425, bestellen und vollständig beschreiben können. Sprache wird sich zum Teil beträchtlich verändern. Man wird neue mathematisch-linguistische Symbole erfinden, die noch einfacher, logischer und verständlicher sind als die Zeichen, die wir bereits haben. Es wird vielleicht Genies geben, die nur mit der 0 und der 1, in langen Ketten zusammengefasst, wie ein Computer „sprechen" können.

Und jede Sprache wird danach schreien, codiert oder decodiert zu werden.

Selbst die Tätowiersprachen stehen vielleicht erst ganz am Anfang ihrer Karriere, genau wie bestimmte Symbolsprachen, in denen ein

Zeichen mitunter nicht nur einen Satz ausdrücken kann, sondern manchmal sogar eine ganze Geschichte erzählt. Randgruppen, kriminelle Gruppierungen und Fachvereinigungen verständigen sich untereinander alle mit einer eigenen Sprache, die sich oftmals zu einer Geheimsprache entwickelt.

Beschließen wir mit diesem kleinen Ausblick das vorliegende Buch und zwar mit dem simpelsten aller Codes, den jeder Leser jetzt leicht entziffern kann, mit einem Einfachen Cäsar, mit einer Verschiebung des Alphabets um nur einen Buchstaben nach rechts. Das heißt, A = B, B = C, C = D, D = E, E = F und N = O.

Wir sind sicher, Sie können inzwischen darüber lächeln und dieses Wort spielend leicht decodieren:

FOEF

Literaturverzeichnis

Ägypten

1 Vgl. Frank Fabian: Die größten Fälschungen der Geschichte, München, 2022[4], S. 31

2 Ägyptisches Totenbuch, übersetzt und kommentiert von Gregoire Kolpaktchy, Bern, 1954, S. 189

3 Vgl. http://totenbuch.awk.nrw.de/projekt/das-totenbuch

4 Vgl. die Ausführungen von Frank Fabian: Die größten Fälschungen der Geschichte, a. a. O. Dort wird die genaue geschichtliche Tradition und der „Wanderweg" des Letzten Gerichts vorgestellt.

5 Vgl. Reinhard Rinnerthaler: Verzeichnis der Krankheits-Patronate, Salzburg, 2007

6 Will Durant: Das frühe Mittelalter, Frankfurt, 1981, S. 455

Griechenland

7 Will Durant: Der Ferne Osten und der Aufstieg Griechenlands, Frankfurt/München, 1982

8 Vgl. Friedrich Bauer: Entzifferte Geheimnisse, Berlin, 1997[2]

9 Vgl. Bruno Bleckmann: Athens Weg in die Niederlage, Stuttgart, 1998

Rom

10 Sueton: De vita Caesarum libri – vgl. diese Übersetzungen: Max Heinemann: Cäsarenleben, Leipzig, Stuttgart, 2001[8] oder André Lambert: Leben der Caesaren, Zürich, 1955

11 Vgl. Frank Fabian: Die Größten Lügen der Geschichte, München, 202 210, S. 76ff

Christentum (1)

12 Will Durant: Weltreiche des Glaubens, Frankfurt, München, 1981, S. 162ff

13 Vgl. Frank Fabian: Das geheime Leben von Jesus Christus, München, 2022, S. 70f

14 Vgl. Eric Newton: 2000 Jahre christliche Kunst, München, 1967

Christentum (2)

15 Die Ausführungen über Nag Hammadi und die apokryphen Schriften sind zitiert nach: Frank Fabian: Die geheime Geschichte von Jesus Christus, a. a. O., S. 119ff

16 Vgl. Frank Fabian: Die geheime Geschichte von Jesus Christus, a. a. O., S. 201ff

Mittelalter

17 Zitiert nach Ha. A. Mehler: Das Geheimnis der Kreativität, Clearwater, 2010

18 Vgl. Jochen Gartz: Vom griechischen Feuer zum Dynamit, Hamburg, 2007

19 Kenneth Clark: Leonardo da Vinci, Reinbek bei Hamburg, 1998, S. 59ff

Rothschild

20 Vgl. die ausgezeichnete Biografie von Amos Elon: Der Erste Rothschild, Reinbek bei Hamburg, 1998

21 Vgl. diesen Eintrag: sammlung.juedischesmuseum.de/objekt/ernennung-von-amschel-mayer-rothschild-zum-fuerstlichen-hoffaktor-vom-herzogtum-thurn-und-taxis/ sowie andere Internet-Einträge

22 Siehe Amos Elon: a. a. O., S. 134 und S. 175

23 Will und Ariel Durant: The Age of Napoleon, New York, 1975, S. 603

24 Vgl. Josef Sauer: Finanzgeschäfte der Landgrafen von Hessen-Kassel, Fulda, 1930

25 Amos Elon: a. a. O., S. 208

26 Zitiert nach verschiedenen Wikipedia-Einträgen zur Familie Rothschild

27 Vgl. unter anderem: www.vermoegenmagazin.de/vermoegen-familie-rothschild/ sowie andere Internet-Einträge

28 Vgl. Die Stichwörter *Merger & Acquisitions* sowie *Rothschild*, Wikipedia

29 Siehe Frank Fabian: Die internationale Banken-Mafia, Clearwater, 2015

30 Siehe Frank Fabian: Die mächtigsten Geheimbünde, München, 2022, S. 113ff

Freimaurer

31 Vgl. unter anderem Eugen Lennhoff u. a.: Internationales Freimaurer Lexikon, 2010

32 Zitiert nach Frank Fabian: Die mächtigsten Geheimbünde, a. a. O., S. 139ff

33 Hans-J. Schmidt: Stationenlernen Geheimschriften, Köln, 2017[3], S. 8ff Zusätzliche Aufklärung stellt Wikipedia zur Verfügung, aber es gibt auch Hinweise in vielen von Freimaurern verfassten Werken

34 Frank Fabian: Die mächtigsten Geheimbünde, a. a. O., S. 202ff

35 Hermann Weber: Lenin, Reinbek bei Hamburg, 200 819, S. 33

Erster Weltkrieg

36 Frank Fabian: Die geheim gehaltene Geschichte Deutschlands, München, 2022, S. 293

37 Ute Maucher, Gabi Pfeiffer: Codewort: Seidenstrumpf, Cadolzburg, 2010, S. 66

38 Vgl. Wolfdieter Biel: Die Kaukasus-Politik der Mittelmächte, Teil I., Wien-Köln-Graz, 1975, S. 40

39 Zitiert nach: Frank Fabian: Die größten Fälschungen der Geschichte, München, 2022[5], S. 157ff

40 Quelle: Dokument der NSA: The Zimmerman Telegram, zitiert nach: Wikipedia, zusammengesetzt aus zwei Übersetzungen, Stichwort: Zimmerman-Telegramm. Vgl. auch Barbara W. Tuchman: The Zimmermann Telegram, New York, 1958, Bergisch Gladbach, 1982

41 Ute Maucher: a. a. O., S. 70

42 Ute Maucher: a. a. O., S. 71

Enigma und Zweiter Weltkrieg

43 Enigma Production at Konski & Krüger, in: Frode Weierud's CryptoCellar, 4. April 2021

44 Vgl. Peter Calvocoressi: Top secret Ultra, London, 2001, vgl. weiter swisseduc.ch-Unterrichtsmaterialien im Internet, Kryptographie und Geschichte, ohne Orts- und Zeitangabe

45 Zitiert nach Frank Fabian: Top-Spione, München 2020, S. 144ff

Kalter Krieg

46 Vgl. swisseduch-ch, a. a. O.

47 Vgl. Frank Fabian: Top-Spione, a. a. O., S. 181ff und S. 207ff

48 Vgl. Lessons from the US Navy Spy Case (PDF), 19. Juni 1999, archiviert am 22. Juli 2011

Entwicklung der Kryptografie

49 Sun Tsu: Die Kunst des Krieges, Hamburg, 2008, S. 150ff

50 Vgl. Georg Erwin Thaller: Von der Tscheka zum KGB, E-Book, ohne Orts- und Jahresangabe. Vgl. weiter die Ausführungen von Udo Ulfkotte: Der Krieg im Dunkeln, Frankfurt, 2005

51 Vgl. Eckard Michels: Guillaume, der Spion, Berlin, 2013

52 www.handelsblatt.com/politik/deutschland/karrierenetzwerk-verfassungsschutz-warnt-china-wirbt-spione-ueber-linkedin-an/25459830.html?ticket=ST-9753172-SiWgOW5LOFkoHFTlWOR7-cas01.example.org

53 Zitiert nach: Frank Fabian: Geheime Verschlusssache, München, 2022

54 Christof Paar, Jan Pelzi: Krytografie verständlich, Berlin/Heidelberg, 2016, S. 93

Gesetzesbrecher

55 Vgl. Hubert Streicher: Die graphischen Gaunerzinken, Wien, 1928

56 Siehe Diego Gambetta: Codes oft he Underworld, Amazon, 2011

Bildnachweis

Illustration 1: Darstellung der Waage mit Osiris. Die Abbildung wurde nach einer Vorlage der *Bibliotheque Nationale* in Paris neu hergestellt und der Verständlichkeit halber simplifiziert. Copyright der geänderten Darstellung: Frank Fabian, 2022

Illustration 2, 3: Copyright by Frank Fabian, 2022

Illustration 4: Adobe Stock / Peter Hermes Furian

Illustration 5: Das Alphabetum Kaldeorum. Erstellt wurde es nach einer Handschrift aus dem Jahre 1428. Die originale Schrift befindet sich heute in der Universität München. Sie geht ihrerseits auf eine frühere Schrift zurück, die nicht bekannt ist. Die Zuweisung des Alphabets zu dem chaldäischen Alphabet nahm unter anderen Heiko Hahn vor. Das hier dargestellte Alphabet wurde des Verständnisses halber vereinfacht, das Copyright dafür liegt bei Frank Fabian. Rudolf IV. gilt als ein möglicher Erfinder des Alphabetum Kaldeorum.

Illustration 6: Winkelmaß und Zirkel. Adobe Stock / babysofja

Illustration 7: Auge mit Pyramide, ursprüngliches Copyright by bigstock, Copyright für die Veröffentlichung hier by Frank Fabian

Illustration 8: Copyright by Frank Fabian

Illustration 9: Copyright by Frank Fabian

Illustration 10: creative commons

Illustration 11: Copyright by Frank Fabian

Zum Autor

Frank Fabian (pen name) studierte Germanistik, Geschichte und Philosophie an den Universitäten Würzburg und Frankfurt. Nach seinem Staatsexamen arbeitete er als Fernsehjournalist für das ZDF und erstellte rund 200 Filmbeiträge.

Fabian ist insgesamt in neun Ländern publiziert und mit bislang 25 (Geschichts-)Büchern Bestsellerautor.

Einige Erfolgstitel:

- Die größten Lügen der Geschichte
- Die geheim gehaltene Geschichte Deutschlands
- Die mächtigsten Geheimbünde
- Fake News

Kontakt: frankfabian11@yahoo.com

Jede konstruktive E-Mail wird vom Autor persönlich beantwortet.